测试工程师Python开发实战

胡通 ◎ 编著

人民邮电出版社

北京

图书在版编目（CIP）数据

测试工程师Python开发实战 / 胡通编著. -- 北京：
人民邮电出版社，2023.5
 ISBN 978-7-115-61293-9

Ⅰ. ①测… Ⅱ. ①胡… Ⅲ. ①软件工具－程序设计
Ⅳ. ①TP311.561

中国国家版本馆CIP数据核字(2023)第040018号

内 容 提 要

本书是为测试人员编写的 Python 开发实战指南，包含 Python 的核心知识点和实战案例，帮助测试人员快速掌握 Python 工具开发技能。本书共 3 篇：基础篇（第 1 章至第 3 章）介绍 Python 和 PyCharm 工具的安装与环境部署，并讲解日常实际工作中用到的 Python 基础知识点；专题篇（第 4 章至第 6 章）介绍 Python 开发时使用频度较高的常用技能如异常处理、日志处理、邮件处理等，高级技能如 Kafka、Redis、MySQL 等，以及通用框架如 FastAPI、Celery 和 Scrapy；实战篇（第 7 章至第 12 章）分享一些实际应用，包括音频测试工具、自定义套接字测试工具、接口测试工具、数据测试工具、性能测试工具、安全测试工具等 6 种测试工具的开发实战。

本书始终贯穿"二八定律"、封装复用和质量自测的指导思想，结构清晰，案例丰富，实用性强，适合使用 Python 进行测试开发的读者阅读和提升，也适合 Python 初学者参考学习。

◆ 编　著　胡　通
　　责任编辑　孙喆思
　　责任印制　王　郁　马振武

◆ 人民邮电出版社出版发行　北京市丰台区成寿寺路 11 号
　　邮编　100164　电子邮件　315@ptpress.com.cn
　　网址　https://www.ptpress.com.cn
　　三河市君旺印务有限公司印刷

◆ 开本：800×1000　1/16
　　印张：19.5　　　　　　　　　2023 年 5 月第 1 版
　　字数：469 千字　　　　　　　2023 年 5 月河北第 1 次印刷

定价：89.80 元

读者服务热线：**(010)81055410**　印装质量热线：**(010)81055316**
反盗版热线：**(010)81055315**
广告经营许可证：京东市监广登字 20170147 号

前　　言

为什么写本书

在高速发展的数字化时代，到处都有不可预知的变化，有的来自客户需求的变化，有的来自市场环境的变化，这些变化给企业的市场、渠道、产品、服务等各方面都带来了一系列新的挑战，每个成功的企业都在培养和提升快速适应这种变化的能力。对企业的产品研发部门而言，面对愈发不确定的客户需求，快速并高质量地完成项目开发工作，早日上线项目，尽早收集市场反馈，优化产品和服务，是响应市场变化的基本原则。但在追求产品快速交付上线的同时，质量底线是每个成功的产品都必须要坚守的，这意味着研发团队在提高产品交付效率的同时要保证产品质量，而要实现这一目标，引入自动化测试和测试左移是行之有效的手段。

"人生苦短，我用 Python"。当前各行各业都在"内卷"，大家都充满了危机感，活到老学到老。以我的经验而言，在学习新知识的时候，不应该在掌握全部知识点之后再去完成任务，而应该依据"二八定律"，在掌握 20% 的核心知识点后着手实践，剩余的 80% 的知识点在大部分情况下是用不到的。尤其对于非专职的开发人员（如测试人员），在自我提升进阶的过程中，看了一堆 Python 语法之后，还是不能很好地掌握日常的开发技能。一方面是因为大多数图书偏重理论讲解，或者案例过于生活化，脱离真实的工作需求；另一方面是因为大家自学会感到迷茫，常常觉得不会学、坚持不下来、不知道学什么、学完又不知道做什么。总而言之，对于太入门的知识，我们容易找不到未来定位；对于太进阶的知识，我们又不好理解上手。

在写本书之前，我的内心是纠结和矛盾的，一方面，自认为水平有限，开发技术不是特别出色；另一方面，最近两年一直从事研发管理的工作，对技术钻研的投入比较少。但是我在学习 Python 的道路上和千千万万读者一样，也遇到过各种困惑、问题、曲折，本着分享的精神，我构思了本书的内容，希望通过构建简洁的学习路径，提炼核心知识，并结合我在日常工作中开发的小而实用的测试工具，帮助读者快速地掌握开发技能，并应用到实际工作中去，提升工作效率。因此，本书涉及的知识点不追求大而全，但是会涵盖实际开发过程中常用的内容。若本书能够给读者带来一些启示和思考，那将是我的荣幸。

阅读本书能收获什么

通过阅读本书，读者可以快速掌握 Python 的 20% 的核心知识点，然后依托于测试工具开发实战，轻松理解 Python 开发的思路，快速提高开发能力。本书实用性强，覆盖面广，是一本测试人员或开发人员学习 Python 的不可多得的实战类好书。

- **由浅入深，循序渐进，掌握 Python**。本书从 Python 基础入手，再到通用能力和通用框架的专题知识，最后是丰富的实战案例，通俗易懂、图文并茂，让读者快速掌握 Python 知识。
- **示例典型，轻松易学，快速上手**。本书通过丰富的示例代码，让读者轻松了解实际开发场景。书中的关键代码还提供相应的注释，便于读者阅读代码，快速上手 Python 开发。
- **精彩栏目，贴心提示，技能提升**。本书在各章设置了很多提示、注意等栏目，让读者可以在学习过程中轻松地理解相关知识点及概念，助力读者的 Python 开发技能提升。

本书适合哪些读者

- 互联网从业人员，尤其是测试人员和开发人员。
- 有一定 Python 基础，追求技能提升的非互联网从业人员。
- 对借助 Python 提升工作效率或办公自动化有需求的人员。

如何阅读本书

本书在内容上注重经验的价值、可学习性和可借鉴性；在结构上设置基础、专题、实战共 3 篇；在形式上结合图文与提示、注意等栏目，立体地分享和展示知识点。书中每章的知识点都具有一定的广度，值得读者细细地品味和思考，并且各章之间相对独立，读者可以从任意一章开始阅读，快速学习，全面提升开发技能，丰富自己的知识体系。全书共 3 篇：基础篇重点讲解安装部署和基础知识；专题篇重点讲解常用操作、工具和框架；实战篇重点讲解如何开发测试工具。其中，实战篇从需求背景、涉及知识、代码解读 3 方面展开，站在质量角度介绍如何实现开发工具，完成产品质量提升。

第 1 章介绍 Python 环境，包括 Python 简介、Python 安装升级、pip 管理工具包和 Python 虚拟环境 4 个方面。

第 2 章介绍 Python 代码编辑器 PyCharm 工具，包括安装配置和众多常用功能。

第 3 章介绍 Python 基础，包括基本数据类型，面向对象和面向过程两种编程方式等内容，总结提炼 Python 语法中 20%的核心知识。

第 4 章提炼出使用频度较高的内容，包括自定义异常处理、日志处理、邮件处理、时间处理等常用技能。

第 5 章讲解消息中间件、缓存中间件、数据库中间件的使用，包括 Kafka、Redis 和 MySQL 等中间件。

第 6 章讲解 3 个通用框架，包括 Web 应用框架 FastAPI、异步处理框架 Celery 和爬虫框架 Scrapy。

第 7 章介绍如何实现 MP3 和 WAV 两种音频文件格式的校验和转换。

第 8 章介绍如何借助 socket 库和 struct 库开发一个自定义套接字测试工具。

第 9 章介绍如何借助 requests 库开发一个轻量级的接口测试工具。

第 10 章介绍如何借助 pandas 库处理大数据的结果并结合 pyecharts 库开发一个数据测试工具。

第 11 章介绍如何结合 JMeter 开发一个自动调用、执行性能脚本和处理结果的性能测试工具。

第 12 章介绍如何利用 python-nmap 库进行端口扫描，开发一个安全测试工具。

在配套资源中，我们提供测试开发的 3 点思考、常用的 Python 代码片段、Python 性能优化技巧等实用内容，供广大读者参考。

致谢

回顾这一年多的写作历程，我不由得心生感叹，这是一个痛并快乐的过程。这是我的第二本书，我深感写书是件不容易的事，熬过很多个周末，耗费很多心血，在写作过程中要克服拖延、动摇等情绪。但不论如何，这是一个沉淀和收获的过程。我在完成本书的写作时，油然而生的是深深的满足感。互联网行业的工程师就好比运动员，要想在竞技场上获胜，就需要在训练场里长期刻苦地练习技巧，想要成为一个不被时代抛弃的技术人，就需要不断地更新迭代自己的知识体系，提高综合技术能力，扩展知识面，完成从小白到专家的蜕变。我与读者共勉！

借此机会，我要感谢公司给予的广阔成长空间，感谢部门领导、团队组长和同事们的悉心指导；感谢人民邮电出版社编辑们的大力支持，尤其是孙喆思编辑，在写书过程中，她提供了不少好的建议和帮助。最后，我要感谢家人和朋友的鼓励，正是他们的理解与鞭策让我保持动力准时完稿。

谨以此书献给孜孜不倦的互联网"打工人"，我们一起学习、成长、进步！

资源与支持

本书由异步社区出品，社区（https://www.epubit.com）为您提供相关资源和后续服务。

配套资源

本书提供测试开发的 3 点思考、常用的 Python 代码片段、Python 性能优化技巧等配套学习资料，请在异步社区本书页面中单击 配套资源 ，跳转到下载界面，按提示进行操作即可。注意：为保证购书读者的权益，该操作会给出相关提示，要求输入提取码进行验证。

提交勘误

作者和编辑尽最大努力来确保书中内容的准确性，但难免会存在疏漏。欢迎您将发现的问题反馈给我们，帮助我们提升图书的质量。

当您发现错误时，请登录异步社区，按书名搜索，进入本书页面，单击"提交勘误"，输入勘误信息，单击"提交"按钮即可。本书的作者和编辑会对您提交的勘误进行审核，确认并接受后，您将获赠异步社区的 100 积分。积分可用于在异步社区兑换优惠券、样书或奖品。

扫码关注本书

扫描下方二维码，您将会在异步社区微信服务号中看到本书信息及相关的服务提示。

与我们联系

本书责任编辑的联系邮箱是 sunzhesi@ptpress.com.cn。

如果您对本书有任何疑问或建议,请您发邮件给我们,并请在邮件标题中注明本书书名,以便我们更高效地做出反馈。

如果您有兴趣出版图书、录制教学视频或者参与技术审校等工作,可以直接发邮件给本书的责任编辑。

如果您来自学校、培训机构或企业,想批量购买本书或异步社区出版的其他图书,也可以发邮件给我们。

如果您在网上发现有针对异步社区出品图书的各种形式的盗版行为,包括对图书全部或部分内容的非授权传播,请您将怀疑有侵权行为的链接通过邮件发给我们。您的这一举动是对作者权益的保护,也是我们持续为您提供有价值的内容的动力之源。

关于异步社区和异步图书

"**异步社区**"是人民邮电出版社旗下 IT 专业图书社区,致力于出版精品 IT 图书和相关学习产品,为作译者提供优质出版服务。异步社区创办于 2015 年 8 月,提供大量精品 IT 图书和电子书,以及高品质技术文章和视频课程。更多详情请访问异步社区官网 https://www.epubit.com。

"**异步图书**"是由异步社区编辑团队策划出版的精品 IT 专业图书的品牌,依托于人民邮电出版社近 30 年的计算机图书出版积累和专业编辑团队,相关图书在封面上印有异步图书的 LOGO。异步图书的出版领域包括软件开发、大数据、AI、测试、前端和网络技术等。

异步社区

微信服务号

目 录

第一篇 基础篇

第1章 Python 环境 ... 2
- 1.1 Python 简介 ... 2
  - 1.1.1 Python 的特点 ... 2
  - 1.1.2 Python 的用途 ... 3
  - 1.1.3 Python 的历史 ... 3
- 1.2 Python 安装升级 ... 5
  - 1.2.1 Python 安装 ... 5
  - 1.2.2 Python 运行 ... 8
- 1.3 pip 管理工具包 ... 8
  - 1.3.1 pip 命令 ... 8
  - 1.3.2 离线安装 ... 9
  - 1.3.3 更换 pip 源 ... 9
- 1.4 Python 虚拟环境 ... 10
  - 1.4.1 基本概念 ... 10
  - 1.4.2 pipenv 特性 ... 11
  - 1.4.3 pipenv 安装 ... 11
  - 1.4.4 创建虚拟环境 ... 12
  - 1.4.5 pipenv 管理依赖 ... 13
  - 1.4.6 pipenv 安装依赖工具包 ... 14
  - 1.4.7 常用命令 ... 15
  - 1.4.8 部署迁移虚拟环境 ... 16
- 1.5 本章小结 ... 17

第2章 PyCharm 工具 ... 18
- 2.1 PyCharm 简介 ... 18
- 2.2 配置虚拟开发环境 ... 19
  - 2.2.1 使用本地虚拟 Python 环境 ... 19
  - 2.2.2 使用远程虚拟 Python 环境 ... 20
- 2.3 配置远程开发环境 ... 25
- 2.4 PyCharm 常用功能 ... 27
  - 2.4.1 编码设置 ... 27
  - 2.4.2 分屏查看代码 ... 28
  - 2.4.3 解释器设置 ... 28
  - 2.4.4 模板设置 ... 29
  - 2.4.5 指定运行参数 ... 30
  - 2.4.6 调试程序 ... 31
  - 2.4.7 安装依赖工具包 ... 32
  - 2.4.8 配置 PyPI 国内源 ... 33
  - 2.4.9 tab 和空格的自动转换 ... 33
  - 2.4.10 函数注释和参数注释 ... 34
  - 2.4.11 __name__ == '__main__'的作用 ... 34
  - 2.4.12 设置去除显示的波浪线 ... 35
  - 2.4.13 可视化操作数据库 ... 35
- 2.5 配置 Git 代码管理仓库 ... 36
- 2.6 本章小结 ... 37

第3章 Python 基础 ... 38
- 3.1 Python 基本数据类型 ... 38
  - 3.1.1 数值类型 ... 38
  - 3.1.2 布尔类型 ... 38
  - 3.1.3 字符串类型 ... 39
  - 3.1.4 列表类型 ... 40
  - 3.1.5 元组类型 ... 41
  - 3.1.6 集合类型 ... 41
  - 3.1.7 字典类型 ... 41
  - 3.1.8 字节类型 ... 45
- 3.2 面向对象编程 ... 46

3.2.1　面向对象编程的要素 ································ 46
　　　3.2.2　面向对象编程的特征 ································ 50
　　　3.2.3　设计思想 ································ 52
　3.3　面向过程编程 ································ 53
　　　3.3.1　特殊函数 ································ 54
　　　3.3.2　函数的参数 ································ 56
　　　3.3.3　变量的作用域 ································ 57
　3.4　import 机制 ································ 59
　3.5　Python 项目打包发布 ································ 60
　　　3.5.1　包的概念 ································ 61
　　　3.5.2　包管理的作用 ································ 61
　　　3.5.3　包管理工具 ································ 61
　　　3.5.4　发布方式 ································ 62
　3.6　typing 类型提示 ································ 66
　　　3.6.1　typing 模块介绍 ································ 66
　　　3.6.2　typing 模块的使用 ································ 66
　　　3.6.3　函数注解 ································ 68
　　　3.6.4　参数注解 ································ 68
　3.7　本章小结 ································ 68

第二篇　专题篇

第 4 章　常用百宝箱 ································ 70

　4.1　自定义异常处理 ································ 70
　　　4.1.1　异常含义 ································ 70
　　　4.1.2　异常处理方法 ································ 71
　　　4.1.3　自定义异常 ································ 71
　　　4.1.4　封装示例 ································ 73
　4.2　日志处理 ································ 75
　　　4.2.1　logging 库 ································ 75
　　　4.2.2　logging 日志等级 ································ 75
　　　4.2.3　logging 四大组件 ································ 76
　　　4.2.4　封装示例 ································ 77
　4.3　邮件处理 ································ 79
　4.4　时间处理 ································ 83
　4.5　多线程处理 ································ 89

　　　4.5.1　线程的含义 ································ 89
　　　4.5.2　线程的使用 ································ 89
　　　4.5.3　线程池的使用 ································ 92
　　　4.5.4　高级用法 ································ 94
　4.6　Excel 处理 ································ 95
　　　4.6.1　基本概念 ································ 96
　　　4.6.2　封装示例 ································ 99
　4.7　配置文件处理 ································ 101
　　　4.7.1　yaml 基础 ································ 102
　　　4.7.2　PyYAML 库 ································ 103
　　　4.7.3　封装示例 ································ 105
　4.8　正则表达式处理 ································ 106
　　　4.8.1　常用字符功能 ································ 106
　　　4.8.2　re 模块简介 ································ 107
　4.9　命令行参数解析 ································ 110
　　　4.9.1　命令行参数含义 ································ 110
　　　4.9.2　命令行参数解析库 ································ 110
　4.10　with 正确使用 ································ 114
　4.11　文件读写处理 ································ 116
　　　4.11.1　基本的语法 ································ 116
　　　4.11.2　文件的读写 ································ 117
　　　4.11.3　文件的关闭 ································ 118
　　　4.11.4　大文件处理 ································ 118
　　　4.11.5　分块下载大文件 ································ 119
　4.12　序列化处理 ································ 120
　　　4.12.1　序列化和反序列化方法 ································ 120
　　　4.12.2　pickle 库 ································ 121
　　　4.12.3　json 库 ································ 122
　　　4.12.4　msgpack 库 ································ 123
　4.13　本章小结 ································ 124

第 5 章　高级百宝箱 ································ 125

　5.1　消息中间件简介 ································ 125
　5.2　Kafka 的使用与封装 ································ 126
　　　5.2.1　Kafka 简介 ································ 126

5.2.2　使用 Kafka ……128
　　5.2.3　封装示例 ……136
5.3　RabbitMQ 的使用与封装 ……143
　　5.3.1　RabbitMQ 简介 ……143
　　5.3.2　使用 RabbitMQ ……144
　　5.3.3　封装示例 ……147
5.4　缓存中间件简介 ……151
5.5　MongoDB 的使用与封装 ……151
　　5.5.1　MongoDB 简介 ……151
　　5.5.2　使用 MongoDB ……153
　　5.5.3　封装示例 ……158
5.6　Redis 的使用与封装 ……161
　　5.6.1　Redis 简介 ……161
　　5.6.2　使用 Redis ……161
　　5.6.3　封装示例 ……164
5.7　数据库中间件简介 ……166
5.8　MySQL 的使用与封装 ……166
　　5.8.1　MySQL 简介 ……166
　　5.8.2　使用 MySQL ……167
　　5.8.3　封装示例 ……170
5.9　SQLite 的使用与封装 ……172
　　5.9.1　SQLite 简介 ……173
　　5.9.2　使用 SQLite ……173
　　5.9.3　封装示例 ……176
5.10　本章小结 ……181

第 6 章　通用框架 ……182

6.1　Web 应用框架 FastAPI ……182
　　6.1.1　FastAPI 简介 ……182
　　6.1.2　使用 FastAPI ……183
　　6.1.3　封装示例 ……193
6.2　异步处理框架 Celery ……196
　　6.2.1　Celery 简介 ……196
　　6.2.2　使用 Celery ……198
　　6.2.3　封装示例 ……201

6.3　爬虫框架 Scrapy ……209
　　6.3.1　Scrapy 简介 ……209
　　6.3.2　使用 Scrapy ……211
　　6.3.3　封装示例 ……216
6.4　本章小结 ……220

第三篇　实战篇

第 7 章　音频测试工具开发 ……222

7.1　需求背景 ……222
7.2　涉及知识 ……222
　　7.2.1　MP3 文件 ……224
　　7.2.2　WAV 文件 ……226
7.3　代码解读 ……228
7.4　本章小结 ……235

第 8 章　自定义套接字测试工具开发 ……236

8.1　需求背景 ……236
8.2　涉及知识 ……237
　　8.2.1　socket 库 ……237
　　8.2.2　struct 库 ……240
8.3　代码解读 ……242
8.4　本章小结 ……246

第 9 章　接口测试工具开发 ……247

9.1　需求背景 ……247
9.2　涉及知识 ……249
　　9.2.1　requests 库 ……249
　　9.2.2　序列化和反序列化 ……253
9.3　代码解读 ……254
9.4　本章小结 ……266

第 10 章　数据测试工具开发 ……267

10.1　需求背景 ……267
10.2　涉及知识 ……267
　　10.2.1　pandas 库 ……267

10.2.2 pyecharts 库 ·················· 270	11.4 本章小结 ······························ 291
10.3 代码解读 ···························· 271	**第 12 章 安全测试工具开发** ········ 292
10.4 本章小结 ···························· 278	12.1 需求背景 ···························· 292
第 11 章 性能测试工具开发 ········ 279	12.2 涉及知识 ···························· 294
11.1 需求背景 ···························· 279	12.2.1 端口 ························· 294
11.2 涉及知识 ···························· 281	12.2.2 Nmap ····················· 295
11.2.1 Linux 概念 ············· 281	12.3 代码解读 ···························· 297
11.2.2 subprocess 库 ········ 283	12.4 本章小结 ···························· 300
11.3 代码解读 ···························· 285	

第一篇

基础篇

用己之力，初入职场。面对一门全新的编程语言 Python，大家是会拿着一本厚厚的 Python 基础知识大全从头到尾地学习呢，还是根据项目需要重点优先学习项目涉及的知识点呢？答案显而易见，相信大多数读者都会选择后者，但是实际上，还是有很多新手会在学习的时候陷入一个怪圈：明明自己在很努力地看书，几个月后，却发现自己永远在学习图书前一二章的内容。因为我们每次打开图书，都会发现之前看过的已经遗忘了，索性就又从头看一遍，久而久之，每次兴致勃勃地看书，却永远在重复看前面的内容，到最后没精力和机会学习后面的知识了。笔者根据个人的经验，建议大家在实际工作中采用"以练代学"的方式，这样掌握知识比较可靠，而且学习后的即时反馈也更加直接，大家会比较容易获得成就感和满足感，形成良性循环。

笔者认为在学习一门新知识时"二八定律"是适用的，即只需要优先掌握 20%的知识点，就能满足 80%的工作需要了。本着这个定律，本书的基础篇不会涵盖所有的 Python 基础语法知识点，因为市面上已经有很多系统性的图书了。Python 语法众多，工具也不少，而想要快速掌握 Python 以满足工作需要，我们只需要重点掌握其中 20%的内容。

基础篇只涉及在实际工作中会用到的内容，共 3 章，第 1 章是 Python 环境，包括安装部署 Python、虚拟环境、包管理等内容；第 2 章是 PyCharm 工具，包括 PyCharm 的简介、配置环境、常用功能等内容；第 3 章是 Python 基础，核心是数据类型、面向对象编程和面向过程编程等内容。

第 1 章

Python 环境

如今 Python 版本众多，学习 Python，首先需要学会如何安装部署不同的版本，然后学会如何搭建基础的虚拟环境，方便多项目的开发管理，最后学会如何使用第三方工具（库和模块），通过"站在别人的肩膀上"，复用功能模块，提升工作效率。本章从 Python 简介、Python 安装升级、pip 管理工具包、Python 虚拟环境 4 个方面逐一讲解。接下来，我们就正式开始 Python 的开发学习。

1.1 Python 简介

Python 是一种解释型、面向对象的高级程序设计语言。Python 是一种解释型语言，这意味着开发过程中没有编译这个环节，类似于 PHP 和 Perl。Python 是面向对象语言，这意味着 Python 支持面向对象的风格或代码封装在对象中的编程技术。

1.1.1 Python 的特点

通常，Python 具有易于学习、易于阅读、易于维护、标准库丰富、可移植、可扩展、可嵌入等特点，如表 1-1 所示。

表 1-1 Python 的特点

特点	描述
易于学习	Python 有相对较少的关键字，结构简单，语法明了，学习起来更加简单
易于阅读	Python 代码定义更清晰
易于维护	Python 源代码是相对容易维护的
标准库丰富	Python 具有丰富的库，而且跨平台，其对 UNIX、Windows 和 macOS 能很好地兼容
可移植	基于其开放源代码的特性，Python 可被移植到许多平台
可扩展	如果需要一段运行很快的关键代码，或者想要编写一些不愿开放的算法，可以使用 C 或 C++ 完成那部分程序，然后在 Python 程序中调用
可嵌入	可以将 Python 嵌入 C/C++ 程序，让使用程序的用户获得"脚本化"能力

1.1.2 Python 的用途

学习 Python，我们可以从事 Web 应用开发、网络爬虫、人工智能、数据分析、自动化运维等相关领域的工作，具体的岗位如 Python 爬虫工程师、大数据工程师、人工智能工程师等。

下面我们具体介绍 Python 的用途。

（1）Web 应用开发。因为 Python 是一种解释型的脚本语言，开发效率高，所以非常适合用来做 Web 应用开发。Python 有上百种 Web 应用开发框架，有很多成熟的模板技术，选择 Python 开发 Web 应用，不仅开发效率高，而且运行速度快。常用的 Web 应用开发框架有 Django、Flask、Tornado 等。许多知名的互联网企业也将 Python 作为主要的 Web 应用开发语言，例如豆瓣、知乎、Google、YouTube、Facebook 等。

（2）网络爬虫。网络爬虫是 Python 比较常用的一个应用场景，Google 在早期大量地使用 Python 语言作为网络爬虫的基础，带动了整个 Python 语言的应用发展。以前国内很多人用采集器搜集网上的信息，现在用网络爬虫收集网上的信息比以前容易很多了，例如从各大网站爬取商品折扣信息，比较获取最优选择；对社交网络上发言进行收集和分类，生成情绪地图，分析语言习惯；爬取网易云音乐某一类歌曲的所有评论，生成词云；按条件筛选获得豆瓣的电影、图书信息并生成表格等。应用实在太多，几乎每个人学会使用网络爬虫之后都能够通过网络爬虫去做一些有趣且有用的事。

（3）人工智能。人工智能是现在非常火的一个方向，人工智能热潮让 Python 语言的未来充满了无限的可能。目前几个非常有影响力的人工智能框架，大多是通过 Python 实现的，这是因为 Python 有很多工具方便做人工智能，例如 NumPy、SciPy 可用于数值计算，scikit-learn 可用于机器学习，PyBrain 可用于神经网络，matplotlib 可用于数据可视化。但是，人工智能的大部分核心算法的实现还是依赖于 C/C++的，因为人工智能的核心算法是计算密集型的，需要非常精细的优化，还需要 GPU、专用硬件之类的接口，这些都只有 C/C++能做到。

（4）数据分析。Python 在数据分析处理方面有很完备的生态环境。大数据分析中涉及的分布式计算、数据可视化、数据库操作等，我们都可以选择 Python 中成熟的模块完成其功能。例如，对于 Hadoop MapReduce 和 Spark，都可以直接使用 Python 完成其计算逻辑，这无论对于数据科学家还是对于数据分析师都是十分便利的。

（5）自动化运维。Python 对于服务器运维也有十分重要的用途。由于目前几乎所有 Linux 发行版中都自带了 Python 解释器，因此在 Linux 服务器上使用 Python 脚本进行批量化的文件部署和运行调整是很不错的选择。从调控 SSH/SFTP 用的 paramiko，到监控服务用的 supervisor 等，Python 提供了全方位的工具集合，在这个基础上，结合 Web 应用，开发运维工具也会变得十分简单。

1.1.3 Python 的历史

Python 现在有两个大版本、很多小版本，Python 的版本号如图 1-1 所示。

Python 的两个大版本，一个是 Python 2，另一个是 Python 3。Python 2 的第一个发行版本是在 2000 年 10 月官方发布的。于 2020 年 1 月 1 日，Python 2 停止更新，这意味着 Python 2.7 成为最后一个 Python 2 的小版本，现在很多 CentOS 原始自带的还是 Python 2.7 的。

Python version	Maintenance status	First released	End of support	Release schedule
3.10	bugfix	2021-10-04	2026-10	PEP 619
3.9	security	2020-10-05	2025-10	PEP 596
3.8	security	2019-10-14	2024-10	PEP 569
3.7	security	2018-06-27	2023-06-27	PEP 537
2.7	end-of-life	2010-07-03	2020-01-01	PEP 373

图 1-1　Python 的版本号

Python 3 和 Python 2 在语法使用上是有一些区别的，建议新手学习或构建新项目的时候就采用 Python 3。Python 的较新版本如图 1-2 所示，本书采用的是 Python 3.9.8。

Release version	Release date		Click for more
Python 3.10.2	Jan. 14, 2022	Download	Release Notes
Python 3.10.1	Dec. 6, 2021	Download	Release Notes
Python 3.9.9	Nov. 15, 2021	Download	Release Notes
Python 3.9.8	Nov. 5, 2021	Download	Release Notes
Python 3.10.0	Oct. 4, 2021	Download	Release Notes
Python 3.7.12	Sept. 4, 2021	Download	Release Notes
Python 3.6.15	Sept. 4, 2021	Download	Release Notes
Python 2.8.7	Aug. 30, 2021	Download	Release Notes

图 1-2　Python 的较新版本

> **提示**
>
> Python 的版本号规则，通常分 3 段，即为 A.B.C。其中，A 表示大版本号，一般当整体重写，或出现不向后兼容的改变时，增加 A；B 表示功能更新，出现新功能时增加 B；C 表示小修改，如修复 bug，只要有修改就增加 C。

正确的学习方式将帮助我们快速成长为一名优秀的 Python 开发人员。下面是几条建议，供大家参考。

（1）明确学习目标。在学习 Python 之前，目标应该很明确。Python 是一种简单而应用广泛的语言，它包括许多库、模块、内置函数和数据结构。因此，我们首先要弄清楚学习的动机，根据兴趣选择一个或两个领域，例如数据分析处理、游戏等，然后开始学习 Python。

（2）学习 20%基础语法。学习 Python 的语法是最重要和最基本的步骤。在深入学习 Python 的语法之前，我们必须学习其基础语法。而只需要重点、优先掌握其中 20%的知识即可满足大部分的项目需求。因此，我们可以花费最少的时间来学习其语法。一旦我们正确地掌握了其语法，就可以更轻松、更快速地进行项目工作。

（3）动手实践编写代码。编写代码是学习 Python 的最有效、最可靠的方法。在这个过程中，我们务必亲自编写代码，而不是复制粘贴，编写代码将帮助我们快速熟悉相关的语法和概念。注意，在编写代码时，请尝试使用合适的函数和合适的变量名称，尽可能做到合规、专业。

（4）尝试做小型项目。在了解 Python 的基础语法和有一定的代码编写经验之后，初学者应该尝试做一些小型项目。这将有助于我们更深入地了解 Python 中的更多组件。我们可以从小型项目开始，如闹钟应用、待办事项列表、客户管理系统等。当顺利完成一个小项目的开发时，成功的喜悦感会油然而生，这将进一步增加我们学习的动力，以深入更高级的领域。

（5）与别人分享。"如果你想学习一些东西，那么你应该教别人"。在学习 Python 时也是如此，通过创建博客、微信公众号等，与其他人分享知识。这将帮助我们增进对 Python 的理解，并探索自己知识中未发现的不足。

（6）探索工具和框架。Python 由庞大的工具库和各种框架组成。熟悉 Python 的基础语法之后，下一步就是探索 Python 工具。这些工具对于处理特定域的项目是必不可少的。我们要懂得复用，站在巨人的肩膀上，减少重复工作，提高工作效率。

（7）为开源做贡献。众所周知，Python 是一种开源语言，这意味着每个人都可以免费使用它。我们可以为 Python 在线社区做出贡献，以增强我们的知识价值。为开源项目做贡献是探索知识的最佳方法。我们还会收到对我们提交的工作的反馈、评论或建议。这将进一步促使我们成为一名优秀的 Python 开发人员。

1.2　Python 安装升级

转眼间现在 Python 都有 3.10 版本了，Python 更新很快，Python 的历史版本如图 1-3 所示。所以，本书中所有后续代码演示使用 3.9 版本，即图 1-3 中的 3.9.8 版本。

Python version	Maintenance status	First released	End of support
3.10	bugfix	2021-10-04	2026-10
3.9	bugfix	2020-10-05	2025-10
3.8	security	2019-10-14	2024-10
3.7	security	2018-06-27	2023-06-27
3.6	security	2016-12-23	2021-12-23
2.7	end-of-life	2010-07-03	2020-01-01

图 1-3　Python 的历史版本

1.2.1　Python 安装

本书中使用的服务器操作系统为 CentOS Linux release 7.6.1810 (Core)，其内核发行版本为 3.10.0，如图 1-4 所示。

```
[root@hutong1 ~]# uname -a
Linux hutong1.cmp1768.quality 3.10.0-1127.13.1.el7.x86_64 #1 SMP Tue Jun 23 15:46:38 UTC 2020 x86_64 x86_64 x86_64 GNU/Linux
[root@hutong1 ~]# cat /etc/redhat-release
CentOS Linux release 7.6.1810 (Core)
[root@hutong1 ~]#
```

图 1-4　服务器操作系统版本

在默认情况下，CentOS 安装的 Python 版本为 2.7.5，如图 1-5 所示。

下面就将该 Python 2.7.5 升级到 Python 3.9.8，主要步骤如下。

（1）下载源码 tar 包。我们先从官网上下载 Python 3.9.8 的源码包，如图 1-6 所示，上传后进行离线安装。当然如果有外网，那直接通过 wget 命令即可下载。

```
[root@hutong1 ~]# python
Python 2.7.5 (default, Aug  7 2019, 00:51:29)
[GCC 4.8.5 20150623 (Red Hat 4.8.5-39)] on linux2
Type "help", "copyright", "credits" or "license" for more information.
>>>
```

图 1-5　服务器操作系统默认 Python 版本

（2）安装基础库。首先是需要在 CentOS 服务器上安装或更新一些基础库，例如 gcc（提供源码编译环境）、zlib（提供多种压缩和解压缩的方式）、OpenSSL（一个强大的安全套接字层密码库，包括主要的密码算法、常用的密钥和证书封装管理功能及 SSL 协议）。命令为 yum install -y gcc zlib-devel zlib openssl-devel。其中，CentOS 里使用 yum 作为包管理工具，-y 选项表示不需要手动确认是否安装该指定包。

Release version	Release date	
Python 3.10.1	Dec. 6, 2021	Download
Python 3.9.9	Nov. 15, 2021	Download
Python 3.9.8	Nov. 5, 2021	Download
Python 3.10.0	Oct. 4, 2021	Download
Python 3.7.12	Sept. 4, 2021	Download
Python 3.6.15	Sept. 4, 2021	Download
Python 3.9.7	Aug. 30, 2021	Download

图 1-6　Python 3.9.8 的源码包

（3）解压离线上传的 Python 源码压缩包，命令为 tar –xvzf Python-3.9.8.tar.gz。

（4）新建 Python 的安装目录，命令为 mkdir /usr/local/Python-3.9.8。

（5）配置安装 Python 的安装目录和生成 makefile 文件。先进入解压 Python 后的目录，然后执行 configure 命令，进行源码安装路径的配置，命令为./configure　--prefix=/usr/local/Python-3.9.8/。常见选项为--prefix，用于指定安装的路径；--enable-optimizations 是优化选项，加上这个选项编译后，性能可以优化 10%左右（建议不要加，原因下面会提到）。

通常，Python 3.9.8 配置成功的界面如图 1-7 所示。

```
configure: creating ./config.status
config.status: creating Makefile.pre
config.status: creating Misc/python.pc
config.status: creating Misc/python-embed.pc
config.status: creating Misc/python-config.sh
config.status: creating Modules/ld_so_aix
config.status: creating pyconfig.h
config.status: pyconfig.h is unchanged
creating Modules/Setup.local
creating Makefile
[root@hutong1 Python-3.9.8]#
```

图 1-7　Python 3.9.8 配置成功的界面

提示

遇到错误：在配置的时候加了--enable-optimizations，结果编译安装的时候出现“Could not import runpy module”的安装错误。

报错原因：默认 CentOS 的 gcc 编译器的版本为 4.8.5，该版本过低。

解决方法：

- 升级 gcc 到高版本，gcc 8.1.0 已修复此问题，但此方法会有兼容性问题；

- ./configure 参数中去掉-enable-optimizations，建议用此方法。

（6）开始源码编译和安装，命令为 make 或 make install。如果前面配置错误，重新配置后，要先执行 make clean 命令，清除上次的 make 命令所产生的 object 文件（扩展名为".o"的文件）及可执行文件。另外，此步骤可能会消耗一定的时间，只要不报错，我们耐心等待即可。

若安装成功，还需安装或更新 pip 和 setuptools 这两个基础库，本书中使用的 pip 和 setuptools 版本如图 1-8 所示，这都是比较新的版本，所以暂时不更新。

图 1-8　pip 和 setuptools 版本

大家若想更新到最新版本，可下载最新版本，再传入无网的服务器环境并解压，解压后进入 setuptools 或 pip 目录，执行 python setup.py install 命令，即可完成更新安装。

（7）最后，进入/usr/local/目录可以看到已经安装成功，Python 的安装目录如图 1-9 所示。

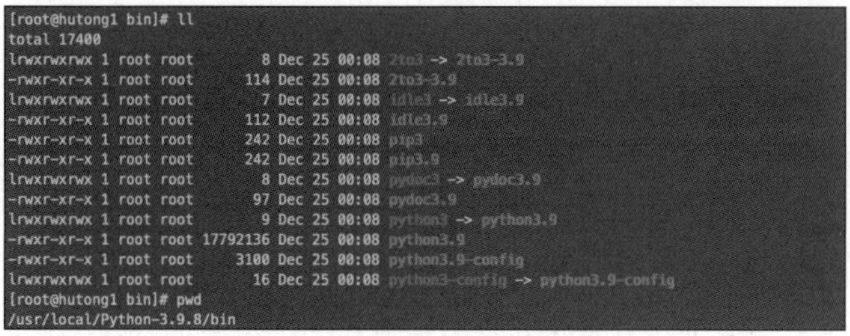

图 1-9　Python 的安装目录

（8）为了在任何目录下输入 python 命令都能执行，还需要做个软连接。首先备份原来的 Python 2.7.5 的默认解释器，命令为 mv /usr/bin/python /usr/bin/python2.7.5。然后把新版本的 Python 3.9.8 进行软连接，命令为 ln -s /usr/local/Python-3.9.8/bin/python3.9 /usr/bin/python。

（9）验证是否生效。在任何目录下，输入 python，如图 1-10 所示则表示验证成功。

图 1-10　验证成功

（10）确保升级 Python 版本后无异常。在后续使用 CentOS 的过程中，我们通过 yum 命令安装一些其他软件库的时候，可能会报异常"yum 异常：File "/usr/bin/yum", line 30"。为了解决该问题，需要用 vi 命令打开/usr/bin/yum 和/usr/libexec/urlgrabber-ext-down 这两个文件，将第一行"#!/usr/bin/python"改为"#!/usr/bin/python2.7.5"，即使用原来服务器默认的 Python 版本。

yum

　　yum 是基于 Python 编写的，采用 Python 作为命令解释器，这可以从/usr/bin/yum 文件中第一行"#!/usr/bin/python"发现。而 Python 版本之间兼容性不太好，使得 2.X 版本与 3.X 版本之间存在语法不一致问题。CentOS 7 自带的 yum 采用的是 Python 2.7.5，因此当系统将 Python 升级到 3.9.8 版本后，会出现语法解释错误。

至此，我们完成了 Python 3.9.8 的离线方式的源码编译安装，大家可以根据自己需求选择任何 Python 版本进行安装。

1.2.2　Python 运行

通常运行 Python 代码有两种方式，分别是交互式解释器和脚本文件。
- 交互式解释器。在命令行窗口直接运行 Python 即可进入 Python 的交互式解释器。我们在上面编写代码后直接运行，即可看到结果。这种方式一般用于简单的脚本调试或验证。
- 脚本文件。在命令行窗口运行 python script-file.py 即可运行 Python 脚本文件。通常用于运行较为复杂的代码内容。另外，使用脚本的方式运行代码通常要注意：在脚本文件头明确指定 Python 解释器和编码方式。

1.3　pip 管理工具包

Python 之所以受欢迎不仅是因为它简单易学，更重要的是它有非常多的宝藏工具。我们只要安装就能在 Python 里使用这些工具。它们可以处理各式各样的问题，无须我们再造轮子，而且随着社区的不断更新维护，有些工具越来越强大，几乎能媲美企业级应用。

那么这些第三方工具如何下载安装呢？它们被放在一个统一的仓库——PyPI（Python Package Index）中。有了仓库，我们还需要有类似管理员的角色，pip 就是这样一个角色。pip 把工具包从 PyPI 中取出来，然后安装到我们使用的 Python 中，pip 还可以管理安装完成的工具，实现更新、查看、搜索、卸载等操作。

1.3.1　pip 命令

pip（package installer for python）是 Python 包管理工具。pip 可以对 Python 的第三方工具进行安装、更新、卸载等操作，十分方便。

其实 pip 是一个命令行程序，所以 pip 一般都在命令行中执行各种操作。pip 命令组合比较灵活，下面重点介绍几个常用的。

（1）install。安装命令为 pip install <包名> 或 pip install -r requirements.txt（requirements.txt 里面包含待安装的包信息）。唯一需要特殊说明的是，安装时可以指定版本号来安装，例如：

```
pip install SomePackage                # 最新版本
pip install SomePackage==1.0.4         # 指定版本
pip install 'SomePackage>=1.0.4'       # 最小版本
```

（2）uninstall。卸载安装包命令为 pip uninstall <包名> 或 pip uninstall -r requirements.txt。

（3）升级包。命令为 pip install -U <包名> 或 pip install <包名> --upgrade。

（4）freeze。命令 pip freeze 用于查看已经安装的包及其版本信息，并支持导出到指定文件中，例如 pip freeze > requirements.txt。

（5）list。命令 pip list 用于列出当前已经安装的包。使用命令 pip list -o 可以查询可升级的包。

（6）show。命令为 pip show <包名>，用于显示包所在目录及信息。

更多 pip 的命令行指令大家可以通过命令 pip man 进行查看。

1.3.2 离线安装

通常第三方工具的在线安装的方式比较简单，直接采用我们在 1.3.1 节介绍的 pip 命令即可。而很多时候，我们在开发过程中用自己的计算机安装了很多第三方工具，开发完成则需要部署到客户的环境中。若此时客户的环境不能联网，那么我们就需要采用离线的方式进行第三方工具的安装。

第三方工具的离线安装的大致思路如下。

（1）从可以联网的计算机上导出项目工程依赖的第三方工具的名称到 1 个空文件中。

（2）下载指定的第三方工具安装包到指定文件夹。

（3）将第三方工具名称文件和安装包拷贝到离线环境进行安装。

具体操作步骤如下。

（1）本地导出项目的第三方工具名称。进入本地项目，使用 pip freeze > requirements.txt，导出相关第三方工具名称。

（2）下载第三方工具到本地。将工具的安装包下载到本地指定文件，下载安装包的命令如下：

```
pip download -d your_offline_packages <package_name>  # 下载单个离线包
pip download -d your_offline_packages -r requirements.txt  # 批量下载离线包
```

pip download 是一个工具，可用于下载 Python 项目及其依赖项。执行 pip download 命令在 Linux 上下载一个项目，软件包将以.whl 结尾，该软件包可以直接安装在 Windows 上，也可以安装在 macOS 上。wheel 文件是工具的源文件，可以通过命令 pip install××××.whl 直接安装。

（3）离线安装。上传本地下载完成的所有第三方工具的源文件和依赖包的文件到远端服务器，然后使用如下命令进行离线安装：

```
pip install --no-index --find-links=/your_offline_packages/ package_name  #安装单个离线包
pip install --no-index --find-links=/your_offline_packages/ -r requirements.txt  # 批量安装离线包
```

1.3.3 更换 pip 源

很多人抱怨 pip 安装第三方工具有时太慢了，那是 pip 源的问题。pip 默认从 PyPI 中下载工具安装包，但 PyPI 服务器在国外，我们访问 PyPI 服务器速度会很慢。目前，国内提供了很多镜像源，用来替代 PyPI 默认的地址，像清华源、豆瓣源、阿里云源等，这些镜像源备份了 PyPI 里的数据。这些镜像源的服务器在国内，所以我们的访问速度会快很多。通常有如下两种方式更换 pip 安装源。

方式一：临时替换。参数-i 用于指定下载源，如 pip install -i https://pypi.tuna.tsinghua.edu.cn/simple cogdl。

方式二：永远生效。在 Linux 下，修改~/.pip/pip.conf 文件，若没有该文件就创建一个文件夹和文件，文件夹名称要加 "."，表示该文件夹是隐藏文件夹。修改内容如下，我们可以把 index-url 替换为自己想要修改的国内 pip 源地址。

```
[global]
index-url = https://pypi.tuna.tsinghua.edu.cn/simple
[install]
trusted-host=mirrors.aliyun.com
```

1.4 Python 虚拟环境

Python 之所以强大，除了其本身的特性强大，更重要的是 Python 拥有非常多的第三方工具。强大的软件库，让开发人员将精力集中在业务上，从而避免重复"造轮子"的浪费。但众多的软件库形成了复杂的依赖关系，加上 Python 2 和 Python 3 两个大版本的兼容性问题，这些对管理项目依赖造成了不少困扰。

在使用 Python 时，我们可以通过 pip 来安装第三方工具，但是由于 pip 的特性，系统中只能安装每个第三方工具的一个版本。但是在实际项目开发时，不同项目可能需要第三方工具的不同版本，这迫使我们需要根据实际需求不断进行更新或卸载相应的第三方工具。而如果我们直接使用本地的 Python 环境，会导致整体的开发环境相当混乱而不易管理，这时候我们就需要开辟一个独立干净的空间进行开发和部署。

在创建新项目时创建一个虚拟环境，这样做的好处是把项目环境和操作系统环境分开，避免影响操作系统环境。如果不创建虚拟环境，一股脑地使用 pip install 安装包，那么安装的包会统一放到操作系统的 Python 解释器目录的 site-packages 文件夹下，每新建一个项目，操作系统会自动把 site-packages 下的所有包都导入，这会使版本管理混乱。

接下来，我们将逐一阐述 Python 的基本概念、pipenv 特性、pipenv 安装、创建虚拟环境、pipenv 管理依赖、pipenv 安装依赖工具包、常用命令、部署迁移虚拟环境共 8 块内容。

1.4.1 基本概念

我们先解释几个 Python 中常用的基本概念，方便大家理解后续的内容。
- Python 版本。Python 版本指的是 Python 解析器本身的版本。由于 Python 3 不能与 Python 2 兼容，两大"阵营"之争持续了很长时间，因此一些软件库需要适配两种版本的 Python。同时，开发人员可能需要在一个环境中，部署不同版本的 Python，对开发和维护造成了麻烦。
- Python 包库。包库或者软件源是 Python 第三方工具包的集合，可以发布、下载和管理软件包，其中 pip 一般是从 PyPI 官网上查找、下载工具安装包的。为了提高下载速度，世界上有很多 PyPI 的镜像服务器，在国内也有多个软件源。

- 虚拟环境。虚拟环境并不是什么新技术，它主要利用操作系统中环境变量和进程间环境隔离的特性，Python 的虚拟环境就是利用这个特性构建的。在激活虚拟环境时，激活脚本会将操作系统的环境变量 PATH 修改为当前虚拟环境的路径，这样后续执行命令时就会在虚拟环境的路径中查找，从而避免了在原本路径查找，从而实现了 Python 环境的隔离。

第一次安装 Python 后，我们就有了一个全局级别的，或者系统级别的环境。我们可以使用虚拟环境工具在全局环境的基础上创建多个相互独立、互不影响的虚拟环境，在这些虚拟环境中可以安装不同版本的包库。从本质上来说，虚拟环境就是相互独立的文件夹，内含 Python 解释器和相关依赖。

使用虚拟环境的好处显而易见：
- 保持全局环境的干净；
- 指定不同的依赖版本；
- 方便记录和管理依赖。

1.4.2 pipenv 特性

常见的虚拟环境管理工具有 virtualenv、virtualenvwrapper、pipenv、conda 等，本节将重点讲解 pipenv 这个工具。

pipenv 类似 virtualenv，它是一种 Python 包管理工具，能自动处理各种工具之间的依赖关系，也能解决不同项目对于同一个工具有不同版本需求，而产生的同工具不同版本冲突的问题。pipenv 就是 pip 和 virtualenv 的结合体，它的出现解决了原有的 pip、virtualenv、requirements.txt 的工作方式的局限和弊端，能够更有效地管理 Python 的多个环境、各种第三方工具。pipenv 能解决的问题如下。

- requirements.txt 依赖管理的局限。使用 requirements.txt 管理依赖的时候可能会出现版本不确定的构建问题。
- 多个项目依赖不同版本第三方工具的问题。例如，应用程序 A 需要特定模块的 1.0 版本但应用程序 B 需要该模块的 2.0 版本，当我们在 A 和 B 应用程序间切换时，需要不断检测、卸载、安装该模块。这意味着只安装一个版本的模块可能无法满足每个应用程序的要求，因此需要创建虚拟环境来将 A、B 应用程序所需的第三方工具包分隔开来。

pipenv 很好地解决了上述的两大问题，因此具备如下特性，
- pipenv 集成了 pip、virtualenv 两者的功能且完善了两者的一些缺陷。pipenv 使用 Pipfile 和 Pipfile.lock，这使得对工具包的管理更为明确。
- pipenv 让使用者可以深入地了解第三方工具包的依赖关系图。我们使用命令 pipenv graph 即可查看第三方工具包的依赖关系图。

1.4.3 pipenv 安装

pipenv 的安装依赖于 pip，如果没有配置和安装好 pip，需要先安装 pip。如果系统中是 Python 3，那么可以直接使用 pip3 进行安装。pipenv 安装过程如图 1-11 所示。命令为 pip3 install pipenv -i https://pypi.tuna.tsinghua.edu.cn/simple/，其中，-i 表示采用指定的地址进行下载安装。

图 1-11　pipenv 安装过程

pipenv 安装完成后如图 1-12 所示，在 pip 相同的目录下会生成 pipenv 工具的相关文件。

图 1-12　pipenv 安装成功

1.4.4　创建虚拟环境

接下来，通过如下命令创建一个在指定目录下的全新虚拟环境。

（1）创建目录 demo 的命令为 mkdir demo。

（2）进入目录 demo 的命令为 cd demo。

（3）指定使用 Python 3.9.8 创建虚拟环境，否则为本地默认版本，命令为 pipenv install--python/usr/local/Python-3.9.8/bin/python3。

pipenv 创建虚拟环境成功如图 1-13 所示。

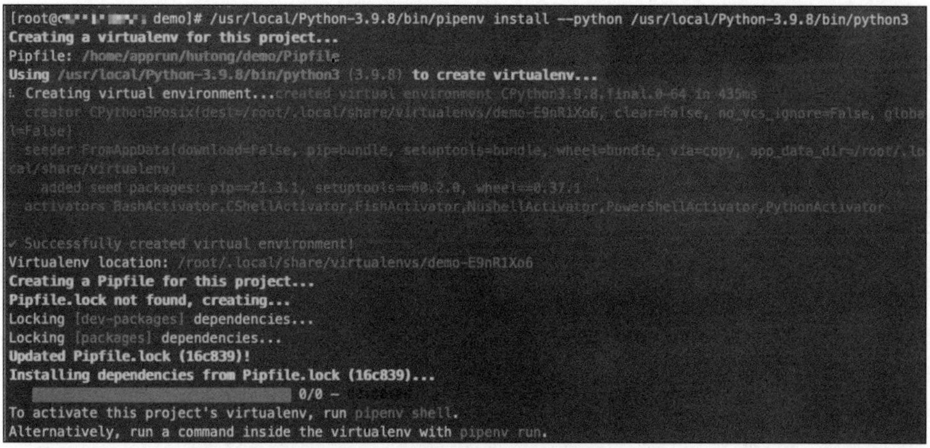

图 1-13　pipenv 创建虚拟环境成功

安装完成后会在项目目录 demo 下自动生成 Pipfile 和 Pipfile.lock 两个文件，目录 demo 下的文件如图 1-14 所示，虚拟环境就是通过这两个文件进行管理依赖的。

图 1-14　目录 demo 下的文件

1.4.5　pipenv 管理依赖

pipenv 使用 Pipfile 代替 requirement.txt 文件来记录 Python 第三方工具的信息，另外增加 Pipfile.lock 文件来锁定 Python 第三方工具的包名、版本和依赖关系的列表。

项目提交时，可将 Pipfile 文件和 Pipfile.lock 文件提交，待其他开发人员下载，根据此 Pipfile 文件，执行命令 pipenv install 来生成自己的虚拟环境。而 Pipfile.lock 文件用于保证包的完整性。

1. Pipfile 文件

每次创建环境在当前目录下都会生成一个名为 Pipfile 文件，用来记录刚创建的环境信息。如果在当前目录下存在之前的 Pipfile 文件，新的 Pipfile 文件会将其覆盖。

Pipfile 文件主要用来配置项目依赖的第三方工具、工具包的镜像源、Python 解释器的版本等，该文件的示例如下：

```
# 主要用来配置包的下载网址
[[source]]
# 指定包的安装镜像源，一般使用国内的镜像来加快下载速度
url = "https://mirrors.aliyun.com/pypi/simple/"
verify_ssl = true
name = "pypi"
# 项目运行所需要依赖的第三方工具，即下载安装的工具包
```

```
[packages]
flask-authz ==='2.4.0'
# * 表示安装最新稳定版本
flask = '*'
# 开发依赖的工具包
[dev-packages]
# 开发环境需要的包,不常用
# Python 解释器配置
[requires]
# 指定 Python 解释器的版本
python_version = "3.9"
```

2. Pipfile.lock 文件

Pipfile.lock 文件是通过哈希算法将包的名称、版本和依赖关系生成哈希值,可以保证包的完整性,锁定 Python 版本,便于以后项目发布使用固定的包。

在正常情况下,Pipfile.lock 文件不会自动更新工具的版本,例如安装的 requests 库一开始是 2.26.0 版本,后来指定安装 2.25.1 版本,那么 Pipfile 文件会更新,但是 Pipfile.lock 文件不会更新,只有手动执行 pipenv lock 命令后才会更新。

Pipfile.lock 文件保存了包的哈希值,这是确保生产环境和开发环境包信息一致的关键。当我们把项目从开发环境复制到生产环境,我们只需要执行 pipenv install,而无须重新安装之前在开发环境中安装的包,这很省心。

1.4.6 pipenv 安装依赖工具包

接下来,我们用 pipenv 安装 requests 库试一下,命令为 pipenv install requests。pipenv 安装依赖工具包成功如图 1-15 所示。

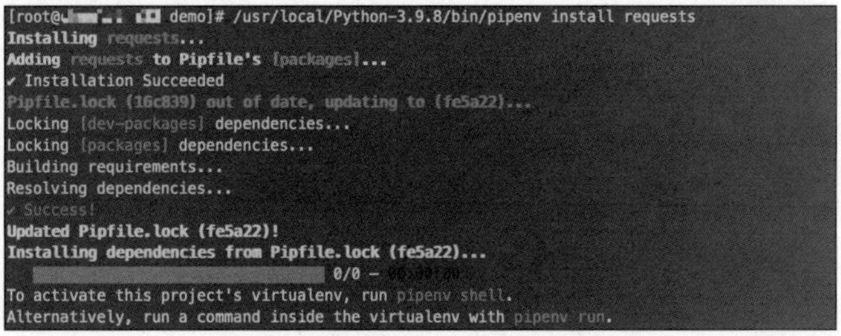

另外,pipenv install 提供了 --dev 参数,用于区分需要部署到线上的开发包和只需要在测试环境中执行的包,这样就能明确不需要部署在线上的包,尽可能保证包干净。

图 1-15 pipenv 安装依赖工具包成功

> **提示**
> 第一次安装包会比较慢,因为安装过程包含创建虚拟环境的过程。另外,如果使用默认安装源,大多数情况下会卡在锁定阶段,一般解决办法有两个。
> (1)更改安装源,修改项目目录下的 Pipfile 文件中 url 后边的内容。pipenv 本身就是基于 pip 的,所以也可以更换安装源。例如下面的 Pipfile 文件中使用阿里云提供的安装源:
>
> ```
> [[source]]
> url = "https://mirrors.aliyun.com/pypi/simple"
> ```

```
verify_ssl = true
name = "pypi"
```

（2）使用--skip-lock 参数跳过锁定过程，锁定过程会比较费时，可以等真正完成项目开发要提交到仓库时再去锁定。

1.4.7 常用命令

一般通过命令 pipenv -h 可以看到 pipenv 的命令参数和命令示例，如图 1-16 和图 1-17 所示。

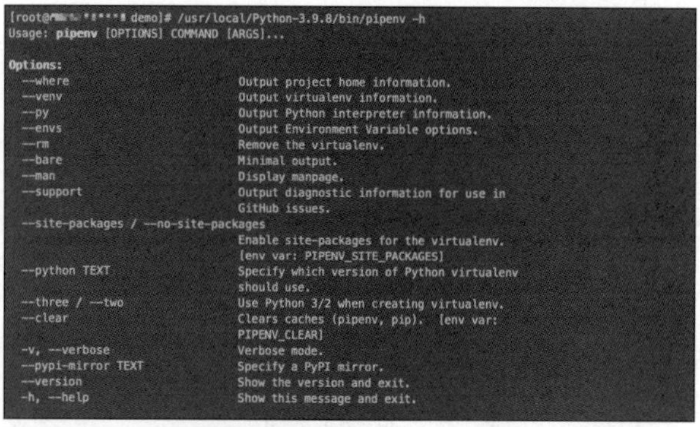

图 1-16　pipenv 的命令参数

图 1-17　pipenv 的命令示例

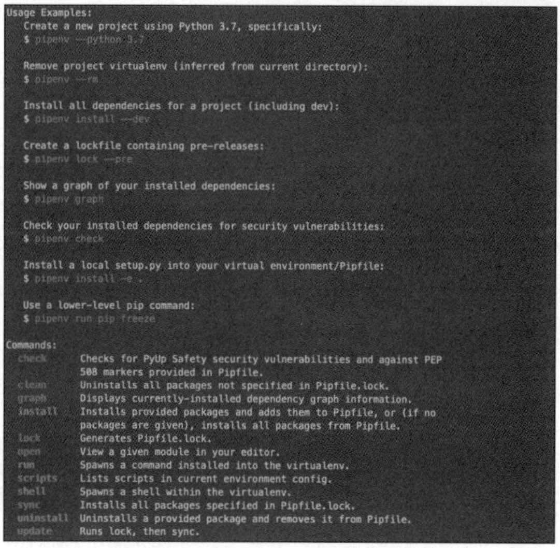

pipenv 具体的使用方法为 pipenv [OPTIONS] COMMAND [ARGS]....。其中，OPTIONS（操作参数）如表 1-2 所示。

表 1-2　OPTIONS（操作参数）

操作参数	描述
--where	显示项目文件所在路径
--venv	显示虚拟环境下实际文件所在路径
--py	显示虚拟环境下 Python 解释器所在路径
--envs	显示虚拟环境的选项变量
--rm	删除虚拟环境
--man	显示帮助页面
--three / --two	使用 Python 3 或 Python 2 创建虚拟环境
--site-packages	附带安装原 Python 解释器中的第三方工具包

操作参数	描述
--version	显示版本信息
-h, --help	显示帮助信息

pipenv 可使用的命令如表 1-3 所示。

表 1-3　pipenv 可使用的命令

命令	描述
check	检查安全漏洞
graph	显示当前依赖关系图信息
install	安装虚拟环境或者第三方工具
lock	锁定并生成 Pipfile.lock 文件
open	在编辑器中查看一个工具
run	在虚拟环境中执行命令
shell	进入虚拟环境
uninstall	卸载一个工具
update	卸载当前所有的工具,并安装它们的最新版本

例如,进入(激活)虚拟环境,执行 pipenv shell 命令。虚拟环境创建好后,需要被激活才能在当前命令行中使用,可以理解为将当前命令行环境中 PATH 变量的值替换。此时 pipenv 会启动一个激活虚拟环境的子 shell,然后我们会发现命令行提示符前添加了虚拟环境名,虚拟环境名为项目名。激活虚拟环境示例如图 1-18 所示。

在虚拟环境下,执行 exit 命令即可退出虚拟环境。所以,若要在虚拟环境中执行 Python 脚本,有如下两种方式。

图 1-18　激活虚拟环境示例

- 第一种是直接执行命令 pipenv run python test.py。
- 第二种是先激活虚拟环境,然后再运行脚本,命令如下:

```
pipenv shell
python test.py
```

> 提示
> - 不要使用命令 pip install。虽然在虚拟环境中也会安装对应的包,但是不会更新 Pipfile 文件和 Pipfile.lock 文件,不便于后续的环境迁移。
> - pipenv --rm 只是把创建的虚拟环境删除了,但 Pipfile 文件和 Pipfile.lock 文件还存在。下次如果想要创建与项目名相同的虚拟环境,只要切换到原项目目录下执行命令 pip install 即可。

1.4.8　部署迁移虚拟环境

一般一个项目会创建一个目录,由于 Python 项目不需要编译,开发完成后,将项目目录拷贝到服务器上就可以完成部署了。但是，在项目开发过程中，我们会陆续安装和部署一些依赖工具，保证项目运行，要记住安装了哪些依赖不是件轻松的事。

1. 以前的部署流程

使用 pip 提供的导出依赖工具名的功能，将环境中项目依赖的第三方工具名导出并导入 requirements.txt 文件。命令为 pip freeze > requirements.txt。然后，上传到服务器，在服务器上依据 requirements.txt 文件安装工具包，命令为 pip install -r requirements.txt。

值得注意的是，pip freeze 命令并不是针对特定项目的，该命令导出的是所在 Python 环境中的所有第三方工具。如果一个 Python 环境中，创建了两个不同的项目，各自有不同的依赖，那么导出的依赖会是两个项目依赖的并集，虽然这对部署来说没有问题，但安装没必要的依赖不算是好事，后续可能出现包冲突的问题。

因此，在创建项目时，为其创建一个独立的 Python 虚拟环境是个好的编程习惯。

2. 现在的部署流程

我们通过 pipenv 使用虚拟环境管理项目依赖，在开发环境完成开发后，如何构建生产环境呢？这时候需要使用 Pipfile.lock 文件。我们执行命令 pipenv lock，把当前环境的模块锁定，执行命令后它会更新 Pipfile.lock 文件，该文件是用于生产环境的。然后，我们只需要把代码、Pipfile 文件和 Pipfile.lock 文件放到生产环境，执行命令 pipenv install，就可以创建和开发环境一样的环境了。Pipfile.lock 文件记录了所有包和子包的明确版本，以完成确定的构建。如果要在另一个开发环境开发，则将代码和 Pipfile 文件复制过去，执行命令 pipenv install --dev，将会安装包括 dev 对应的开发环境中的包。

我们之所以要在开发时养成创建和使用虚拟环境的好习惯，除了避免未来工具之间的冲突，还有一个重要的原因是方便部署迁移。因为虚拟环境是独立的，仅包含项目相关的依赖，所以部署的效率更高，风险更小。

> **requirements.txt 文件的兼容**
>
> pipenv 可以像 virtualenv 一样用命令生成 requirements.txt 文件。
>
> ```
> # 将 Pipfile 文件和 Pipfile.lock 文件里面的工具名导出到 requirements.txt 文件
> pipenv lock -r  > requirements.txt
> # 通过 requirements.txt 文件进行安装
> pipenv install -r requirements.txt
> ```
>
> 如果老项目一开始没有使用 pipenv 进行依赖管理，那么因为 requirements.txt 文件的完全兼容的特性，我们可以重新通过 pipenv 来管理项目依赖，只需要 pipenv 读取原有的最新的 requirements.txt 并重新生成依赖到 Pipfile 文件中即可。

1.5 本章小结

通过学习本章的内容，相信大家能够掌握 Python 的各个版本的安装方法、第三方工具包的管理，以及虚拟环境的创建使用，可以为后续的项目测试开发构建一个干净、纯粹的 Python 环境。

第 2 章

PyCharm 工具

工欲善其事，必先利其器，使用好的工具能让学习更高效。市面上流行的 Python 代码编辑器众多，我们可以根据自己的需求选择适合自己的。这里建议选择 PyCharm，使用起来方便简单，本章将讲解该工具在日常开发中常用的功能。

2.1 PyCharm 简介

IDE（integrated development environment，集成开发环境）是将我们在开发过程中所需要的工具或功能集成在一起，如代码编写、分析、编译、调试等功能，从而最大化地提高开发人员的工作效率。

PyCharm 作为一款针对 Python 的代码编辑器，配置简单、功能强大，使用起来省时省心，对初学者友好。PyCharm 是主流 Python IDE 之一，由 JetBrains 公司开发，它带有一整套可以提高用户使用 Python 语言开发时的效率的工具，如调试、语法高亮、项目管理、代码跳转、智能提示、自动完成、单元测试、版本控制等。

PyCharm 支持跨平台，在 macOS 和 Windows 下都可以使用。目前 PyCharm 共有 3 个版本：Professional、Community 和 Edu。Community 版和 Edu 版都是开源项目，它们是免费的。Edu 版完整地引用了 Community 版所有的功能，同时集成了一个 Python 的课程学习平台，比较适合从未接触过的任何开发语言的新手。

Professional 版是收费的，Professional 版比 Community 版多了科学工具、Web 应用开发、Python Web 框架、Python 代码分析、远程开发调试和数据库支持。

对于开发人员，强烈建议选择 Professional 版，本书也将以 Professional 版为例进行讲解，如图 2-1 所示。

图 2-1　本书使用的 PyCharm 的 Professional 版

2.2 配置虚拟开发环境

2.2.1 使用本地虚拟 Python 环境

在 PyCharm 中，我们首先需要创建一个项目。在安装和打开 PyCharm 后，我们会看到欢迎页面，在 File 菜单栏中点击 New Project，弹出 New Project 窗口，如图 2-2 所示。

在该窗口中，我们先指定项目位置和项目名称，再打开 Project Interpreter 列表，选择创建新的项目对应的解释器或者使用已有的解释器。我们选择 New environment using，打开其右方的下拉列表，选择 Virtualenv、Pipenv 或 Conda。这些工具可以为不同项目单独创建 Python 虚拟环境，从而分别保存不同项目所需的依赖项。本书中选择的是 Pipenv，选择 Pipenv 后，指定环境位置，从 Python 解释器列表中选择已安装在系统中的 Base interpreter。

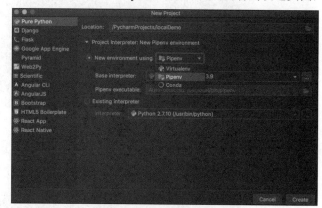

图 2-2 New Project 窗口

我们点击 Create 按钮，即在 PycharmProjects 目录下新建了一个名为 localDemo 的示例。从图 2-3 中可以看到 Python 的解释器为 /.local/share/virtualenvs/localDemo-ozjleAxM/bin/python，这是一个虚拟环境下的解释器。

通过点击 "+"，如图 2-4 所示，安装一个 requests 库后，在图 2-5 所示的项目目录结构中，可以看到 Pipfile 和 Pipfile.lock 两个文件，pipenv 就是通过这两个文件管理工具包的，这在第 1 章中已经描述。

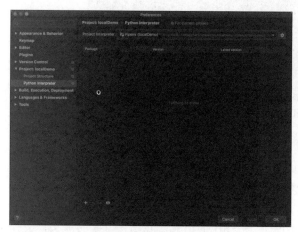

图 2-3 Preferences 窗口

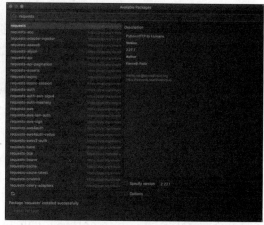

图 2-4 Available Packages 窗口

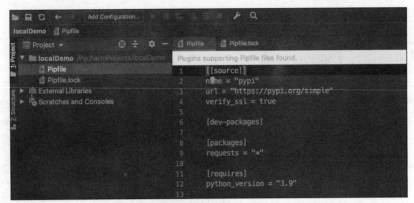

图 2-5　项目目录结构

最后，简单写一个 helloWorld 示例，如图 2-6 所示，运行后验证了已采用本地刚构建的虚拟 Python 环境，对后续安装的包都能很方便地进行管理，做到不同项目之间的有效隔离。

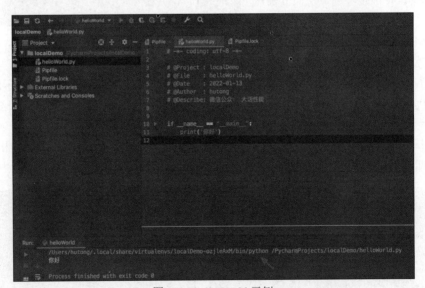

图 2-6　helloWorld 示例

2.2.2　使用远程虚拟 Python 环境

在 PyCharm 中，使用远程虚拟 Python 环境创建一个项目与使用本地虚拟 Python 环境创建一个项目类似，如图 2-7 所示。不同的是，在 Project Interpreter 列表中，我们选择 Existing interpreter。

在 Existing interpreter 中添加 Interpreter。如图 2-8 所示，我们选择 SSH Interpreter 进行远程服务器的 SSH 配置，并在 SSH Configurations 中配置 SSH 的信息。点击图 2-8 的箭头，会弹出配置界面。填好信息，点击 Test Connection 进行测试，显示配置成功，如图 2-9 所示。

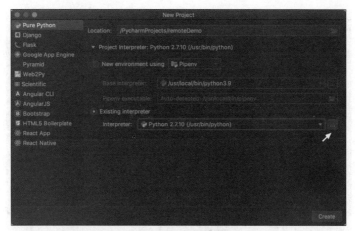

图 2-7　New Project 窗口

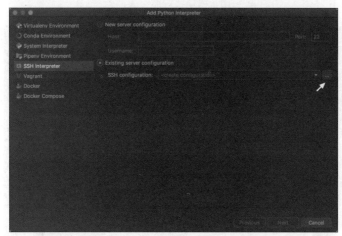

图 2-8　Add Python Interpreter 窗口

图 2-9　SSH 配置成功的窗口

最后，我们在 Add Python Interpreter 窗口选择刚刚添加成功的远程服务器，如图 2-10 所示。

点击 Next，进入图 2-11 所示的窗口，选择远程虚拟的 Python 解释器。

在选择 Python 解释器之前，我们需要在远程服务器上创建虚拟环境。首先，在远程服务器上，安装好对应的 pipenv 工具，新建 remoteDemo 目录。然后，进入该目录，执行命令 pipenv install --python /usr/local/Python-3.9.8/bin/python3 即可创建一个远程的虚拟环境，如图 2-12 所示。

图 2-10　添加远程服务器的窗口

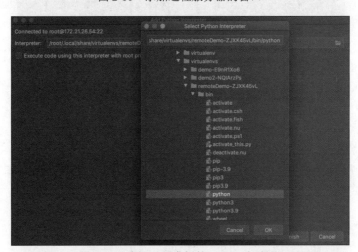

图 2-11　选择远程虚拟的 Python 解释器

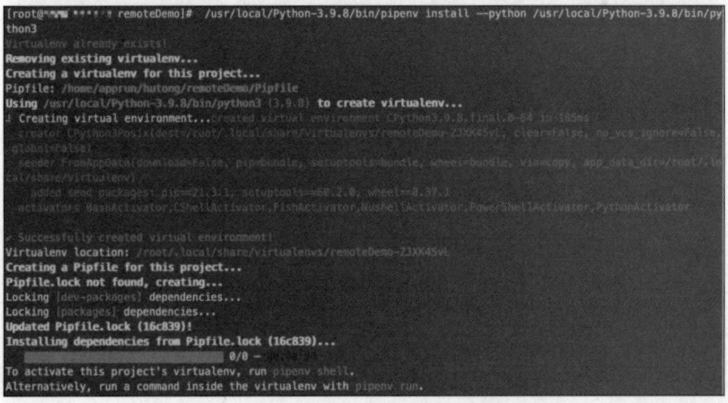

图 2-12　在远程服务器上创建虚拟环境

所以在图 2-11 中，选择/root/.local/share/virtualenvs/remoteDemo-ZJXK45vL/bin/python 为远程虚拟环境的 Python 解释器，设置成功后的界面如图 2-13 所示。

在 Remote project location 中设置远程项目目录，我们选择之前在远程服务器上创建的 remoteDemo，如图 2-14 所示。

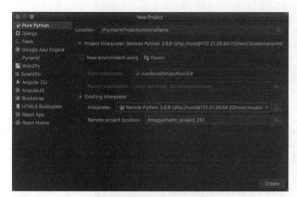
图 2-13　设置 Python 解释器成功

图 2-14　设置远程项目目录

另外，我们需要在 Deployment 界面配置 SFTP 的信息，如图 2-15 所示。

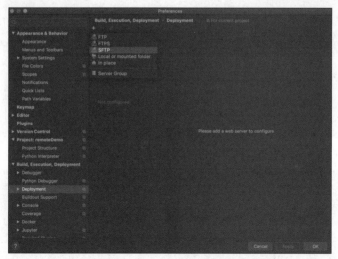
图 2-15　Deployment 界面

除了配置 SSH 连接信息，我们还要添加本地项目代码的地址和远程部署的地址，方便后续的代码上传和下载，如图 2-16 所示。

配置成功后，用鼠标右键点击项目名 remoteDemo，在弹出的菜单中选择 Deployment，可以看到 Upload to…和 Download from…两个选项，它们分别用于代码的上传和下载，如图 2-17 所示。

最后，我们写一个简单的 helloWorld 示例，上传到远程服务器，并在 PyCharm 中点击运行。我们可以发现解释器是远程虚拟 Python 环境，运行的 helloWorld 示例是远程目录下的脚本，如图 2-18 所示。

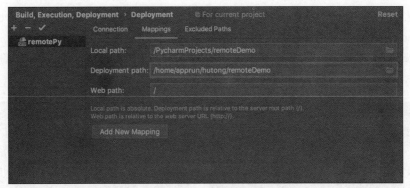

图 2-16　Deployment 的 Mappings 界面

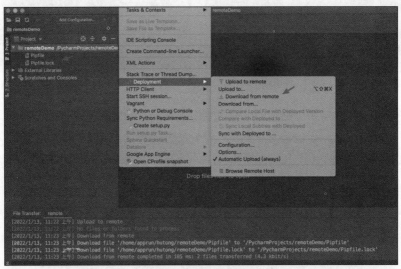

图 2-17　配置成功

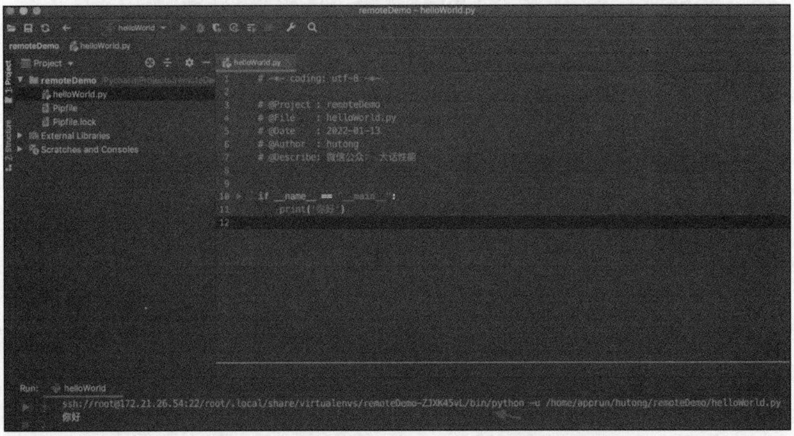

图 2-18　远程虚拟 Python 环境测试成功

2.3 配置远程开发环境

PyCharm 是一个非常强大的 Python 开发工具，现在很多项目最终的线上运行环境都是 Linux，而开发环境可能还是本地的 Windows，或作为团队合作开发项目，需要远程连接 Linux 服务器进行编程。针对这些场景，PyCharm 提供了非常便捷的远程开发方式。

PyCharm 具有远程编程调试功能，下面我们讲解在本地上配置、使用远程开发和调试的步骤。

（1）配置远程 Linux 服务器信息。如图 2-19 所示，在 Preferences 窗口左侧菜单栏找到 Deployment 选项，点击"+"来创建 SFTP 连接配置，填写 Connection 选项卡内容，并在 Mappings 选项卡中配置路径映射信息，如图 2-20 所示。

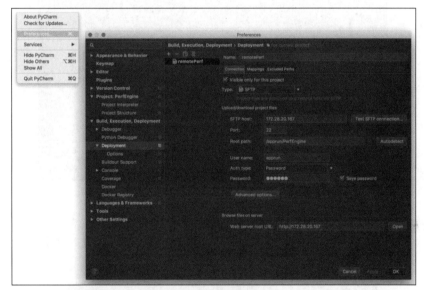

图 2-19 Deployment 界面

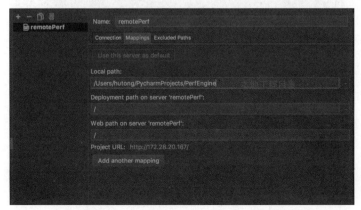

图 2-20 Deployment 的 Mappings 界面

在图 2-20 中，我们将 Local path 配置为本地的代码路径就可以，这是将本地这个目录同步到服务器上。Deployment path on server 用于配置 Linux 上项目的路径，此处默认为根目录我们填写相对于 root path 的目录即可。如果我们有一些文件或文件夹不想同步，那么在 Excluded Paths 选项卡里面添加即可，并且可同时指定本地和远程。

另外，在 Deployment 下的 Options 可以设置自动同步更新上传到服务器，只要在 Upload changed files automatically to the default server 右侧选择 Always 即可，这样我们就不用每次手动更新到服务器，如图 2-21 所示。这个功能开启之后，我们在本地新建的文件都会自动同步到远程 Linux 服务器上。

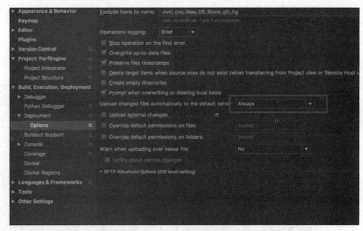

图 2-21　Deployment 中设置自动同步的窗口

（2）配置远程 Python 编译器。现在代码工程已部署到远程服务器，运行代码需要采用远程的 Python 编译器。如图 2-22 所示，点击 Add Remote，弹出窗口，配置如图 2-23 所示。

图 2-22　配置远程 Python 编译器

图 2-23 远程 Python 编译器配置窗口

这样就配置完成了，我们在本地 PyCharm 就可以使用远程的 Python 编译器，如图 2-24 所示，运行远程服务器上的代码可以像运行本地代码一样方便，图 2-24 中线条标注的是远程 Python 解释器，说明远程开发环境配置成功了。

图 2-24 远程 Python 编译器配置成功

> **提示**
>
> 在上传代码到远程服务器的时候，遇到过偶现问题，错误信息如下：
>
> `2021/8/6 下午 4:34] Failed to transfer file '/Users/hutong/PycharmProjects/PerfEngine/jmeterUtils/jmeterEngine.py': could not close the output stream for file "sftp://172.28.20.167/jmeterUtils/jmeterEngine.py".`
>
> `[2021/8/6 下午 4:34] Automatic upload completed in less than a minute: 1 item failed`
>
> 原因：远程服务器的磁盘满了，通过清理磁盘即可解决该偶现问题。

2.4 PyCharm 常用功能

想灵活应用一门新的语言的时候，最重要的是熟悉其常用的开发工具的配置和使用，如此才能事半功倍，提高工作效率。PyCharm 提供的配置很多，本节将讲解几个在实际工作中重要和实用的配置。

2.4.1 编码设置

Python 中如果涉及中文，那么就绕不过编码问题。为此 PyCharm 提供了方便直接的解决方案，在 Global Encoding、Project Encoding 和 Property Files 这 3 处都默认使用 UTF-8 编码，具体设置在 PyCharm 的 Preferences 窗口的 File Encodings 中，如图 2-25 所示。

另外，在新建任何.py 文件的时候，建议在文件头添加图 2-26 所示的语句，显式地声明编码方式。

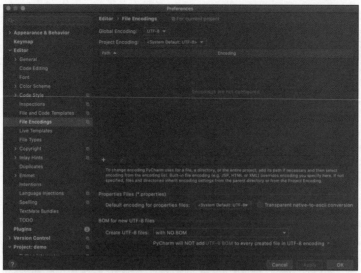

图 2-25　File Encodings 界面

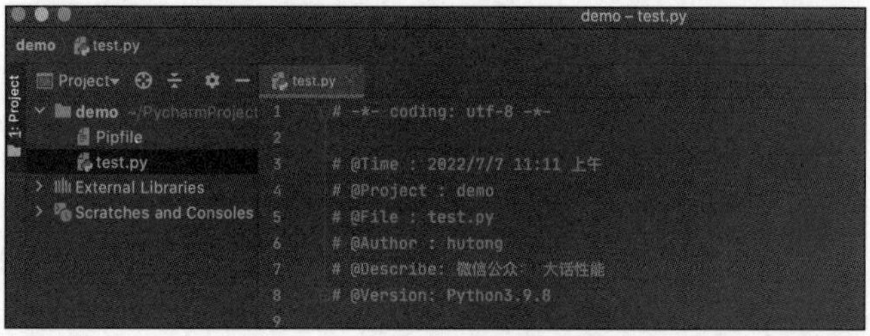

图 2-26　.py 文件编辑窗口

2.4.2　分屏查看代码

如果需要在一个文件中编写两处代码，而这两处代码又相隔比较远，那么我们可以对该文件开启分屏模式。分屏方式分为两种：竖屏和横屏。分屏模式开启方式为在代码文件上用鼠标右键点击，在弹出的菜单中，选择图 2-27 所示的两个选项。

2.4.3　解释器设置

当有多个版本的 Python 解释器安装在计算机上，或者需要管理虚拟环境时，在

图 2-27　开启分屏模式

PyCharm 的 Preferences 窗口左侧菜单栏中的 Project:demo 下的 Python Interpreter 中提供了方便的管理切换操作，如图 2-28 所示。另外，在这个界面，我们可以方便地进行切换 Python 版本、添加和卸载工具等操作。

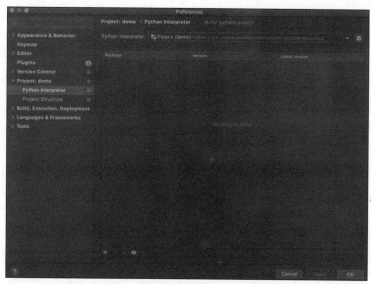

图 2-28　Python Interpreter 界面

2.4.4　模板设置

PyCharm 提供的代码模板功能，可以说是相当实用的。我们在新建一个 .py 文件时，可以用此功能按照我们预设的模板生成一段内容，如解释器路径、编码方法、作者详细信息等。

文件头模板的设置路径为 Preferences→Editor→File and Code Templates→Python Script，在右侧输入框区域添加模板代码，如图 2-29 所示。这样在每一次新建 .py 文件时，文件头会自动填充这几行，包括编码方式、创建时间、项目名称、文件名称、作者、版本等信息。

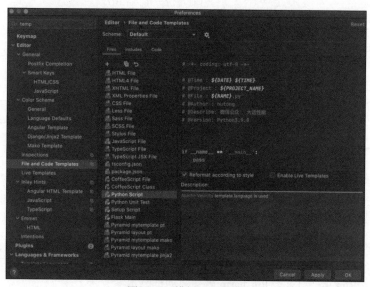

图 2-29　模板设置界面

我们在新建 .py 文件时，PyCharm 会自动添加文件头注释，而不用我们手动添加这些信息，效果如图 2-30 所示。其中，模板常用内置变量如表 2-1 所示，大家可以根据自己的需求定制文件头。

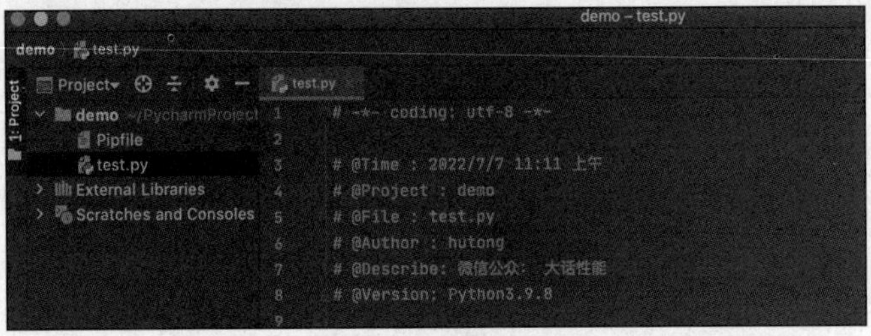

图 2-30　自动添加文件头注释效果

表 2-1　模板常用内置变量

格式	描述
${PROJECT_NAME}	项目名
${PRODUCT_NAME}	集成开发环境
${NAME}	文件名
${USER}	用户名，指登录计算机的用户名
${DATE}	当前系统的年、月、日
${TIME}	当前系统的时、分、秒
${YEAR}	当前年份
${MONTH}	当前月份，形式：07
${MONTH_NAME_SHORT}	当前月份，形式：7 月
${MONTH_NAME_FULL}	当前月份，形式：七月
${DAY}	当天
${HOUR}	当前小时
${MINUTE}	当前分钟
${SECOND}	当前秒

2.4.5　指定运行参数

有时候，在运行/调试脚本时，需要指定一些参数，这在命令行中可以方便地直接指定。而在 PyCharm 中也可以直接设置。PyCharm 的导航栏点击 Run，在弹出的菜单栏中选择 Run/Debug Configurations 进入设置面板，在 Configuration 选项卡中填入参数即可。如果在命令行中运行脚本的命令是 python main.py init --local，那么直接在图 2-31 中的 Parameters 输入框中填入 init --local 即可。这样直接点击 Run 运行代码，PyCharm 就会自动把脚本参数带上。

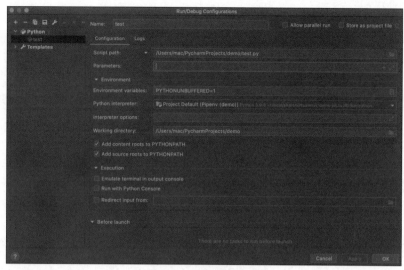

图 2-31　参数设置窗口

2.4.6　调试程序

断点调试是在开发过程中常用的功能,通过断点调试,我们能清楚地看到程序运行的过程,有利于跟踪代码问题。另外,如果刚接收别人写的代码,调试功能可以帮忙我们快速熟悉代码,通过断点调试,我们可以很清楚地看到程序是怎么运行的、每一步的参数值等。

断点的作用是当程序采用调试方式运行时,程序运行到断点位置,将会停下,并展示该断点的详细信息。PyCharm 设置断点的方式很简单,在代码行号后空白处点击一下,出现红色圆点就可以了。在 PyCharm 中调试程序的大致步骤如下。

(1)设置断点。一个断点标记了一行代码,当 PyCharm 运行到该行代码时会将程序暂时挂起。注意,断点会将对应的代码标记为红色,取消断点的操作也很简单,在同样位置再次点击即可。

(2)程序调试。通常有两种方法来调试程序,第一种是通过鼠标右键点击代码来调试程序;第二种是通过点击一个小虫子的图标来进行调试。如果 PyCharm 开始运行,在断点处暂停,断点所标记的代码变蓝,则意味着程序进程已经到达断点处,但尚未运行断点所标记的代码,我们可以在调试控制窗口中根据需求选择对应的按钮,进行调试程序的运行。

(3)设置变量查看器。我们需要在调试过程中观察变量的状态,因此需要对变量设置一个查看器。在 Watches 窗口中,点击"+",输入期望查看的变量名称。

另外,在调试控制窗口中,共有 7 个按钮,它们的作用分别如下。

- Show Execution Point:用于显示当前断点,当鼠标光标在其他行或其他文件时,点击此按钮可以跳转到当前的断点。
- Step Over:在单步运行时,程序运行到函数内遇到子函数时不会进入子函数内单步运行,而是将子函数整体运行完再停止,也就是把子函数整体作为一步。Step Over 在不存在子函数的情况下和 Step Into 效果是一样的。简单来说就是程序会运行子函数,但不进入。

- Step Into：在单步运行时，程序运行遇到子函数就进入子函数内并且继续单步运行，即会进入函数体内部、系统源码和第三方工具源码。
- Step Into My Code：在单步运行时，程序运行遇到子函数就进入并且继续单步运行，主要关注自己写的代码，不会进入系统源码和第三方工具源码。
- Step Out：假如程序运行进入一个函数体，我们看了两行代码，不想看了，想要跳出当前函数体，返回调用此函数的地方，就可以使用此功能。
- Run To Cursor：程序运行到光标处，即不需要每次都设置一个断点。
- Evaluate Expression：用于计算表达式，在调试模式下可以动态执行代码，甚至动态修改代码运行时变量的值，查看变量的值。

2.4.7 安装依赖工具包

除了可以通过 pip 命令安装第三方工具包，在 PyCharm 中也可以很方便地安装第三方工具包。我们进入 Preferences→Project:demo→Python Interpreter，点击"+"，如图 2-32 所示，即可安装第三方工具包。

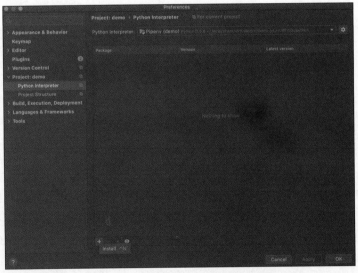

图 2-32 安装第三方工具包的界面

> **注意**
>
> 若 PyCharm 安装第三方工具包的过程中出现报错，报错内容为：
>
> `Non-zero exit code(2), no such option: --bulid-dir`
>
> 原因：pip 目前最新的安装包都是 21.3 版本，PyCharm 依赖--build-dir 安装第三方工具包，但是该标志在 pip 的 20.2 版本后已被删除，所以如果使用的 pip 是 20.2 版本之后的新版本，就会出现上述的错误。
>
> 解决方法：执行命令 python -m pip install pip==20.2.4，切换 pip 的版本到 20.2 版本即可。

2.4.8 配置 PyPI 国内源

在用 pip 去安装一些第三方工具包的时候，PyCharm 默认下载国外的资源，有时候会因为网络等问题导致安装失败。我们可以配置成国内源（镜像）以提速。

最常见的是使用清华大学的开源镜像，在 PyCharm 设置的方法：点击 File→Settings→Project，在 Python Interpreter 界面点击"+"→Manage Repositories→"+"，输入清华大学开源软件镜像站地址即可。当然，大家也可以设置为阿里云、豆瓣等国内其他的镜像地址。

临时使用国内 PyPI 镜像安装命令如下。

```
pip install 包名 -i http://mirrors.aliyun.com/pypi/simple --trusted-host mirrors.aliyun.com    # 此参数"--trusted-host"表示信任，如果上一个提示不受信任，就使用这个。
```

2.4.9 tab 和空格的自动转换

Python 语言最具特色的语法就是使用缩进来区分代码块。缩进空格数是可变的，但是同一个代码块的语句必须使用相同的缩进空格数，缩进不一致会导致运行错误。

在团队协作中，我们难免会碰到别人编辑的文件，有的人喜欢用 tab 做缩进，有的人喜欢用 4 个空格做缩进。但是在同一个 Python 文件里，tab 缩进和 4 个空格缩进是不能共存的。这就需要我们按照该文件原来的缩进风格来编码。在 PyCharm 中，我们可以设置自动检测原文件的缩进方式来决定当我们使用 tab 键缩进的时候，输出是 tab 还是 4 个空格，在图 2-33 所示位置勾选即可开启自动检测。

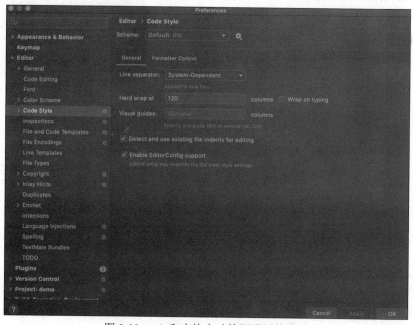

图 2-33 tab 和空格自动检测设置的窗口

> **注意**
>
> 在项目中 tab 和空格混用可能报类似如下的错误：
>
> IndentationError: unindent does not match any outer indentation level
>
> 解决方法：统一成 tab 或者空格。在 PyCharm 中的解决方法是选中所有文本，然后点击菜单栏中的 Edit，通过 Convert Indents，将所有文本的缩进统一成 tab 或者空格。

2.4.10 函数注释和参数注释

在编写函数的时候，专业的做法是声明各个参数的含义和返回值，方便自己或他人阅读和理解。PyCharm 提供了便捷地添加函数参数注释的功能。只需要点击函数名，如图 2-34 所示，左上角亮起小灯泡图标，点击小灯泡图标，选中 Insert documentation string stub 即可。

此时，PyCharm 就会自动添加函数注释和参数注释的框架，我们可以在"""后添加函数注释和参数注释。添加注释成功后，若后续引用函数，则选中函数，按下 Ctrl+Q 快捷键，即可显示函数和参数的注释，如图 2-35 所示。

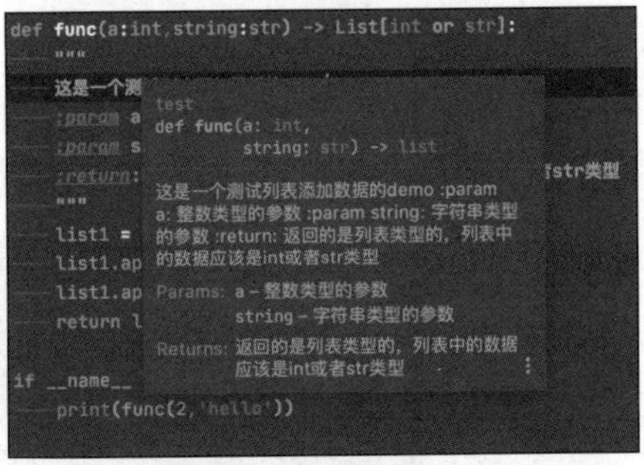

图 2-34 设置注释

图 2-35 显示注释

2.4.11 __name__ == '__main__' 的作用

很多新手开始学习 Python 的时候可能都比较疑惑 Python 中 __name__ == '__main__' 的作用。

下面我们举例说明，先写一个模块 module，在其中定义一个函数 main()。

```
# module.py
def main():
    print "we are in %s"%__name__
if __name__ == '__main__':
    main()
```

执行 module.py 文件，发现结果打印出"we are in __main__"，说明 if 语句中的内容被执行了，调用了 main()函数。

但是如果我们在另一个模块 moduleA.py 中导入该模块，并调用一次 main()函数，观察结果发现其运行结果为 we are in module。

```
moduleA.py
from module import main
main()
```

没有显示"we are in __main__"，也就是说模块 __name__ = '__main__' 下面的函数没有执行。所以，如果我们直接执行某个.py 文件，那么该文件中 __name__ == '__main__' 是 True，但是如果我们在另

一个.py 文件通过 import 导入该文件，这时__name__的值就是我们这个.py 文件的名字而不是__main__。

这样既可以让模块文件执行，也可以在其被其他模块文件调用时不重复执行函数。这个功能还有一个用处，即在调试代码的时候，在 if __name__ == '__main__'中加入我们的调试代码，当外部模块调用的时候不运行我们的调试代码，但是如果我们想排查问题，则可以直接执行该模块文件，调试代码能够正常运行。

2.4.12 设置去除显示的波浪线

在 PyCharm 中代码下会显示波浪线，但是该代码语句没有错误，这看起来很不清爽，其实我们可以将其设置为不再提醒。具体方法为在 Preferences 界面选择 Editor→Color Scheme→General 选项，然后选择打开的界面中的 Errors and Warnings 选项，选择选项下的 Weak Warning，然后将界面右侧的 Effects 取消勾选即可，如图 2-36 所示。

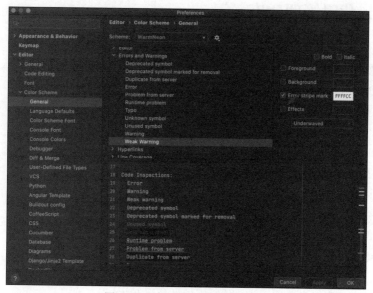

图 2-36　波浪线去除设置的窗口

2.4.13 可视化操作数据库

PyCharm 可以连接绝大多数市面上主流的数据库，如 MySQL、MongoDB 等，对大多数人来说，有了 PyCharm 后，就再也不用去额外下载 Navicat 等其他第三方操作数据库的工具了。

下面以 MySQL 为例，讲解如何创建并保存一个数据库连接。

首先在 PyCharm 的右侧导航栏中点击 Database，然后点击 Database 窗口左上角的 "+" → Data Source→MySQL，如图 2-37 和图 2-38 所示。

我们在弹出的配置界面，输入 ip、port、password 等信息，点击 Test Connection 测试一下是否能连接，如果连接成功，则点击 OK 进行保存，以便下次复用。连接成功后，PyCharm 会自动弹出一个 MySQL Console 的查询界面，我们可以在这个界面中执行 SQL 命令。

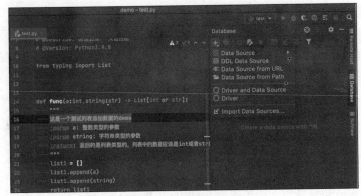
图 2-37　设置数据库

图 2-38　选择数据库

2.5　配置 Git 代码管理仓库

版本控制系统是现代软件开发中非常重要的工具之一，因此 IDE 必须支持版本控制。PyCharm 在这方面做得很好，它集成了大量流行的版本控制系统，如 Git、Mercurial、Perforce 和 Subversion。

使用 Git 来进行代码管理，能够实现多人对同一项目进行代码提交、更新、删除等管理操作。简单来说就是在 GitHub 上创建远程 master 分支，然后每个人将 master 分支拉取到本地并创建自己的独立分支，在代码更新之后提交到独立分支，由管理员统一合并至 master 分支，以防止覆盖等误操作。在本节，我们将演示如何在 PyCharm 中使用 Git。

首先我们要有一个 Git 仓库，并在上面创建项目。然后，我们就可以在 PyCharm 上通过 Git 迁出（checkout）一个仓库，如图 2-39 所示。

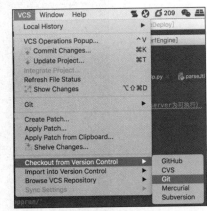
图 2-39　迁出仓库

接下来，在弹出的窗口中，填写 Git 的仓库地址信息和本地的工程地址信息，如图 2-40 所示。

（1）将本地代码的更新同步至 GitHub。迁出之后，PyCharm 可能识别不到，这时需要在菜单栏 VCS 下点击 Enable Version Integration。对于本地新增或者更改的文件，我们首先用鼠标右键点击文件夹，Git→Commit Directory，如图 2-41 所示，在 Commit Changes 窗口中，可以选中的文件表示此次允许提交的文件，可以看出窗口中出现的文件，都是新增文件或本次有更改的文件。

图 2-40　Git 配置对话框

在经过提交（commit）操作之后，原来的红色/蓝色文件会变成正常的颜色，表示文件已经提交到本地分支。最后一步是要将本地分支推送（push）至远端分支，通过在菜单栏选择 VCS→Git→Push

进行推送，推送成功后，在 PyCharm 界面的右下角会出现"all file are up-to-date"。

> **提示**
>
> 在 PyCharm 中，文件有 4 种状态，PyCharm 已经很贴心地用不同颜色表示出来了。
> - 白色表示已加入版本控制，已提交，无改动。
> - 红色表示本地存在（一般是新增），但是没有同步至远端仓库的文件。
> - 蓝色表示已提交的文件在本地有更改，但未同步至远端仓库。
> - 绿色表示已加入版本控制，暂时未提交的文件。

（2）将远程 master 分支的更新同步至本地。Git 中的分支为本地分支和远程分支。本地分支存储在当前计算机上，用于自己开发。而远程分支存储在 Git 的服务器上，用于团队开发和项目管理。我们一般在本地分支上开发，然后在远程分支上合并代码。

在别人更新代码并提交至远程分支、合并 master 分支之后，如果我们想看到别人提交的代码，需要把远程 master 分支的代码更新同步到本地。找到 PyCharm 右下角的 Git Branches 并点击 origin/master，然后选择远程 master→Merge into Current 合并（merge）远程分支，如图 2-42 所示。

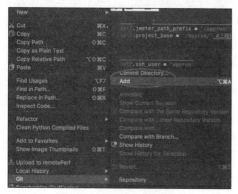

图 2-41 提交本地代码

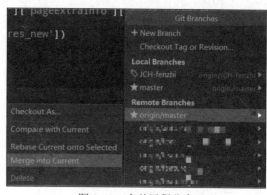

图 2-42 合并远程分支

如果本地分支与将要拉取的 master 分支有代码冲突，例如多人同时修改了一个文件，此时 PyCharm 提供了 3 个解决冲突的选项。
- Accept Yours：使用自己的文件代替远程的文件。
- Accept Theirs：使用远程的文件代替本地的文件。
- Merge：自己手动选择，这里推荐使用该选项。

最后，代码合并到本地之后，再点击 Update Project 用拉取的最新代码更新本地代码即可。

2.6 本章小结

通过学习本章的内容，希望大家能掌握如何用 PyCharm 构建不同需求的开发环境，如虚拟环境的、远程环境的，能学会运用一些常用的 PyCharm 使用技巧，提升代码开发效率。

第 3 章

Python 基础

房子地基打得好，任凭风吹雨打，房子依旧牢固。同理，要想得心应手的应用 Python，Python 基础知识一定要扎实。本章首先将讲解基本的数据类型，然后分面向对象和面向函数的两种编程方式总结核心知识，并讲解在实际的工程中，会频繁涉及的第三方工具的依赖引入和个人项目的发布相关知识，最后解读 Python 新版本经常使用的 typing 类型提示的语法功能，这也是标准代码中经常会出现的。

3.1 Python 基本数据类型

3.1.1 数值类型

Python 支持 3 种常见的数值类型，主要包括 int（整型）、long（长整型）和 float（浮点型），相对比较简单，在此不赘述。

3.1.2 布尔类型

布尔类型是计算机中最基本的数据类型，Python 中的布尔类型只有两种值：True 和 False。

通常情况下，数值中的 0、空字符串（''）、空元组（()）、空列表（[]）、空字典（{}）、空集合（set()），在 Python 中一般认定布尔值为 False，其他所有数据类型带有值的为 True。

另外，常见的布尔运算有 and、or、not 这 3 种，如表 3-1 所示，表中列举了布尔运算表达式和结果。

表 3-1 布尔运算表达式

运算	表达式	结果
或运算	x or y	如果 x 为 False 则结果取决于 y；如果 x 为 True 则不考虑 y
与运算	x and y	如果 x 为 False 则不考虑 y；如果 x 为 True 则结果取决于 y
非运算	not x	如果 x 为 False 则结果为 True，否则结果为 False

具体说明如下。

- or 是一种"短路运算符",只有当运算符左侧表达式为 False 时才去验证运算符右侧表达式。若运算符左侧表达式为 True,则不会执行运算符右侧表达式,直接跳过,即两个变量只要有一个为 True 则结果为 True。
- and 也是一种"短路运算符",只有当运算符左侧表达式为 True 时才去验证运算符右侧表达式。若运算符左侧表达式为 False,则不会执行运算符右侧表达式,直接跳过,即两个变量都为 True 时结果才为 True。
- not 的优先级比非布尔运算符低,例如,not a == b 解释为 not (a == b)。

3.1.3 字符串类型

字符串就是由字符组成的串,其中字符包括数字、字母、符号等。通常,字符串有两种表达方式:

- 一对英文单引号或者一对英文双引号只是包含单行字符串;
- 3 个英文单引号或 3 个英文双引号可以包含多行字符串。

Python 字符串运算符如表 3-2 所示,假设变量 a 的值为 Hello,变量 b 的值为 Python。

表 3-2 字符串运算符

操作符	描述	示例
+	字符串连接	>>>a + b 输出'HelloPython'
*	重复输出字符串	>>>a * 2 输出'HelloHello'
[]	通过索引获取字符串中的字符	>>>a[1] 输出'e'
[:]	截取字符串中的一部分	>>>a[1:4] 输出'ell'
in	成员运算符,如果字符串中包含给定的字符则返回 True	>>>"H" in a 输出 True
not in	成员运算符,如果字符串中不包含给定的字符则返回 True	>>>"M" not in a 输出 True

另外,Python 中内置了很多处理字符串的方法,表 3-3 列出了处理字符串的常用方法。

表 3-3 处理字符串的常用方法

方法	描述
string.capitalize()	把字符串的第一个字符大写
string.center(width)	返回一个原字符串,居中,并使用空格将其填充至长度为 width 的新字符串
string.count(str, beg=0, end=len(string))	返回 str 在字符串里面出现的次数,如果 beg 或者 end 指定则返回指定范围内 str 出现的次数

续表

方法	描述
string.decode(encoding='UTF-8', errors='strict')	以 encoding 指定的编码格式解码字符串,如果出错默认报一个 ValueError 的异常,除非 errors 指定的是 ignore 或者 replace
string.encode(encoding='UTF-8',errors='strict')	以 encoding 指定的编码格式编码字符串,如果出错默认报一个 ValueError 的异常,除非 errors 指定的是 ignore 或者 replace
string.endswith(obj,beg=0,end=len(string))	检查字符串是否以 obj 结束,如果 beg 或者 end 指定范围,则检查指定的范围内是否以 obj 结束,检查结果为是则返回 True,否则返回 False
string.find(str,beg=0,end=len(string))	检查 str 是否包含在字符串中,如果 beg 和 end 指定范围,则检查 str 是否包含在指定范围内,检查结果为是则返回开始的索引值,否则返回−1
string.format()	格式化字符串,在 Python 3 中,通过 format()方法或者 f'string' 实现,它将字符串当成一个模板,通过传入的参数进行格式化
string.lower()	转换字符串中所有大写字符为小写
string.lstrip()	删除字符串开头的空格
string.replace(str1,str2,num=string.count(str1))	把字符串中的 str1 中的字符依次替换成 str2 中的字符,如果 num 指定,则替换不超过 num 次
string.rfind(str,beg=0,end=len(string))	类似于 find()函数,返回字符串最后一次出现的位置,如果没有匹配项则返回−1
string.rjust(width)	返回一个原字符串右对齐,并使用空格填充至长度为 width 的新字符串
string.rstrip()	删除字符串末尾的空格
string.split(str="",num=string.count(str))	以 str 为分隔符切片字符串,如果 num 指定值,则仅切成 **num+1** 个子字符串
string.splitlines([keepends])	按照行 ('\r', '\r\n', '\n') 分隔,返回一个包含各行作为元素的列表,如果参数 keepends 值为 False,不包含换行符,如果为 True,则保留换行符
string.startswith(obj,beg=0,end=len(string))	检查字符串是否以 obj 开头,是则返回 True,否则返回 False。如果 beg 和 end 指定范围,则在指定范围内检查
string.strip([obj])	在 string 上执行 lstrip()和 rstrip()
string.upper()	转换字符串中所有小写字母为大写
string.zfill(width)	返回长度为 width 的字符串,原字符串右对齐,前面填充 0

3.1.4 列表类型

列表(list)是 Python 中使用较为频繁的数据类型,是 Python 内置的一种数据类型,是一个有序的数据集合。列表中的元素类型可以不相同,可以容纳 Python 中的任何对象,既支持数字、字符串等,也支持列表。

创建列表的方式比较简单,列表可以用方括号创建,用逗号隔开列表中的元素,但是除了可以使用"[]"创建列表,还可以使用 list()函数创建列表。

Python 中的列表对象内置了一些方法,如表 3-4 所示。

表 3-4 列表对象常用方法

方法	含义
list.append(obj)	在列表末尾添加新的元素
list.count(obj)	统计某个元素在列表中出现的次数
list.extend(seq)	在列表末尾一次性追加另一个列表中的多个值
list.index(obj)	从列表中找出某个值第一个匹配项的索引位置
list.insert(index, obj)	在列表的 index 位置插入数据
remove('dwd')	在列表中删除数据'dwd'

3.1.5 元组类型

Python 的元组（tuple）与列表类似，不同之处在于元组的元素不能修改；元组使用小括号创建，列表使用方括号创建。创建元组很简单，只需要在小括号中添加元素，并使用逗号隔开即可。注意，只含一个值的元组，必须在元组中加一个逗号。

3.1.6 集合类型

在 Python 中，集合是一种特殊的数据结构，集合中的元素不能重复，每个元素唯一，并且集合中的元素不可修改。集合用大括号表示，元素间用逗号隔开，或者是用 set()方法。在实际应用中，集合主要有两个功能，一是进行集合运算操作，二是消除重复元素，实现数据去重。

另外，Python 支持数学上的集合运算，包括差集、交集、并集等，假设有两个集合 A、B，A={1,2,3,4,5,6}，B={3,4,5}，表 3-5 为集合运算示例。

表 3-5 集合运算示例

集合运算	运算符	描述	示例结果
差集	A−B	求集合 A 与集合 B 的差集，即集合 A 的元素去除集合 A、B 共有部分的元素	{1,2,6}
交集	A|B	求集合 A 与集合 B 的并集，即集合 A 与集合 B 的全部唯一元素（这里其实就是集合 A 中的所有元素）	{1,2,3,4,5,6}
并集	A&B	求集合 A 与集合 B 的交集，即集合 A 与集合 B 的共有元素	{3,4,5}

3.1.7 字典类型

字典（dict）是 Python 中一个非常有用的内置数据类型，可存储任意类型的对象。字典是无序的对象集合，字典中的元素是通过键（key）来存取的。在字典中，键必须使用不可变类型，即在同一个字典中，键必须是唯一的。

字典与前面介绍的几种数据结构都不太相同，它是使用键值对的方式来进行存储的，具有方便快速查找的优点。字典是 Python 中一个键值映射的数据结构，下面重点介绍一下如何优雅地操作字典。

（1）创建字典。字典是用{}来标识的，字典的每个键值对用冒号分隔，每个键值对之间用逗号分隔，整个字典包括在大括号中。Python 有两种方法可以创建字典，一种是使用大括号，另一种是使用内建函数 dict()，示例如下：

```
>>> info = {}
>>> info = dict()
```

（2）初始化字典。Python 可以在创建字典的时候直接初始化字典，示例如下：

```
>>> info = {"name" : hutong }
>>> info = dict(name = hutong )
```

（3）获取键值。字典可以通过如下方式获取到键的值：

```
>>> info = { name : hutong , blog : hutong_blog }
>>> info[ name ]
```

但是获取不存在的键的值会触发的 KeyError 异常，我们可以使用字典的 get() 获取字典，示例如下：

```
>>> info = dict(name= hutong , blog= hutong_blog )
>>> info.get( name )
```

使用 get() 获取不存在的键值不会触发异常，因为 get() 接收两个参数，当不存在该键的时候会返回第二个参数的值。

（4）更新和添加。字典可以直接使用键作为索引来访问、更新和添加值，示例如下：

```
>>> info = dict()
>>> info[ name ] =  hutong
>>> info[ blog ] =  hutong_blog
>>> info
{ blog :  hutong.com ,  name :  hutong }
```

字典的 update() 也可以用于更新和添加字典，示例如下：

```
>>> info = dict(name= hutong, blog= hutong_blog )
>>> info.update({ name : TT , blog : hutong_newblog })
>>> info
{ blog :  hutong_newblog ,  name :  TT }
```

字典的 update() 可以使用一个字典来更新字典，也可以使用类似 dict() 函数的方式通过参数传递来更新字典。

（5）字典删除。我们可以调用 Python 内置关键字 del 来删除一个键值，示例如下：

```
>>> info = dict(name= hutong , blog= hutong_blog )
>>> info
{ blog :  hutong_blog ,  name :  hutong }
>>> del info[ name ]
>>> info
{ blog :  hutong_blog }
```

我们也可以使用字典的 pop() 来取出一个键的值并删除。

字典的操作函数如表 3-6 所示。

表 3-6　字典的操作函数

函数及描述	描述
dict.clear()	删除字典内所有元素
dict.copy()	返回一个字典的浅复制，浅复制即引用，改变了对象，也改变父对象
dict.fromkeys(seq[,val])	创建一个新字典，以序列 seq 中元素作为字典的键，val 为字典所有键对应的初始值
dict.get(key,default=None)	返回指定键的值，如果值不在字典中则返回 default 值
dict.has_key(key)	如果键在字典里则返回 True，否则返回 False
dict.items()	以列表的格式返回可遍历的(键,值)元组数组
dict.keys()	以列表的格式返回一个字典所有的键
dict.setdefault(key,default=None)	和 get()类似，但如果键不在字典中，将会添加键并将值设为 default 值
dict.update(dict2)	把字典 dict2 的键值对更新到 dict 里
dict.values()	以列表的格式返回字典中的所有值
pop(key[,default])	删除字典给定键对应的值，返回值为被删除的值。键值必须给出，否则返回 default 值
popitem()	返回并删除字典中的最后一对键值

下面讲解两个我们在日常开发中经常遇到的字典的用途，分别是字典遍历和字典与 JSON 的转换。

（1）字典遍历。字典遍历在开发中典型的应用场景是使用多个键值对，例如，使用 iteritems()迭代字典中的元素：

```
for k,v in *.iteritmes():
    print(k,v)
```

其中，iteritems()返回的是迭代器对象，迭代器对象具有惰性加载的特性，只有真正需要的时候才生成值，这种方式在迭代过程中不需要额外的内存来装载这些数据。

注意，在 Python 3 中，只有 items()了，它等价于 Python 2 中的 iteritems()，而 iteritems()被移除了。

（2）字典与 JSON 的转换。JSON 作为一种轻量级的数据交换格式，常用于程序或应用之间的数据交换，JSON 的本质是满足某种特定格式的字符串。在 Python 中，字典与 JSON 转换主要用到如下方法。

- loads()：将 JSON 数据转换成字典数据。
- dumps()：将字典数据转换成 JSON 数据。

json.dumps()用于将 Python 对象编码成 JSON 字符串。语法如下，json.dumps()包含的参数内容较多，json.dumps()的参数如表 3-7 所示。

```
json.dumps(obj, skipkeys=False, ensure_ascii=True, check_circular=True, allow_nan=True,
cls=None, indent=None, separators=None, encoding="utf-8", default=None, sort_keys=False, **kw)
```

表 3-7 json.dumps()的参数

参数名	参数含义
skipkeys	默认值是 False，当字典内的键的数据不是 Python 的基本类型（str、unicode、int、long、float、bool、None），将该参数设置为 False 时，就会报 TypeError 的错误，如果设置为 True，则会跳过这类键
enusre_ascii	当该参数设置为 True 时，所有非 ASCII 码字符显示为\u××××序列；在运行函数时将其设置为 False，并存入 JSON 的中文，即可正常显示
check_circular	当该参数设置为 False 时，容器类型的循环引用检查将被跳过，而循环引用会导致溢出错误（甚至更严重的后果）
allow_man	当该参数设置为 False 时，将会严格遵守 JSON 规范，而不是使用 JavaScript 等效（NaN、Infinity、-Infinity），报错 ValueError 表示序列化超出范围的浮点值
indent	一个非负的整型，如果为 0 就是顶格分行显示，如果为空就是一行紧凑显示，否则会换行且按照 indent 的数值显示前面的空白分行显示，这样打印出来的 JSON 数据也叫 pretty-printed json
separators	分隔符，实际上是一个元组(item_separator,dict_separator)，字典内键之间用","隔开，键和值之间用冒号隔开
sort_keys	将数据根据键的值进行排序，默认值为 False
default	default(obj)是一个函数，它可能返回一个可序列化的 obj 版本或引发 TypeError

json.loads()用于解码 JSON 数据。该函数返回 Python 的数据类型，语法比较简单，下面我们举例说明。

（1）字典格式转换为 JSON 格式：

```
import json
# 定义一个字典类型的数据
data = {
    'name': 'hutong',
    'info': {'sex': 'male', 'age': 29, 'birth': '19900506'}
}
# 字典格式转换为 JSON 格式
datajson = json.dumps(data)
```

（2）JSON 格式转换为字典格式：

```
import json
# 定义一个 JSON 数据
data = '''
{"name": "hutong", "info": {"sex": "male", "age": 29, "birth": "19900506"}}
'''
# JSON 格式转换为字典格式
datadict = json.loads(data)
```

> **注意**
> 字典是一种数据结构，而 JSON 是一种数据格式，格式上会有一些形式上的限制，例如 JSON

格式要求只能使用双引号表示键，不能使用单引号，使用单引号或者不使用引号会导致读取数据错误，但字典就无所谓了，可以使用单引号，也可以使用双引号。

3.1.8 字节类型

Python 3 新增了字节（bytes）类型，用于表示字节串。字符串由多个字符组成，以字符为单位进行操作；字节串由多字节组成，以字节为单位进行操作。字节类型和字符类型除了操作的数据单元不同，它们支持的所有方法都基本相同，字节串也是不可变序列。

由于字节串保存的是原始的字节（二进制格式）数据，因此字节类型的数据非常适合在互联网上传输，可以用于网络通信编程；字节串也可以用来存储图片、音频、视频等二进制格式的文件。

将一个字符串转换成字节类型，通常有如下 3 种方式。

（1）如果字符串内容都是 ASCII 字符，则可以通过直接在字符串之前添加 b 来构建字节串。

（2）调用 bytes() 将字符串按指定字符集转换成字节串，如果不指定字符集，默认使用 UTF-8 字符集。

（3）调用字符串本身的 encode() 将字符串按指定字符集转换成字节串，如果不指定字符集，默认使用 UTF-8 字符集。

创建字节串的示例如下：

```
# 创建一个空的字节串
b1 = bytes()
# 创建一个空的字节串值
b2 = b''
# 通过 b 前缀指定 hello 是字节类型的值
b3 = b'hello'
# 调用 bytes() 将字符串转成字节类型
b4 = bytes('我爱 Python 编程',encoding='utf-8')
# 利用字符串的 encode() 编码成字节类型，默认使用 UTF-8 字符集
b5 = "学习 Python 很有趣".encode('utf-8')
```

以上代码中 b1~b5 都是字节串对象，我们示范了以不同方式来构建字节串对象。其中，b2、b3 都是直接在 ASCII 字符串前添加 b 前缀来得到字节串的；b4 调用 bytes() 来构建字节串；而 b5 则调用字符串的 encode() 来构建字节串。注意，编码和解码的过程都需要指定编码表，如果不指定字符集，默认采用的是 UTF-8 字符集。

> **提示**
>
> 计算机底层有两个基本概念：位（bit）和字节（Byte），其中 1bit 表示 1 位，值为 0 或 1，1 字节包含 8 位。
>
> 在字节串中每个数据单元都是字节，也就是 8 位，其中每 4 位可以用一个十六进制数来表示（相当于 4 位二进制数，每一位的最小值为 0，最大值为 15），因此每字节需要两个十六进制数表示。例如 b'\xe6'，其中\xe6 表示 1 字节，\x 表示十六进制，e6 是两位的十六进制数。

> **如何检测对象的编码**
>
> 所有的字符，在 unicode 字符集中都有对应的编码值，而把这些编码值按照一定的规则保存成二进制字节码，这就是常说的编码方式。常见的编码方式有 UTF-8、GB2312 等。当我们将内存中的字符串持久化到硬盘中的时候，要指定编码方式，而反过来，解码读取的时候，也要指定正确的编码方式，不然会出现乱码。
>
> 那么，只要知道其对应的编码方法，就可以正常解码，如果不知道应该用什么编码方式去解码呢？这时候可以利用 Python 的 chardet 库，chardet 库中的 detect() 可以解析其编码格式，并支持多国语言。

3.2 面向对象编程

面向对象编程（object-oriented programming，OOP）是指把对象作为程序的基本单元，一个对象包含了数据和操作数据的函数。在 Python 中，所有数据类型都可以视为对象，我们也可以自定义对象。自定义对象的数据类型就是面向对象中的类（class）的概念。

在本节，我们总结提炼了面向对象编程需要掌握的要素、特征和设计思想。

3.2.1 面向对象编程的要素

面向对象编程中涉及的一些专业术语如表 3-8 所示。

表 3-8 面向对象编程中的专业术语

术语	含义
类	用于描述具有相同的属性和方法的对象的集合
类变量	类变量在整个实例化的对象中是公用的，它定义在类内部且在函数体之外，通常不作为实例变量使用
数据成员	包括类变量或者实例变量,用于处理类及其实例对象的相关数据，它是类变量、实例变量、方法、类方法、静态方法和属性等的统称
重写	当从父类继承的方法不能满足子类的需求时，我们可以对其进行改写
局部变量	定义在方法中的变量，只作用于当前实例的类
实例变量	在类的声明中，用于表示属性，它是在类声明的内部且在类的其他成员方法之外声明的
继承	子类拥有父类的所有方法和属性，即一个派生类（derived class）继承基类（base class）的字段和方法
对象	通过类定义的数据结构实例，类对象化（实例化）后的具体事物
属性	对象（实例）的某个静态特征，用"self.属性名"来表示，通过构造函数传入
私有属性	只能在类内部调用，在类外部无法访问的属性
公有属性	可以理解为常量，一般用全大写表示，在类内部通过"self.常量名"来调用，在类外部使用"对象名.常量名"或者"类名.常量名"来调用
构造函数	构造函数在一个对象生成时会被自动调用，它用 def init (self, args...)声明，第一个参数 self 表示当前对象的引用，其他参数是在实例化时需要传入的属性值

续表

术语	含义
成员函数	正常的类的函数，第一个参数必须是 self，我们可通过此函数实现查询或修改类的属性等功能
静态函数	一般用来做一些简单独立的任务，既能方便测试也能优化代码结构，是不需要实例化就可以由类执行的方法，一般使用@staticmethod 来声明
类函数	最常用的功能是实现不同的 init 构造函数，第一个参数一般为 cls，表示必须传一个类进来，一般使用@classmethod 来声明
抽象函数	一般定义在抽象类中，用于要求子类必须重载才能正常使用该函数，一般使用@abstractmethod 来声明

下面我们将重点讲解面向对象编程的 4 个要素。

1. 类和对象

类和对象是面向对象编程的两个核心概念，类是模板，对象是根据类这个模板创建出来的。类只有一个，而对象可以有很多个，不同的对象之间的属性可能各不相同。

类是对一些具有相同特征或行为的事物的统称，是抽象的，不能直接使用，是用于创建对象的。

对象是由类创建出来的具体存在，可以直接使用，由一个类创建出来的对象，将拥有在这个类中定义的属性和方法。示例如下：

```
class Student(object):
    pass
kate = Student()
```

其中，Student 是类名，kate 是 Student 类的对象，即实例，类只有实例化以后才能使用。从示例中，我们可以看到，关键字 class 后面跟着类名，类名通常是大写字母开头的单词，紧接着是(object)，表示该类是从哪个类继承下来的。通常，如果没有合适的继承类，就使用 object 类，这是所有类都会继承的类。

> **提示**
>
> 调试 Python 程序时，可能遇到的问题之一就是初始变量没有定义类型，所以在代码编写或者调试时，isinstance()函数常被用来判断变量类型，帮助我们了解程序逻辑，防止出错，示例如下：
>
> ```
> isinstance(object,classinfo)
> ```
>
> 其中，object 表示一个类型的对象，若不是此类型，函数返回 False；classinfo 为一个类型元组或单个类型。isinstance()函数用于判断对象 object 的类型是否为 classinfo 类型或 classinfo 中的一个类型，返回值为 True 或 False。

2. 属性

属性主要分为类属性和实例属性。类属性 country 不需要实例，可以直接使用，而实例属性

self.name 需要实例化后才能使用，示例如下：

```
class Student:
    country = 'China'  # 类属性
    def __init__(self,name,age):
        self.name=name  # 实例属性
        self.age=age
```

如果想对类中的实例属性进行操作，通常有如下两种方法。

（1）添加 getter 和 setter 方法。类对象通过调用 getter 和 setter 方法来对私有属性进行操作：

```
class test(object):
    def __init__(self):
        self.__num = 10
    def getNum(self):
        return self.__num
    def setNum(self, value):
        self.__num = value
if __name__ == '__main__':
    t = test()
    print(t.getNum())    # 10
    t.setNum(20)
    print(t.getNum())    # 20
```

（2）使用@property。@property 的语法格式如下：

```
@property
def 方法名(self)
代码块
```

通常@property 需要配合 setter 方法使用。如果想要修改某属性的值，我们还需要为该属性添加 setter 方法，这需要用到 setter 的装饰器，它的语法格式如下：

```
@方法名.setter
def 方法名(self, value):
代码块
```

示例如下：

```
class Student():
    def __init__(self, name, age):
        self.__name = name
        self.__age = age
    # property 作用 1：将方法加入@property 后，这个方法相当于一个属性，这个属性可以被用户使用，而且用户无法随意修改。
    @property
    def age(self):
        return self.__age
    @age.setter
    # property 作用 2：可以用于设置属性，并在设置时触发相关的验证等功能。
    def age(self, value):
        if not isinstance(value, int):
```

```
            raise ValueError("age must be a integer!")
        if value < 0 or value > 100:
            raise ValueError("age must be between 0 and 100!")
        self.__age = value
    def print_info(self):
        print('%s: %s' % (self.__name, self.__age))
if __name__ == '__main__':
    s = Student('tong',18)
    s.age=32
    s.print_info()
```

> **提示**
>
> @property 是 Python 的一种装饰器，用于修饰方法。@property 既可以保护类的封装特性，又可以让开发人员使用"对象.属性"的方式操作类属性。通过@property，我们可以直接通过方法名访问方法，不需要在方法名后添加小括号。
>
> 我们可以使用@property 来创建只读属性，@property 会将方法转换为相同名称的只读属性，以与所定义的属性配合使用，这样可以防止属性被修改。另外，@property 支持在设置属性的时候触发相关的验证功能。

通常，属性使用的场景如下。

（1）提取公共功能。我们把一些公共的功能，如远程上传、执行命令、连接服务器和关闭服务器等，提取出来，并且在公共的功能中创建属于这个对象的属性，然后其他的方法就可以使用这个对象的属性了。示例如下：

```
class SSH:
    def __init__(self,host,port,pwd,username):
        self.host = host
        ...
    def connection(self):
        # 创建连接
        self.conn # 和服务器创建的连接对象
    def upload(self):
        self.conn # 使用连接属性上传文件
    def cmd(self):
        self.conn # 使用连接属性执行命令
```

（2）多个函数传入共同参数。当很多函数有公共的参数时，我们可以把参数提取出来，封装到对象中，便于以后使用。示例如下：

```
def f1(host,port,pwd,arg):
    pass
def f2(host,port,pwd,arg,arg2):
    pass
```

上面示例中的函数都用到了 host、port、pwd、arg 这 4 个参数，那么我们就可以将这 4 个参数封装到对象中，示例如下：

```python
class f:
    def __init__(self,host,port,pwd,arg):
        self.host = host
        self.port = port
        self.pwd = pwd
        self.arg = arg
    def f1(self):
        self.host
        ...
    def f2(self,args2):
        self.host
        ...
```

3. 方法

方法包含成员方法、静态方法、类方法。

- 成员方法：和普通函数相比，在类内部定义的函数只有一点不同，就是第一个参数永远是实例变量 self，并且在调用时，该参数不用传递。
- 静态方法：在方法的上面一行，即增加装饰器的地方，加@staticmethod，不需要实例化就能直接用。其实静态方法和类没有什么关系，就是一个普通的函数，写在类内部而已，用不到实例变量 self，也不能调用类内部的其他函数。
- 类方法：需要加 @classmethod，不需要实例化就能直接用。类方法比静态方法高级一些，它可以使用类变量和类方法。

3.2.2 面向对象编程的特征

1. 封装

封装是将对象的状态信息隐藏在对象内部，不允许外部程序直接访问对象的内部信息，而是通过对象对应的类提供的方法来实现对对象内部信息的操作和访问，本质上来讲我们只需要调用封装提供的接口，无须关心类内部实现。封装示例如下：

```python
class Animal:
    def __init__(self):
        self.__name = 'tom'  # 私有属性，前缀一般为__。
        self.age = 3
    def __get_name(self):    # 私有方法，前缀一般为__。
        print('name is {:}'.format(self.__name))
    def get_age(self):    # 普通方法可以调用私有属性和方法
        print('{:} age is {:} year'.format(self.__name, self.age))
if __name__ == '__main__':
# 实例化
cat = Animal()
# 调用私有属性
cat.get_age()
# 调用私有方法
cat._Animal__get_name()
```

2. 继承

继承的主要目的是实现代码的复用，即子类可以继承一个或多个父类的方法或属性。当定义一个类的时候，可以从某个现有的类继承，新的类称为子类（subclass），而被继承的类称为基类（base class）、父类或超类（super class）。继承示例如下：

```python
class Person:
    def __init__(self, name):
        self.name = name
    def say_name(self):
        print("name is {:}".format(self.name))
class Student(Person):  # 继承于 Person 类
    def __init__(self, name, age):
        Person.__init__(self,name)
        self.age = age
if __name__ == '__main__':
    s1 = Student('zhangsan',24)
    s1.say_name()  # 继承后，Student 类拥有 Person 类中的 say_name 方法
```

3. 多态

多态指的是一类事物有多种形态，多态是一种使用对象的方式，子类重写父类方法，调用不同子类对象的相同父类方法，可以产生不同的执行结果。多态的实现步骤如下：

（1）定义父类，并提供公共方法；

（2）定义子类，并重写父类方法；

（3）传递子类对象给调用者，不同子类的执行效果不同。

多态示例如下：

```python
# 1 定义父类 Person
class Person(object):
    # 初始化
    def __init__(self, name):
        self.name = name
    # 写 doSomething 方法
    def doSomething(self):
        print("XX 正在做某事 ......")
# 2 定义子类 Barber
class Barber(Person):
    # 覆写 doSomething 方法
    def doSomething(self):
        print(f'{self.name} 立刻开始理发 ......')
# 3 定义子类 Actress
class Actress(Person):
    # 覆写 doSomething 方法
    def doSomething(self):
        print(f'{self.name} 立刻停止表演 ......')
# 4 定义子类 Doctor
class Doctor(Person):
```

```
        # 覆写 doSomething 方法
        def doSomething(self):
            print(f'{self.name} 立刻进行手术 ......')
# 5 定义方法 cut(person)
def cut(person):
    person.doSomething()
# 6 在 if __name__ == '__main__' 中
if __name__ == '__main__':
    # 实例化子类对象
    p1 = Barber("华仔")
    p2 = Actress("如花")
    p3 = Doctor("华佗")
    # 调用 cut 方法，传入不同的子类对象
    cut(p1)
    cut(p2)
    cut(p3)
```

使用多态的好处是调用灵活，有了多态，我们更容易编写出通用的代码，实现通用的程序，可以适应需求的不断变化。

3.2.3 设计思想

1. 单例模式

单例模式是一种常用的软件设计模式。单例模式要求在使用类的过程中只实例化一次，所有对象都共享一个实例。它的核心结构只有一个被称为单例的特殊类。在系统中应用单例模式的类只有一个实例，即一个类只有一个对象。

例如，某服务器程序的配置信息存放在一个文件中，客户端通过 AppConfig 类来读取配置文件的信息。如果在程序运行期间，有很多调用者需要使用配置文件的内容，也就是说，很多调用者需要创建 AppConfig 对象，这将导致系统中存在多个 AppConfig 对象，严重浪费内存资源，尤其是在配置文件内容很多的情况下。事实上，对于 AppConfig 这样的类，我们希望在程序运行期间该类只存在一个对象，此时就可以使用单例模式。

创建单例模式的方法是在实例化的时候判断是否已存在对象，有则返回对象。示例如下：

```
class Singleton(object):
    def __new__(cls, *args, **kwargs):
        if not hasattr(cls, '_instance'):
            cls._instance = object.__new__(cls)
        return cls._instance

    def __init__(self, name):
        self.name = name
if __name__ == '__main__':
a = Singleton('name1')
b = Singleton('name2')
print(id(a), id(b))
print(a.name, b.name)
# name2 name2
```

2. 反射机制

反射机制在许多框架中都有使用，简单来说就是通过类的名称（字符串）来实例化类。一个典型的场景就是通过配置的方式来动态控制类的执行，例如定时任务类的执行，通过维护每个定时任务类的执行时间，在到达执行时间时，通过反射的方式实例化类，执行任务。反射机制主要是通过字符串映射对象的方法或属性实现的，具体如下：

- hasattr(obj,name_str)：判断对象 obj 是否有 name_str 这个方法或者属性。
- getattr(obj,name_str)：获取对象 obj 中与 name_str 同名的方法或者属性。

我们可以通过 getattr 方法获取模块中的类，通过 methodcaller 方法来调用方法。示例如下：

```python
import importlib
from operator import methodcaller
class Foo():
    """this is test class"""
    def __init__(self, name):
        self.name = name
    def run(self, info):
        print('running %s' % info)
# 类所在的模块，默认为__main__，可以通过Foo.__dict__中的'__module__'获取
api_module = importlib.import_module('__main__')
# 通过getattr方法获取模块中的类，这里Foo是字符串
clazz = getattr(api_module, 'Foo')
# 实例化
params = ["milk"]
instance = clazz(*params)
# 方法调用，方法是methodcaller(方法名,方法参数)
task_result = methodcaller("run", "reflection")(instance)
# 执行reflection
```

3.3 面向过程编程

面向过程编程大致的流程如下：

（1）导入第三方工具；
（2）设计全局变量；
（3）编写函数完成各项功能；
（4）编写一个 main 函数作为程序入口。

在多函数程序中，许多重要的数据被放置在全局数据区，这样它们可以被所有的函数访问。每个函数都可以拥有它们自己的局部数据，将某些功能代码封装到函数中，日后便无须重复编写，仅调用函数即可。从代码的组织形式来看，面向过程编程就是根据业务逻辑从上到下编写代码。

函数为代码复用提供了一个通用的机制，定义和使用函数是 Python 程序设计的重要组成部分。函数是模块化程序设计的基本构成单位。

在本节，我们总结提炼了面向过程编程需要重点掌握的特殊函数、函数参数和变量的作用域。

3.3.1 特殊函数

要写出高质量的代码，我们首先要解决的就是代码重复的问题，思路是将重复的代码封装到函数中，在需要使用时直接调用函数。

设计函数最为重要的原则是单一职责原则，即一个函数只做好一件事情。这就是通常说的写程序的终极原则：高内聚、低耦合。

在 Python 中函数也是对象，使用 def 关键字创建函数，其语法格式如下：

```
def 函数名([形参列表]) :
    函数体
    return 返回值
```

关于函数的 3 点说明如下。

- 函数使用关键字 def 声明，函数名为有效的标识符，不能是 Python 的保留字，须区分大小写，这里建议命名规则为全小写字母，我们可以使用下画线增加可阅读性。因为 def 语句是复合语句，所以函数体须采用缩进书写规则。
- 在声明函数时可以声明函数的参数，此处为形式参数，简称形参；形参在函数定义的圆括号对内指定，用逗号分隔。在调用函数时我们需要提供函数所需的参数值，此处为实际参数，简称实参。我们可以理解为，在定义函数和函数体的时候使用形参，在函数调用的时候接收实参，实参个数和类型应与形参一一对应。
- 函数可以使用 return 返回值。要想获取函数的执行结果，我们可以使用 return 语句将结果返回。如果函数体中包含 return 语句，则返回指定的值；如果没有 return 语句，则返回值为空（None）。另外，若返回多个对象，解释器会把多个对象组装成一个元组作为整体输出。

除了采用上述方法自定义的函数，Python 提供了一些特殊的函数，本节重点讲解 3 个特殊的函数，分别是匿名函数、高阶函数和偏函数。

1. 匿名函数

匿名函数是指没有名字的函数，它主要应用在创建一个函数，但是又不想命名这个函数的场合。在通常情况下，这样的函数只使用一次。在 Python 中，可以使用 lambda 表达式创建匿名函数，语法格式如下：

```
变量名 = lambda[arg1[,arg2,...,argn]]:expression
```

参数说明如下。

- 变量名：用于调用 lambda 表达式。
- [arg1[,arg2,…,argn]]：可选参数，用于指定要传递的参数列表，多个参数使用逗号","分隔。
- expression：必选参数，用于指定一个实现具体功能的表达式。

注意，lambda 表达式中可以有多个参数，用逗号","分隔这些参数，但是表达式只能有一个，即只能返回一个值，而且不能出现其他非表达式语句（如 for、while）。示例如下：

```
>>> g = lambda x ,y: x * y
>>> g ( 2,3 )
```

在通常情况下，lambda 的相关注意点如下：
- lambda 表达式的函数体比 def 语句的函数体简单很多；
- lambda 表达式的主体是一个表达式，而不是一个代码块，仅能封装有限的逻辑；
- lambda 表达式拥有自己的命名空间，不能访问自有参数列表之外或全局命名空间里的参数；
- 简单的单行代码或者一次性的函数可以用 lambda 表达式来实现，这样可以让代码更简洁；
- 对于复杂函数或者函数体体量大的函数，最好不要用 lambda 表达式实现，会增加代码的阅读难度；
- 对于非多次调用的函数，lambda 表达式即用既得，可以提高性能。

2. 高阶函数

把函数作为参数传入，这样的函数称为高阶函数。常见的高阶函数有 map()、reduce()和 filter()。

（1）map(func,seq)将传入的 func 函数循环作用于 seq 序列的每个元素上，并返回新的可迭代对象。map(func,seq)接收两个参数，一个是函数 func，另一个是可迭代对象 seq。注意，map()函数返回的是一个 map 对象，我们可以使用 list()函数将获得的结果以 list 形式返回。示例如下：

```
>>> def f(x):
        return x*x
>>> map(f,[1,2,3,4,5])
<map object at 0x0327F670>
>>> list(map(f,[1,2,3,4,5]))     # 传入的函数 f 作用于序列的每个元素并以 list 形式返回
```

输出结果如下：

```
[1, 4, 9, 16, 25]
```

（2）reduce(func,list)将 func 函数作用在 list 序列上，即[x1,x2,x3,...]。取出序列的前两个元素 x1 和 x2，作用于 func，返回一个单一的值，例如 a，再将 a 与序列的下一个元素 x3 做 func 运算，依此反复，其效果为 reduce(f,x1,x2,x3)=f(f(x1,x2),x3)。reduce(func,list)必须接受两个参数。注意，要想使用 reduce()函数，必须导入模块，即 from functools import reduce。

（3）filter(func,[序列])按照 func 的规则过滤序列，把传入的 func 函数依次作用于每个元素，然后根据返回值 True 或 False，保留返回值为 True 的元素。filter(func,[序列])接收一个"过滤"函数和一个序列，返回一个 Iterator 可迭代对象。注意，filter()跟 map()类似，filter()返回的是一个可迭代对象，因此需要使用 list()来查看获得结果并返回 list 类型。示例如下：

```
>>> def is_odd(n):
        return n % 2 == 1   # 返回 0(False) 或 1(True)
>>> list( filter(is_odd,[1,2,3,4,5,6,7,8,9]) )
```

输出结果如下：

```
[1, 3, 5, 7, 9]
```

3. 偏函数

偏函数是一种简化函数调用的方式，主要表现为对函数的部分参数进行固化。Python 中的偏函数是使用 functools.partial 来实现的。

例如，一个专用于生成文章标题的函数 title 如下：

```
>>> def title(topic, part):
...
        return topic + u': ' + part
# 使用偏函数
>>> from functools import partial
>>> pybasic_title = partial(title, u'Python 基础')
>>> print pybasic_title(u'开篇')
```

输出结果如下：

Python 基础：开篇

输入：

```
>>> print pybasic_title(u'函数')
```

输出结果如下：

Python 基础：函数

输入：

```
>>> print pybasic_title(u'函数式编程')
```

输出结果如下：

Python 基础：函数式编程

从上面的示例可以看出，如果在编写代码的过程中遇到了多次用相同参数调用一个函数的场景，就可以考虑使用偏函数来固化这些相同的参数，从而简化函数调用。

3.3.2 函数的参数

在定义函数时函数中的参数用一对圆括号指定，并用逗号予以分隔。在调用函数时，以同样的形式传入函数需要的值。参数传递的过程，就是把实参的引用传递给形参，使用实参的值来执行函数体的过程。

在声明的时候通常有 4 种特殊的传参方式：位置参数、关键字参数、默认值参数和不定长参数。

1. 位置参数

位置参数指按照参数位置，依次传递参数，这是最普通的类型。示例如下：

```
def location(a, b)
    print(a + b)
location(3, 9)
```

在示例中，调用函数时，按顺序传递参数，将 3 传给 a，9 传给 b。

2. 关键字参数

关键字参数指在函数传递实参时，我们可以通过参数名指定对应的形参，但关键字参数的实参和形参的个数还是必须一一对应的。示例如下：

```
def location(a, b)
    print(a + b)
location(b = 3, a = 9)
```

调用函数时，按关键字传递参数，将 3 传给 b，9 传给 a。

3. 默认值参数

在定义函数时，我们可以给某个参数赋一个默认值，具有默认值的参数就叫作默认值参数。在调用函数时，如果没有传入默认值参数的值，则在函数内部使用该参数的默认值。

需要注意的是，默认值参数的定义位置，我们必须保证默认值参数在参数列表末尾。另外，在调用带有多个默认值参数的函数时，需要指定参数名，这样解释器才能够知道参数的对应关系。

示例如下：

```
def print_info(name, title="", gender=True):
    gender_text = "男生"
    if not gender:
        gender_text = "女生"
    print("%s%s 是 %s" % (title, name, gender_text))
print_info("小明")
print_info("老王", title="班长")
print_info("小美", gender=False)
```

4. 不定长参数

当函数需要处理的参数数量不确定时，声明时无法命名，可以使用不定长参数。Python 中有两种不定长参数。

- 接收元组：参数名前加一个*。
- 接收字典：参数名前加两个*。

可以理解为，加*的参数名会存放所有未命名的参数，加**的参数名会存放命名的参数。

一般在给不定长参数命名时，习惯使用如下两个名字。

- *args：存放元组参数，表示任何多个无名参数，它本质是一个元组。
- **kwargs：存放字典参数，表示关键字参数，它本质上是一个字典。

如果同时使用*args 和**kwargs 时，*args 参数列必须在**kwargs 之前。示例如下：

```
def demo(num, *args, **kwargs):
    print(num)
    print(args)
    print(kwargs)
demo(1, 2, 3, 4, 5, name="小明", age=18, gender=True)
```

输出结果如下：

```
1
(2, 3, 4, 5)
{'name': '小明', 'age': 18, 'gender': True}
```

3.3.3 变量的作用域

什么是变量的作用域呢？有过编程经验的读者都知道，在编程语言中，变量是需要在使用之前定义的，而且这些变量只能在它们定义的区域内访问，这个区域就叫作用域。对刚开始接触 Python 的读者来说，先了解经常用的两种就好。

- 局部作用域。局部作用域的变量只能在其作用域内访问。
- 全局作用域。全局作用域的变量可以从程序中的任何地方访问，也可以在任何函数中使用。

通常，变量的作用域由变量的定义位置决定，在不同位置定义的变量，它的作用域是不一样的。本节我们只讲解两种变量——局部变量和全局变量。

局部变量是在函数内部定义的变量，它的作用域也仅限于函数内部，在函数外部不能使用，这样的变量称为局部变量（local variable）。当函数被执行时，Python 会为其分配一块临时的存储空间，所有在函数内部定义的变量，都会存储在这个空间中。当函数执行完毕，这个临时存储空间会被释放并回收，该空间中存储的变量自然也就无法再使用了。

除了在函数内部定义变量，Python 还允许在所有函数的外部定义变量，这样的变量称为全局变量（global variable）。和局部变量不同，全局变量的默认作用域是整个程序，即全局变量既可以在各函数的外部使用，也可以在各函数内部使用。定义全局变量的方式有如下两种。

（1）直接在函数体外定义变量，例如 var 就是全局变量。示例如下：

```
var = "helloworld"
def text():
    print("函数体内访问：",var)
text()
print('函数体外访问：',var)
```

（2）在函数体内定义全局变量。使用 global 关键字对变量进行修饰后，该变量就会成为全局变量。示例如下：

```
def text():
    global var
    var= "此处填入 URL"
    print("函数体内访问：",var)
text()
print('函数体外访问：',var)
```

注意，在使用 global 关键字修饰变量时，不能直接给变量赋初始值，这会引发语法错误。

> **提示**
>
> 　　Python 的使用领域非常多，如人工智能、数据科学、实现系统工具、实现 APP、实现自动化脚本、Web 应用开发等，在实际开发中，Python 到底是面向过程编程还是面向对象编程呢？
>
> 　　我们学习 Python 的时候可能有困惑，网上一些代码示例，有用 def 定义函数然后调用的写法，也有定义类然后实例化的写法，那么应该怎么用，怎么才算规范呢？其实这根据我们实际的应用场景。
>
> - 面向过程编程：各个函数之间是独立的且无共用的数据，那么我们就可以简单地利用面向过程编程功能模块，然后调用即可。

- 面向对象编程：主要的应用场景有两个，多函数需要使用共同的值，如数据库的增、删、改、查操作都需要用到连接数据库的主机名、用户号、密码等；需要创建多个事物，每个事物属性一样，只是值不同。如果是这两个场景，建议使用定义类的方式。

3.4 import 机制

Python 是遵循模块化编程的语言，也就是说，在一个项目中，我们会根据功能和逻辑分层将代码放到不同的.py 文件里，最后在主.py 文件（程序的入口）中通过 import 语句来导入其他的.py 文件，使用其他的.py 文件中定义的类、方法或者变量，从而达到代码复用的目的。

但是如果 import 语句使用不当，会出现模块或方法找不到的错误，常见错误如 "ImportError: No module named 'xxx'或者 ModuleNotFoundError: No module named 'xxx'"。因此，我们有必要了解 Python 导入模块的方式及原理，这样再碰到相关问题，便能有解决问题的思路。

Python 中导入模块常见的方式有如下几种：

- 将整个模块导入，格式为 import module_name；
- 从某个模块中导入某个函数,格式为 from module_name import func1；
- 从某个模块中导入多个函数,格式为 from module_name import func1, func2, func3；
- 将某个模块中的全部函数导入，格式为 from module_name import *。

在导入的时候，我们可以使用绝对路径或相对路径，绝对路径是从项目根目录开始，到当前文件的路径，在使用时我们需要将路径中的/替换为.；相对路径是被引用文件到当前文件的相对位置，例如当前目录是.，上级目录是...。另外，在导入模块时，我们要注意导入的顺序，建议先导入 Python 的标准库，然后导入第三方模块，最后导入自定义的模块。我们还要注意自定义的模块文件的文件名一定不要和已有的模块冲突。

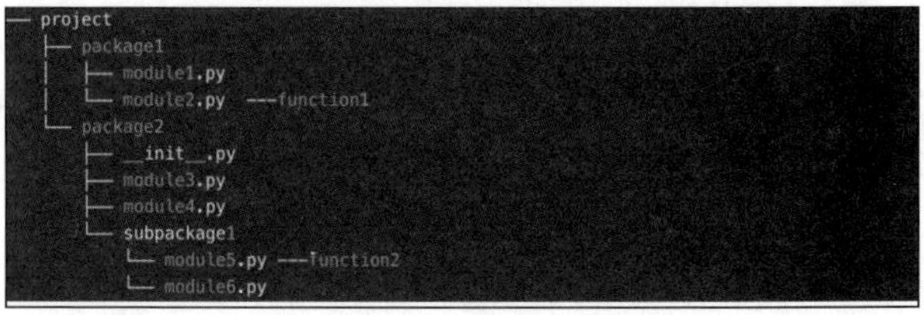

图 3-1 包结构示例

包结构示例如图 3-1 所示，假设有如下的目录结构，现在需要在 module6.py 中引用 function1 和 function2。

那么，在 module6.py 的文件头中，增加包导入代码如下：

```
# 绝对路径导入
from package2.subpackage1.module5 import function2
from package1.module2 import function1
# 相对路径导入
from .module5 import function2
from ...package1.module import function1
```

模块和包

模块（module）：其实一个模块就是一个.py 文件，里面定义了各种变量、函数和类。模块包

> 括内置模块和第三方模块，其中第三方模块就需要用 import 语句导入。
>
> 　　包（package）：包是有层次结构的文件目录，里面包含模块和一些子包，包中必须带有一个 __init__.py 文件。包将有联系的模块组织在一起，可以有效避免模块名称冲突的问题，让应用组织结构更加清晰。在一个普通的 Python 项目目录结构中，包实质上是包含 __init__.py 文件的目录。

导入模块实质上是加载并执行模块的内容，Python 搜索需导入的模块的顺序如下。

（1）主目录。首先，在主目录内搜索导入的文件，即当前运行 Python 脚本的目录。

（2）PYTHONPATH 目录。搜索完主目录，Python 会从左到右搜索 PYTHONPATH 环境变量设置中罗列出的所有目录，可以是用户定义的目录或平台特定的目录。

（3）标准库目录。搜索完 PYTHONPATH 目录，Python 会自动搜索标准库安装在计算机上的那些目录，这通常不需要单独配置。

（4）.pth 文件目录。搜索完标准库目录，Python 允许用户把有效的目录添加到模块搜索路径中，也就是在扩展名为.pth 的文本文件中一行一行地列出目录。

在实践中我们可能遇到如下问题：在 PyCharm 的 Terminal 界面执行某脚本时，会遇到提示"ImportError: No module named '*******'"，而在 PyCharm 中直接执行文件不会报错。造成这一问题的原因是 PyCharm 和 Python 3 默认的模块导入目录不一样。我们可以通过如下代码来查看当前项目的模块搜索路径和导入的模块：

```
import sys
print(sys.path)  # 输出 Python 的模块搜索路径
print(list(sys.modules.keys()))  # 输出已经导入的模块列表
```

针对上述问题，通常的解决方法有两种，分别是动态增加路径和增加.pth 文件。

（1）动态增加路径。这是一种临时生效方法，对于不经常使用的模块，这通常是最好的方法，示例如下：

```
import sys
sys.path.append('/home/workspace')
```

在每个文件配置中加上示例中的代码，就可以将当前文件的路径加入 Python 的模块搜索路径 sys.path。

（2）增加.pth 文件。这是一种永久生效的方法，也是我推荐的方法，它很简单。Python 在遍历已知的模块文件目录时，如果遇到.pth 文件，便会将其中的路径加入 sys.path，于是.pth 文件中记录的路径就可以被 Python 遍历了。

3.5　Python 项目打包发布

使用 Python 开发项目时，一般需要大量使用第三方或其他人提供的工具，这些工具能帮助我们高效地完成指定任务或者需求，如果能够把自己的代码打包并上传到 PyPI，那么可以供他人通过 pip 安装使用，这将是一件很有意义的事情，本节便详细介绍如何将自己的代码打包并上传到 PyPI。

3.5.1 包的概念

我们在日常开发过程中可以将关联性较强的代码和模块封装在一个包内。根据前几节的介绍，我们知道模块的本质是.py 文件，包的本质是包含.py 文件和 __init__.py 文件的文件夹，例如下面的包 media，包含 video、audio 两个子包，其中子包 video 包含 volume.py 文件、convert.py 文件和 combine.py 文件。

```
media
----__init__.py
----video
    ----__init__.py
    ----volume.py      # 包含处理声音相关的模块
    ----convert.py     # 包含转码相关功能的模块
    ----combine.py     # 包含视频合成相关的模块
----audio
    ----__init__.py
    ----convert.py     # 包含转码相关功能的模块
    ----compile.py     # 包含编译相关功能的模块
```

若将包 media 移动到 Python 的根文件夹 site_packages 内，就可以直接使用 import 导入包 media 或者其中的模块，Python 会按照包和模块的搜索路径完成加载。

3.5.2 包管理的作用

如果多个项目需要用到同样的代码，并且我们确定这些代码非常稳定，或者说会有较少改动，那么我们可以把这些代码打包成一个类库，上传到 PyPI，后续所有的项目只需要使用 pip 安装使用这一类库即可，非常方便。

打包，就是将源代码进一步封装，并且将所有的项目部署工作都事先安排好，这样使用者可以即装即用包，不用操心如何部署的问题。

3.5.3 包管理工具

针对 Python 丰富的工具资源，我们需要专门的工具来管理工具包。Python 经过这么多年的发展，经历了大大小小的版本，而跟随 Python 版本的升级，Python 的包管理工具也在不断地演化。

包管理工具是为了管理、安装和发布 Python 包而开发的，包管理工具及其发展历程如表 3-9 所示。

表 3-9 包管理工具及其发展历程

名称	发展历程
distutils	distutils 于 2000 年发布，当时作为 Python 标准库的一部分，进行 Python 包的安装与发布
setuptools	setuptools 于 2004 年发布，为增强 distutils 而设计，主要体现在为处理依赖而开发的集合或项目，包含 easy_install 工具
distribute	distribute 是 setuptools 的一个分支版本
distutils2	distutils2 被设计为 distutils 的替代品
distlib	distlib 是 distutils2/packaging 的低级组件，通常不使用
pip	pip 于 2008 年发布，是目前 Python 包管理的标准，用作 easy_install 的替代品

setuptools 本身不是标准库，所以需要自行安装。setuptools 提供的主要功能包含 Python 项目的打包发布、依赖工具包安装与版本管理、Python 环境限制等。如果想让别人通过简单的命令 pip install 安装我们的项目，那么 setuptools 是最好用的 Python 打包与发布工具。

> **提示**
>
> egg 格式是 setuptools 引入的 Python 软件安装包的一种，使用 egg 为扩展名的文件本质是一个 .zip 文件。setuptools 可以解析 .egg 文件并进行软件安装。
>
> wheel 格式是 Python 软件安装包格式的一种，使用 whl 为扩展名的文件本质是一个 .zip 文件。wheel 的出现是为了代替 egg，wheel 格式是目前 Python 官方推荐的 Python 项目发布格式。

3.5.4 发布方式

Python 项目的发布方式可分为如下两种。

- 以源码包的方式发布。源码包的本质是一个压缩包（zip、tar 等格式），其安装的过程是先解压，再编译，最后安装，所以它是跨平台的。因为每次安装都要进行编译，源码包安装的方式相对二进制包安装的方式安装速度较慢。
- 以二进制包的方式发布。二进制包（egg 或 wheel 格式）的安装过程省去了编译的过程，可以直接进行解压安装，所以安装速度比源码包更快。因为不同平台编译出来的包无法通用，所以在发布时，需事先编译好多个平台的包。

1. 打包前准备

首先是准备项目打包的相关信息，以 example_package 文件夹为例，我们需要在该文件夹内创建如下文件，为接下来创建可发布的文件做准备。

```
example_package
----LICENSE.txt         # 版权声明文件
----README.md           # 项目的详细介绍文件
----example_pkg
----__init__.py
----setup.py            # 为打包做准备的设置文件
----tests               # 测试文件夹，一般用不到
```

在包中，setup.py 文件比较关键，一般在该文件内约定此次发布的项目的版本号、名称、作者、联系方式、项目地址、Python 版本要求等信息；README.md 文件主要用来对此次发布的项目做详细说明，包括用法和注意事项等；LICENSE.txt 文件则是版权声明文件，一般告诉使用者可以在什么场景下使用项目。

2. setup.py 的创建

setup.py 文件是 setuptools 的构建脚本，它告诉 setuptools 项目的相关信息（如名称和版本）以及包含的代码文件。示例如下：

```
from setuptools import setup, find_packages
setup(
```

```
        name="example-pkg-name",  # 项目的名字
        version="0.0.1",          # 项目版本号,便于维护版本
        author="Example Author",          # 作者姓名
        author_email="author@example.com",     # 作者联系方式,可写自己的邮箱地址
        description="A small example package",# 项目的简述
        long_description=long_description,    # 项目的详细介绍,一般在 README.md 文件内
        url="https://example.com/pypa/sampleproject",  # 此处为自己的项目地址,例如 GitHub 的地址
        packages=setuptools.find_packages(),
        classifiers=[
            "Programming Language :: Python :: 3",
            "License :: OSI Approved :: MIT License",
            "Operating System :: OS Independent",
        ],
    python_requires='>=3.6',      # 对 Python 的最低版本要求
    install_requires=[
            'beautifulsoup4',
            'Click',
            'Flask',
            'protobuf',
            'six',
    ], # 项目依赖,我们可以指定依赖版本
)
```

其他更多的参数说明如表 3-10 所示。

表 3-10 参数说明

参数	说明
name	项目名称
version	项目版本
author	作者
author_email	作者的邮箱
maintainer	维护者
maintainer_email	维护者的邮箱
url	项目的地址
license	授权信息
description	项目的简单描述
long_description	项目的详细描述
platforms	项目适用的软件平台列表
classifiers	项目的所属分类列表
keywords	项目的关键字列表
packages	需要打包的项目目录(通常为包含 __init__.py 的文件夹)
py_modules	需要打包的 Python 单文件列表

续表

参数	说明
download_url	包的下载地址
cmdclass	添加自定义命令
package_data	指定包内的数据文件
include_package_data	自动包含包内所有受版本控制（如 cvs、svn、git）的数据文件
exclude_package_data	当 include_package_data 值为 True 时，该选项用于排除部分文件
data_files	需要打包的数据文件，如图片、配置文件等
ext_modules	指定扩展模块
scripts	指定可执行脚本，安装时脚本会被安装到系统 PATH 路径下
package_dir	指定哪些目录下的文件被映射到哪个源码包
requires	指定依赖的其他包
provides	指定可以为哪些模块提供依赖
install_requires	安装时要求的依赖
entry_points	动态发现服务和插件
setup_requires	指定运行 setup.py 文件本身所依赖的工具包
dependency_links	指定依赖工具包的下载地址
extras_require	当前项目的高级/额外特性要求的依赖
zip_safe	表示不压缩包，而是以目录的形式安装
python_requires	要求的 Python 版本

提示

　　find_packages()函数和 find_namespace_packages()函数都是用来指定 packages 参数的，而 packages 参数是用来指定打包发布时需要包含的文件夹的。

　　（1）find_packages()函数：只会打包包含__init__.py 文件的文件夹和 setup.py 文件。如果包含__init__.py 文件的文件夹里还有一个文件夹 data，data 文件夹里没有__init__.py 文件，那么 data 文件将不会被打包。示例如下：

```
from setuptools import setup
setup(
    packages=find_packages()
)
```

　　（2）find_namespace_packages()函数：可以打包所有的文件。如果只想指定打包某个文件夹，那么我们可以直接在 find_namespace_packages()函数中加参数。示例如下：

```
from setuptools import setup
setup(
```

```
    packages=find_namespace_packages()
    # packages=find_namespace_packages('src')
)
```

3. 创建可发布的包

一般使用 setuptools 和 wheel 工具打包的包可上传和发布。首先，安装或更新 setuptools 和 wheel 命令如下：

```
python3 -m pip install --upgrade setuptools wheel
```

然后，打包并生成.tar.gz 和.whl 文件。Python 项目的打包方式有两种：源码包 source dist（以下简称 sdist）和二进制包 binary dist（以下简称 bdist）。

（1）源码包包含了所需要的所有源码文件和一些静态文件（txt 格式文件、css 格式文件、图片等）。打包命令如下：

```
$ python setup.py sdist --formats=gztar
```

其中，--formats 参数用来指定压缩格式，若不指定压缩格式，那么 sdist 将根据当前平台创建默认格式。例如，在类 UNIX 平台上，将创建扩展名为.tar.gz 的文件，而在 Windows 上将创建扩展名为.zip 的文件。执行完该命令，我们可以看到执行命令的文件夹下多了 dist 文件夹，文件夹包含源码的压缩包和 egg-info 文件夹，以及中间临时配置信息。

（2）二进制包目前主流的格式是 wheel（扩展名为.whl）。wheel 格式的文件本质也是一个压缩包，可以像 zip 格式的文件一样解压缩。和 sdist 一样，bdist 可以通过 formats 参数指定包格式。示例如下：

```
$ python setup.py bdist --formats=wheel
```

了解了 Python 打包发布的两种方法，我们很容易发现整个打包过程最重要的就是 setup.py 文件，它指定了重要的配置信息。

打包完成后，文件夹内会包含 whl 或 tar.gz 格式的文件，此时，我们可以直接将该文件转发给使用者，使用者将文件保存到本地，就可通过 pip 进行安装，不过这还没达成通过 PyPI 进行共享使用的目标。

4. 上传包至 PyPI

一般我们通过 twine 将打包好的文件上传至 PyPI，方便大家使用。

首先，使用命令安装或更新 twine：

```
python3 -m pip install --user --upgrade twine
```

接着，使用 twine 上传，在终端或 cmd 窗口内执行如下命令时，这一操作需保证当前文件夹路径与 setup.py 文件中一致：

```
python3 -m twine upload --repository testpypi dist/*
```

执行以上命令后，一般系统将提示我们输入在 PyPI 注册的用户名和密码，所以需要在输入之前注册好的账户，输入后按 Enter 键即可。

上传成功后，我们可以在 PyPI 查看软件包，至此我们就可以共享项目，并在自己的 PyPI 主页查看和管理它。

5. 使用 pip 安装测试

到此，我们实现了将自己的代码打包并上传到 PyPI，接下来便可直接用 pip 进行安装测试。执行如下命令，从 PyPI 下载并安装刚刚上传的包：

```
pip install example-pkg-YOUR-USERNAME
```

其中，example-pkg-YOUR-USERNAME 是自己指定的包名。

大家如果需要对自己发布的包更新版本，按照以上步骤完成即可。注意，别忘了修改 setup.py 文件内的版本号信息。

3.6 typing 类型提示

随着 Python 版本的不断更新，许多旧的语法在可读性与效率上都已经有了更好的替代。但是有些语法的出现伴随着种种争议，所以我们不一定非得追求各种最新的语法，选择合适自己的、保持对代码精简可读的追求才是最重要。

本节主要讲解 Python 的类型提示、函数注解和变量注解的新特性，这些新特性使用简单、效果强大，可以提高开发效率和代码可维护性。

3.6.1 typing 模块介绍

Python 是一门弱类型的语言，很多时候我们可能不清楚函数参数的类型或者返回值的类型，这会导致我们在写完代码一段时间后回头再看代码，忘记自己写的函数需要传什么类型的参数、返回什么类型的结果，从而不得不去阅读代码的具体内容，这降低了阅读代码的速度，而 typing 模块可以很好地解决这个问题。

typing 模块只有在 Python 3.5 以上的版本中才可以使用，PyCharm 目前支持 typing 检查。typing 的作用如下：

- 类型检查，防止运行时出现参数和返回值类型不符合的情况；
- 作为开发文档附加说明，方便使用者调用时传入和返回参数类型。

加入 typing 模块并不会影响程序的运行，不会报正式的错误，只会提醒，PyCharm 目前支持 typing 检查和参数类型错误提示。

3.6.2 typing 模块的使用

我们可以直接通过 typing 模块引入需要的数据类型，如 from typing import List。通过 typing 模块引入的常用数据类型如下。

（1）列表 List 是 list 的泛型，基本等同于 list，其后紧跟一个方括号，里面是构成这个列表的元素类型，如由数字构成的列表 var 可以声明为：

```
var: List[int or float] = [5, 2.4]
```

（2）元组 Tuple 后紧跟一个方括号，方括号中按照顺序声明了构成本元组的元素类型，如 Tuple[X, Y]表示构成元组的第一个元素是 X 类型，第二个元素是 Y 类型。例如，我们声明一个元组，分别表示学生的姓名、年级和成绩，3 个数据类型分别为 str、int 和 float，那么可以声明为：

```
student: Tuple[str, int, float] = ('Ben', 5, 90.5)
```

（3）字典 Dict 是 dict 的泛型，主要用于注解返回类型。映射 Mapping 是 collections.abc.Mapping 的泛型，主要用于注解参数。它们的使用方法是一样的，其后跟一个中括号，在中括号中分别声明键名和键值的类型，示例如下：

```
def size(rect: Mapping[str, int]) -> Dict[str, int]:
    return {'width': rect['width'] + 100, 'height': rect['width'] + 100}
```

这里将 Dict 用作返回值类型的注解，将 Mapping 用作函数 size 的参数类型的注解。

（4）Any 是一种特殊的类型，它可以表示所有类型，静态类型检查器的所有类型都与 Any 类型兼容，所有的无参数类型注解和无返回类型注解都会默认使用 Any 类型。因此，下面两个方法的声明是完全等价的：

```
def add(a):
  return a + 1
def add(a: Any) -> Any:
  return a + 1
```

（5）联合类型 Union，Union[X, Y]表示要么是 X 类型，要么是 Y 类型。例如，Union[int,str]表示定义一个 int 和 str 的联合类型。

（6）Optional 是指这个参数可以为空或是已经声明的类型，即 Optional[X]等价于 Union[X, None]。但值得注意的是，这个并不等价于可选参数，当它作为参数类型注解的时候，不意味着这个参数可以不传递了，而是说这个参数可以传为 None。

通过 typing 模块引入数据类型的示例如下：

```
from typing import List
def func(a:int,string:str) -> List[int or str]:
    """
    :param a: 整数类型的参数
    :param string: 字符串类型的参数
    :return: 返回列表类型的数据，列表中的数据应该是 int 类型或者 str 类型
    """
    list1 = []
    list1.append(a)
    list1.append(string)
    return list1

if __name__ == '__main__':
    print(func(2,3))
```

在示例中，func()函数要求传入的第二个参数为 str 类型，而我们调用时传入的参数是 int 类型，此时 PyCharm 就会警告你，我们将鼠标光标放到提示的地方，会出现图 3-2 所示的 typing 提示语。

我们的期望类型是 str 类型，而现在是 int 类型，但是 typing 的作用仅是提示，不会影响代码执行。因此，我们会发现执行结果并没有报错：2，3。

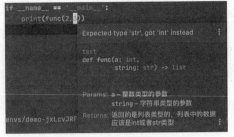

图 3-2　typing 提示语

3.6.3　函数注解

因为 Python 不是强类型语言，我们在代码中可以不写类型，但是其他人调用时需要知道参数类型和返回值类型。

我们可以在函数声明的 ")" 和 ":" 之间加 "->" 和注解表达式。例如，用->str 表示函数 demo 的返回值是 str 类型：

```
def demo(name: str, age: 'int > 0' = 20) -> str:
    print(name, type(name))
    print(age, type(age))
    return "hello world"
if __name__ == '__main__':
    demo('小小', 2)  # 正常显示
```

3.6.4　参数注解

如果参数有默认值，则在参数名和 "=" 之间加 ":" 和注解表达式。例如，函数 demo 声明 name 参数可以为任何类型，而 age 参数是 int 类型，值大于 0，且默认值为 20：

```
def demo(name: any, age: 'int > 0' = 20) -> str:
    print(name, type(name))
    print(age, type(age))
    return "hello world"

if __name__ == '__main__':
    demo(name=1, age=2)  # name 的参数数据类型为 Any，正常显示
    demo(name='小小', age=2)  # name 的参数数据类型为 Any，正常显示
```

3.7　本章小结

通过学习本章的内容，相信大家不仅能够掌握 Python 中涉及的 8 种数据类型，还能学到面向对象编程中需要掌握的要素、特征和设计思想，面向过程编程中需要掌握的特殊函数、函数参数和变量的作用域，以及两种编程思想的使用场景。最后，我们讲解了 Python 的 import 机制、Python 项目打包发布和 typing 的语法，以尽可能涵盖 Python 基础中使用较频繁的内容。

第二篇

专题篇

借人之智，渐入佳境。随着学习的积累和深入，相信读者已经拥有足够的能力，也能在复杂的环境中做对、做好事情，但是如何保持高效率地开发，生产高品质的产品，这是一个值得思考的问题。在当前需求快速变动的背景下，开发人员必须又快又好地完成新功能的迭代。但是一个人就算 24 小时工作，能干的事情也总是有限的，没有办法全部从头开始"造车"。读者要学会站在巨人的肩膀上，借助他人的智慧，快速而敏捷地完成业务需求，锻炼快速响应能力。

封装和复用是软件开发中的重要思想，把软件开发中常见的业务场景或工具进行代码级、组件级或架构级的封装，然后在实际软件开发过程中借助已封装的库或第三方库，最大程度地提高软件的开发效率，降低软件的开发成本，缩短软件的开发周期。

专题篇是依据笔者的工作经验，介绍封装和示例代码级、组件级或架构级的"百宝箱"，共 3 章：第 4 章是常用百宝箱，包括自定义异常处理、日志处理、邮件处理、时间处理、多线程处理、Excel 处理、配置文件处理、正则表达式处理、命令行参数解析、with 正确使用、文件读写处理和序列化处理共 12 个代码级工具；第 5 章是高级百宝箱，从消息中间件、缓存中间件和数据库中间件 3 个维度出发，涉及 Kafka、RabbitMQ、Redis、MongoDB、MySQL 和 SQLite 共 6 个组件级的工具；第 6 章是通用框架，讲解 3 个比较通用和流行的框架，包括 Web 应用框架 FastAPI、异步框架 Celery 和爬虫框架 Scrapy。

第 4 章

常用百宝箱

日常开发中，我们会经常遇到相同的代码操作，为了提升开发效率，本章将讲解和演示 Python 代码级的常用封装或使用方法，并介绍应用较频繁的 12 个操作，包括自定义异常处理、日志处理、邮件处理、时间处理、多线程处理、Excel 处理、配置文件处理、正则表达式处理、命令行参数解析、with 正确使用、文件读写处理和序列化处理，供大家学习借鉴。

4.1 自定义异常处理

4.1.1 异常含义

程序在运行的过程中可能会因为权限问题、用户输入问题、第三方 API 问题、请求参数缺失等问题产生异常，我们可以在程序内部通过捕获异常的语句让程序继续执行，也可以选择通过 raise 语句抛出异常让程序终止运行，如果不进行异常处理，异常最终会被 Python 解释器捕获并终止运行程序。

一般情况下，程序无法处理正常的逻辑执行过程时会发生异常。为了处理程序在运行过程中的异常和错误，Python 定义了很多的标准异常和异常处理机制来处理程序运行过程中出现的异常。

在高级编程语言中，一般都有错误和异常的概念，异常是可以捕获并被处理的，但是错误是不能被捕获的。一个健壮的程序，应尽可能地避免错误，捕获和处理各种异常。

Python 有两种错误很容易辨认：语法错误和异常。Python 的语法错误（或称解析错误）是解析代码时出现的错误。当代码不符合 Python 语法规则时，Python 解释器在解析时就会报出 SyntaxError 语法错误，同时还会明确指出探测到错误的语句和报错原因，如少了冒号、混用中英文符号等。即便 Python 程序的语法是正确的，在程序运行时，也有可能发生错误，运行期间检测到的错误被称为异常。大多数的异常都不会被程序处理，都以错误信息的形式展现，如除数为 0、年龄为负数、数组下标越界等。

异常处理在任何一门编程语言里都是值得关注的话题，良好的异常处理可以让程序更加健壮，清晰的错误信息能帮助开发人员快速修复问题。

4.1.2 异常处理方法

默认情况下，程序发生异常是会终止的，如果我们要避免程序终止执行，可以使用捕获异常的方式获取这个异常的名称，再通过其他的逻辑代码让程序继续运行，这种处理叫作异常处理。

开发人员可以使用异常处理全面地控制自己的程序。异常处理大大提高了程序的健壮性和人机交互的友好性。在 Python 语言中，处理异常的关键字主要有 try、except、else、finally 和 raise。

- try 关键字：用于检测异常，在程序发生异常时将异常信息交给 except 关键字。
- except 关键字：获取异常并进行处理。
- else 关键字：当执行完 try 关键字域中的代码，如果没有发现异常，则接着执行 else 关键字域中的代码。
- finally 关键字：无论是否发生异常都进入该关键字域进行处理，通常用于处理资源关闭、对象内存释放等必需的操作。
- raise 关键字：用于抛出自定义的异常信息使程序不能直接向下执行。

处理异常的关键字通常组合使用，不同的组合能实现不同的异常处理场景。合理的异常处理不仅能完善程序运行过程中的逻辑，也能提升程序运行的性能。语法如下：

```
try:
    <语句>    # 待捕获异常的代码
except <异常类>:
    <语句>    # 捕获某种类型的异常
except <异常类> as <变量名>:
    <语句>    # 捕获某种类型的异常并获得对象
else:
    <语句>    # 如果没有异常发生，则执行
finally:
    <语句>    # 退出 try 时总会执行，不管是否发生了异常，都要执行 finally 的部分
```

上述语法的具体含义如下。

（1）try 中语句在执行时发生异常，搜索 except 子句，并执行第一个匹配该异常的 except 子句。

（2）try 中语句在执行时发生异常，却没有匹配的 except 子句，异常将被递交到外层的 try，如果外层不处理该异常，异常将继续向外层传递。如果都不处理该异常，则会传递到最外层，如果还没有处理，就终止异常所在的线程。

（3）try 中语句在执行时没有发生异常，如果有 else 子句，可执行 else 子句中的语句。

（4）无论 try 中语句在执行时是否发生异常，finally 子句中的语句都会执行。

一个 try 语句可以对应多个 expect 子句，但只能对应一个 finally 子句。我们可以使用 try-expect 组合检测和处理异常，也可以添加一个可选的 else 子句处理没有检测到异常的执行代码。而 finally 子句只用于检测异常和做一些必要的清除工作，例如无论是否发生异常，都要关闭连接。

4.1.3 自定义异常

用户自定义异常，只要自定义异常类继承了 Exception 类即可。在自定义异常类时，我们基本不

需要书写很多的代码，表 4-1 所示是 Python 中所有标准异常类。

Python 用异常对象来表示异常，当遇到错误，会触发异常。如果异常对象未被捕捉或处理，程序就会被终止执行。

表 4-1　Python 中所有标准异常类

常见异常名称	描述
BaseException	所有异常的基类
SystemExit	解释器请求退出
KeyboardInterrupt	用户中断执行，捕获用户中断行为，通常为按 Ctrl + C 键
Exception	常规错误的基类
StopIteration	迭代器没有更多的值
SystemExit	Python 解释器请求退出
OverflowError	数值运算超出最大限制
ZeroDivisionError	除（或取模）零（所有数据类型）
AssertionError	断言语句失败
AttributeError	对象没有这个属性
IOError	输入/输出操作失败
ImportError	导入失败
IndexError	序列中没有这个索引
KeyError	映射中没有这个键
MemoryError	内存溢出错误
NameError	未声明/初始化对象（没有属性）
UnboundLocalError	访问未初始化的本地变量
RuntimeError	一般的运行时错误
NotImplementedError	尚未实现的方法
SyntaxError	Python 语法错误
IndentationError	缩进错误
TabError	Tab 和空格混用
ValueError	传入无效的参数

如前文所述，Python 中自定义异常类型非常简单，只需要从 Exception 类继承即可。通过创建一个新的异常类，我们可以命名自己的异常。

在如下示例中我们创建了一个自定义异常类 Networkerror，基类为 BaseException，用于在异常触发时输出更多的信息：

```
class Networkerror(BaseException):
    def __init__(self,msg):
```

```
        self.msg=msg
    def __str__(self):
        return self.msg
try:
    raise Networkerror('类型错误')
except Networkerror as e:
    print(e)
```

在try中,若发生自定义异常,则执行except子句,其中变量e是用于创建Networkerror类的实例。

如果我们需要自主抛出一个异常,可以使用 raise 关键字抛出异常,如上述示例中的 raise Networkerror('类型错误')。raise 的通常语法为"raise 异常类名称(描述信息)",在触发指定类型的异常的同时,附带异常的描述信息。

在实际调试程序的过程中,有时只获得异常的类型是远远不够的,还需要借助更详细的异常信息才能解决问题。捕获异常时,有两种方式可获得更多的异常信息,分别是:

- 使用 sys 库中的 exc_info 方法;
- 使用 traceback 库中的相关函数。

> **TabError 的解决方法**
>
> Python 文件运行时报错:
>
> `TabError: inconsistent use of tabs and spaces in indentation`
>
> 究其原因是 Python 文件中混用 Tab 和 Space 实现格式缩进,通常使用外部编辑器编辑 Python 文件时,会自动采用 Tab 进行格式缩进。
>
> 解决方法为将 Tab 转换成 4 个 Space。

4.1.4 封装示例

在进行 Web 开发的工程中,如果采用 Flask 框架,那么需要自定义异常处理类,方便统一进行异常的处理。此时自定义的异常处理类应该继承自 HTTPException,自定义的内容通常包含如下几点:

- 定义想要返回的错误信息的 JSON 格式,如内部错误码、错误信息等;
- 更改返回的响应头,返回 JSON 格式的信息响应头应设为'Content-Type': 'application/json';
- 与 HTTPException 一样,定义状态码。

我们自定义异常类 APIException,返回的信息包括内部错误码、错误信息和请求的 URL 如代码清单 4-1 所示。

代码清单 4-1　APIException

```
# -*- coding: utf-8 -*-
# @Time : 2022/3/17 4:21 下午
# @Project : ExceptionTestDemo
# @File : APIException.py
# @Author : hutong
# @Describe: 微信公众号:大话性能
```

```python
# @Version: Python3.9.8

from flask import request, json
from werkzeug.exceptions import HTTPException

class APIException(HTTPException):
    code = 500
    msg = 'sorry, we made a mistake!'
    error_code = 999
    def __init__(self, msg=None, code=None, error_code=None, headers=None):
        if code:
            self.code = code
        if error_code:
            self.error_code = error_code
        if msg:
            self.msg = msg
        super(APIException, self).__init__(msg, None)
    def get_body(self, environ=None):
        body = dict(
            msg=self.msg,
            error_code=self.error_code,
            request=request.method + ' ' + self.get_url_no_param()
        )
        text = json.dumps(body)
        return text
    def get_headers(self, environ=None):
        """Get a list of headers."""
        return [('Content-Type', 'application/json')]
    @staticmethod
    def get_url_no_param():
        full_path = str(request.full_path)
        main_path = full_path.split('?')
        return main_path[0]
```

有了 **APIException** 类，我们就可以自由地定义各种状态码以及对应的异常信息，然后在合适的位置抛出异常，如代码清单 4-2 所示。

代码清单 4-2　APIExceptionExample

```python
# -*- coding: utf-8 -*-
# @Time    : 2022/3/17 5:21 下午
# @Project : ExceptionTestDemo
# @File    : APIExceptionExample.py
# @Author  : hutong
# @Describe: 微信公众号：大话性能
# @Version : Python3.9.8

import APIException
```

```
class Success(APIException):
    code = 201
    msg = 'ok'
    error_code = 0
class ServerError(APIException):
    code = 500
    msg = 'sorry, we made a mistake!'
    error_code = 999
class ParameterException(APIException):
    code = 400
    msg = 'invalid parameter'
    error_code = 1000
class NotFound(APIException):
    code = 404
    msg = 'the resource are not found'
    error_code = 1001
```

自定义异常类可以帮助我们在需要的地方抛出异常。在发生异常时，我们可以对照状态码去查找对应的异常类，非常方便。注意，虽然此处表述为异常类，但是我们可以在类中定义响应成功的返回，例如代码清单 4-2 中定义的状态码 201 对应的异常类，可以作为响应成功的返回。

4.2 日志处理

日志是一种可以追踪某些软件运行时所发生事件的方法。一个完整的程序离不开日志，无论是开发阶段、测试阶段，还是运行阶段，我们都可以通过日志查看程序的运行情况，或是在出现故障时快速定位问题。

4.2.1 logging 库

logging 库是 Python 的一个标准库，该标准库提供日志记录 API，可用于实现日志记录功能。我们可以将自己的日志信息与来自该库的信息整合起来。

4.2.2 logging 日志等级

logging 库默认定义了几个日志等级，如表 4-2 所示，它允许开发人员自定义其日志等级。

表 4-2 logging 日志等级

日志等级	描述
DEBUG	最详细的日志信息，典型应用场景是问题诊断
INFO	信息详细程度仅次于 DEBUG，通常只记录关键节点信息
WARNING	当某些不期望的事情发生时记录的信息，但是此时应用还是正常运行的
ERROR	当一个严重的问题导致某些功能不能正常运行时记录的信息
CRITICAL	当发生严重错误导致应用不能继续运行时记录的信息

表 4-2 中的日志等级从上到下依次升高，即 DEBUG < INFO < WARNING < ERROR < CRITICAL，而日志记录的信息量是依次减少的。

当指定一个日志等级，程序只会记录大于或等于这个日志等级的日志信息，例如设置打印 INFO，那么比 INFO 等级高的 WARNING、ERROR 和 CRITICAL 等级的信息都将被打印。

4.2.3　logging 四大组件

logging 库使用的时候涉及四大组件，如表 4-3 所示。

表 4-3　logging 四大组件

组件名称	对应类名	功能描述
日志器	Logger	提供应用可一直使用的接口
处理器	Handler	将日志器创建的日志记录发送到合适的目的地
过滤器	Filter	提供更细粒度的控制工具来决定输出哪条日志记录，丢弃哪条日志记录
格式器	Formatter	决定日志记录的最终输出格式

这件组件之间的关系描述如下。

- 日志器需要通过处理器将日志信息输出到不同的目标位置，如文件、sys.stdout、网络等。
- 不同的处理器可以将日志输出到不同的位置。
- 每个处理器都可以设置自己的过滤器实现日志过滤，从而只保留感兴趣的日志。
- 每个处理器都可以设置自己的格式器实现同一条日志以不同的格式输出到不同的地方。

简单来说，日志器只是入口，真正工作的是处理器，处理器还可以通过过滤器和格式器对要输出的日志内容做过滤和格式化等处理。最后，处理器负责发送相关的信息到目的地。

有些处理器可以把信息输出到控制台，有些处理器可以把信息输出到文件，还有些处理器可以把信息发送到网络上，如表 4-4 所示。如果觉得不够用，我们还可以编写自己的处理器。

表 4-4　常用的处理器

handler 名称	描述
logging.StreamHandler	向类似 sys.stdout 或者 sys.stderr 的文件对象输出信息
logging.FileHandler	向一个文件输出日志信息。不过 FileHandler 会帮我们打开这个文件
logging.handlers.RotatingFileHandler	类似 FileHandler，但是它可以管理文件大小。当文件达到一定的大小，它会自动将当前日志文件改名，然后创建一个新的同名日志文件继续输出
logging.handlers.TimedRotatingFileHandler	每隔一定时间就自动创建一个新的日志文件。重命名的过程与 RotatingFileHandler 类似，不过新的文件不是用数字标记，而是用当前时间标记

每个处理器都可以设置自己的格式器规定同一条日志记录哪些字段内容信息，我们可以根据自己的需求定义日志格式，常见的日志格式符号如表 4-5 所示。

表 4-5 常用的日志格式符号

格式符号	格式描述
%(levelno)s	打印日志等级的数值
%(levelname)s	打印日志等级名称
%(pathname)s	打印当前执行程序的路径，其实就是 sys.argv[0]
%(filename)s	打印当前执行程序名
%(funcName)s	打印日志的当前函数
%(lineno)d	打印日志的当前行号
%(asctime)s	打印日志的时间
%(thread)d	打印线程 ID
%(threadName)s	打印线程名称
%(process)d	打印进程 ID
%(message)s	打印日志信息

4.2.4 封装示例

在这里，我们封装一个简单的日志类，方便以后在不同项目中重复使用，示例主要是实现了如下两个需求，供大家学习借鉴。

- 生成的日志文件格式是：年月日_模块名.log。
- 生成的×××.log 文件存储在项目的根目录中的 logs 文件夹下，all_logs 文件夹记录所有等级的日志信息，err_logserr_logs 文件夹只记录 ERROR 等级的日志信息。

首先，新建一个工程 MyLogUtils，然后新建 logs 文件夹，并在 logs 文件夹中依次建立 all_logs、err_logs 两个文件夹，如图 4-1 所示。

封装的 loggerutil 工具类放在 mylogger 文件夹下，具体代码如代码清单 4-3 所示。

图 4-1 项目结构

代码清单 4-3 loggerutil

```
# -*- coding: utf-8 -*-
# @Time : 2022/4/17 5:21 下午
# @Project : MyLogUtils
# @File : loggerutil.py
# @Author : hutong
# @Describe：微信公众号：大话性能
# @Version: Python3.9.8

import logging
import os.path
import logging.handlers
```

```python
from Settings import SettingConf

setting = SettingConf()        # 从配置文件中读取配置
# 封装日志
class Mylogger(object):
    def __init__(self, loggerName=None, fileName='operation.log'):
        """
        指定保存日志的文件路径，日志等级           """
        # 创建一个日志器
        self.logger = logging.getLogger(loggerName)
        self.logger.setLevel(logging.DEBUG)
        # 日志名称，带有路径的全路径文件名
        self.log_name = setting.log_prefix + fileName
        # print(os.path.dirname(os.getcwd()))
        # 创建一个处理器，用于写入日志文件（每天生成 1 个，保留 30 天的日志）
        # fh = logging.handlers.TimedRotatingFileHandler(self.log_name, 'D', 1, 30)
        # 创建一个处理器，写入所有日志
        all_fh = logging.FileHandler(self.log_name, mode='a+', encoding='utf-8')
        all_fh.setLevel(logging.INFO)
        # 创建一个处理器，写入错误日志
        # err_fh = logging.FileHandler(self.error_log_name, mode='a+', encoding='utf-8')
        # err_fh.setLevel(logging.ERROR)
        # 创建一个处理器，用于输出到控制台
        ch = logging.StreamHandler()
        ch.setLevel(logging.INFO)
        # 定义处理器的输出格式
        # 以时间-日志器名称-日志等级-日志内容的形式展示
        all_formatter = logging.Formatter(
            '[%(asctime)s] - [%(levelname)s] line:%(lineno)d %(filename)s;%(module)s->%(funcName)s  %(message)s')
        # ERROR 等级日志记录的输出格式
        # err_formatter = logging.Formatter(
        #         '[%(asctime)s] - %(filename)s:%(module)s->%(funcName)s line:%(lineno)d [%(levelname)s] %(message)s')
        all_fh.setFormatter(all_formatter)
        # err_fh.setFormatter(err_formatter)
        # ch.setFormatter(err_formatter)

        # 给 logger 添加 handler
        self.logger.addHandler(all_fh)
        # self.logger.addHandler(err_fh)
        self.logger.addHandler(ch)
        all_fh.close()
        # err_fh.close()
        ch.close()
    def __str__(self):
        return "logger 为: %s，日志文件名为: %s" % (
            self.logger,
```

```
            self.log_name,
        )
    def getlog(self):
        return self.logger

if __name__ == "__main__":
    Mylogger().getlog().info(
        '1111111'
    )
```

测试日志文件输出，我们发现 logs 文件夹下生产的日志满足要求，其中 all_logs 文件夹下的文件里记录了 INFO 和 ERROR 等级的日志，而 err_logs 文件夹下的文件里只记录了 ERROR 等级的日志。

上面的封装比较简单，这里只是抛砖引玉，大家可以根据自己的需求，封装自己的日志操作类。

> **提示**
>
> Python 的日志管理除了可以用自带的 logging 库，还可以用第三方的 loguru 库。loguru 的用法非常简单，loguru 中有且仅有一个对象 logger，所以 loguru 可以在多个 Python 文件中使用，而且不会出现冲突。
>
> loguru 默认配置了一套日志输出格式，有时间、等级、模块名、行号和日志信息，不需要提前配置或手动创建 logger 对象，直接使用即可。另外，loguru 的输出是彩色的，界面更加友好。
>
> 在使用 logging 库时，我们需要手动配置处理器、格式器和过滤器，需要调用不同的函数完成其他配置，但是在使用 loguru 时，我们只需要实现一个 add() 即可。通过 add()，我们可以设置处理器、格式器、过滤器信息和日志等级。
>
> 除了常见的创建记录日志文件，rotation 滚动记录日志文件，retention 指定日志保留时长，以及 compression 配置文件压缩格式，loguru 还支持在多模块的情况下使用，并且在多线程下，loguru 也是安全的。

4.3 邮件处理

邮件，作为最正式规范的沟通方式，在日常办公过程中经常被用到。在做接口测试的时候，我们不仅需要将测试结果以报告的形式展示，还需要将测试结果以邮件的形式发送给需要知道的人。那么如何发送邮件呢？本节将介绍如何用 Python 来实现邮件的自动发送，解放我们的双手，让我们有时间去做更有意思的事情。

我们都知道，SMTP（simple mail transfer protocol，简单邮件传送协议）是用于发送邮件的协议，而 Python 内置支持 SMTP，可以发送纯文本邮件、HTML 邮件和带附件的邮件。Python 主要通过 email 和 smtplib 两个库支持 SMTP，其中 email 负责构造邮件，包括信息头、信息主体等，smtplib 负责发送邮件，起到服务器之间互相通信的作用。

1. 导入需要的包

Python 的 smtplib 库提供了一种很方便的操作来发送电子邮件，它对 SMTP 进行了简单的封装。

(1) Python 创建 SMTP 对象语法如下：

```
import smtplib
smtpObj = smtplib.SMTP( [host [, port [, local_hostname]]] )
```

参数说明如下。
- host：SMTP 服务器主机，我们可以指定主机的 IP 地址，这个是可选参数。
- port：如果使用了 host 参数,我们需要指定 SMTP 服务使用的端口号，一般情况下 SMTP 端口号为 25。
- local_hostname：如果 SMTP 在本地主机上，我们只需要指定服务器地址为 localhost 即可。

（2）Python 的 SMTP 对象使用 sendmail 方法发送邮件，语法如下：

```
SMTP.sendmail(from_addr, to_addrs, msg[, mail_options, rcpt_options])
```

参数说明如下。
- from_addr：邮件发送者地址。
- to_addrs：字符串列表，邮件发送地址。
- msg：发送消息。

在发送邮件的时候，我们需要注意 msg 参数的格式，这个格式是 SMTP 协议中定义的格式。我们知道邮件一般由标题、发信人、收件人、邮件内容、附件等构成，msg 是一个字符串，表示邮件。例如，Python 发送 HTML 格式的邮件与发送纯文本消息的邮件不同之处就是将 MIMEText 中 _subtype 设置为 html。

另外，如果要发送带附件的邮件，首先要创建 MIMEMultipart()实例，然后构造附件，如果有多个附件，可依次构造。通常需要导入如下几个方法：

```
from email.mime.text import MIMEText
from email.mime.application import MIMEApplication
from email.mime.multipart import MIMEMultipart
```

2. 准备邮件

email 支持文本邮件、带有附件的邮件等，构造示例如下。

首先，准备邮件相关的配置内容：

```
f_user = "发件人地址"
t_user = "收件人地址"
content = "邮件的正文"
subject = "邮件的主题"
```

若是发送文本邮件，则使用 email 构造邮件如下：

```
msg = MIMEText(content, _subtype='plain', _charset="utf8")
```

若是发送带附件的邮件，则首先读取要发送的附件的内容：

```
file_content = open("附件文件名", "rb").read()
```

然后使用 email 构造邮件，构造一封多组件的邮件：

```
msg = MIMEMultipart()
```

往多组件邮件中加入文本内容：

```
text_msg = MIMEText(content, _subtype='plain', _charset="utf8")
msg.attach(text_msg)
```

往多组件邮件中加入文件附件：

```
file_msg = MIMEApplication(file_content)
file_msg.add_header('content-disposition', 'attachment', filename='发送附件的名称（可自定义）')
msg.attach(file_msg)
```

最后，添加发件人、收件人和邮件主题：

```
# 添加发件人
msg["From"] = f_user
# 添加收件人
msg["To"] = t_user
# 添加邮件主题
msg["subject"] = subject
```

3. 发送邮件完整封装

一个项目中多个地方都需要发送邮件，这时就需要封装上文中的代码，供项目中所有需要发送邮件的地方直接调用。我们对发送邮件的操作进行封装，主要封装了 3 个方法：

- send_text()用于发送文本邮件；
- send_html()用于发送 HTML 格式邮件；
- send_attachment()用于发送带有附件的邮件。

完整示例代码如代码清单 4-4 所示。

代码清单 4-4　emailUtil

```python
# -*- coding: utf-8 -*-
# @Time : 2022/2/15 11:20 上午
# @Project : sendEmail
# @File : emailUtil.py
# @Author : hutong
# @Describe: 微信公众号：大话性能
# @Version: Python3.9.8

import smtplib
from email.mime.text import MIMEText
from email.mime.multipart import MIMEMultipart
import os

class SendEMail(object):
    """封装发送邮件类"""
```

```python
    def __init__(self, host: str, port: int, user: str, pwd: str):
        self.host = host
        self.port = port
        self.user = user
        self.pwd = pwd

    def __send(self, msg):
        try:
            smtpObj = smtplib.SMTP()
            smtpObj.connect(self.host, self.port)
            smtpObj.login(self.user, self.pwd)
            smtpObj.sendmail(self.user, msg["To"], msg.as_string())
            print("邮件发送成功")
        except Exception as e:
            print("邮件发送失败")

    def send_text(self, to_user: str, content: str, subject: str):
        """
        发送文本邮件
        :param to_user: 对方邮箱
        :param content: 邮件正文,文本格式
        :param subject: 邮件主题
        :return:
        """

        # 使用 email 构造邮件
        msg = MIMEText(content, _subtype='plain', _charset="utf8")
        msg["From"] = self.user
        msg["To"] = to_user
        msg["subject"] = subject

        self.__send(msg)

    def send_html(self, to_user: str, content: str, subject: str):
        """
        发送 HTML 格式邮件
        :param to_user: 对方邮箱
        :param content: 邮件正文, HTML 格式
        :param subject: 邮件主题
        :return:
        """
        # 使用 email 构造邮件
        msg = MIMEText(content, _subtype='html', _charset="utf8")
        msg["From"] = self.user
        msg["To"] = to_user
        msg["subject"] = subject

        self.__send(msg)
```

```python
    def send_attachment(self, to_user: str, content: str, subject: str, files: list):
        """
        发送附件邮件
        :param to_user: 对方邮箱
        :param content: 邮件正文,文本格式
        :param subject: 邮件主题
        :return:
        """
        # 创建一个带附件的实例
        msg = MIMEMultipart()
        msg['From'] = self.user
        msg['To'] = to_user
        msg['subject'] = subject
        # 邮件正文内容
        msg.attach(MIMEText(content, 'plain', 'utf-8'))
        # 构造附件
        for file in files:
            att = MIMEText(open(file, 'rb').read(), 'base64', 'utf-8')
            att["Content-Type"] = 'application/octet-stream'
            # 这里的filename可以任意写,写什么名字邮件中就显示什么名字
            _, file_name = os.path.split(file)
            att["Content-Disposition"] = 'attachment; filename="{}"'.format(file_name)
            msg.attach(att)
        self.__send(msg)


if __name__ == '__main__':
    pass
```

4.4 时间处理

Python 提供了 3 个时间处理库,分别是 time、datetime 和 calendar。这 3 个库均被收录到 Python 标准库中,如表 4-6 所示。

表 4-6 时间处理库

库	概述
time	主要用 3 种表现形式来表示时间,分别是时间戳、结构化时间和格式化时间字符串,在官方文档中,time 提供的功能更贴近于操作系统层面,主要围绕 Unix Timestamp 进行
datetime	重新封装了 time 库,提供了更多的函数,提供的类包含 time、date、datetime、timedelta 和 tzinfo,通常用来处理常用的年、月、日、时、分、秒
calendar	用来处理年历和月历,一般用来表示年月日、星期几之类的信息

3 个时间处理库从功能上看,可以认为是互补关系,三者侧重点不同。下面我们将简要展开讲解使用最多的 time 库和 datetime 库。

时间相关概念

格林尼治时间(Greenwich mean time,GMT)指位于伦敦郊区的皇家格林尼治天文台的标准

时间，因为本初子午线被定义为通过那里的经线，GMT 又称世界时 UT。

协调世界时（coordinated universal time，UTC），又称世界标准时间，基于国际原子钟，误差为每日数纳秒。

时区指地球上的区域使用同一个时间定义。有关国际会议决定将地球表面按经线划分成 24 个时区，并且规定相邻区域的时间相差 1 小时。人们每跨过一个区域，就将自己的时钟校正 1 小时（向西减 1 小时，向东加 1 小时），跨过几个区域就加或减几小时。例如我国处于东八区，表示为 GMT+8。

UNIX 时间戳是从 UTC（1970 年 1 月 1 日 0 时 0 分 0 秒）开始到现在的时间（以秒为单位）的数值。

1. time 库

最常用的是获取时间戳，例如使用 time.time()，可以得到输出 1659340903.744475。时间戳指从 epoch（1970 年 1 月 1 日 00:00:00 UTC）到现在的时间（以秒为单位）的数值，返回值为浮点型，用的是 UTC。一般在使用时会进行时间戳、格式化或结构化的转换。

另外，对于格式化时间字符串，time 提供了 strftime() 和 strptime() 来实现时间和字符串之间的转换：

- strftime，即 string format time，用来将时间格式化成字符串；
- strptime，即 string parse time，用来将字符串解析成时间。

示例如下：

```
import time
gmtime = time.gmtime()
time.strftime('%Y-%m-%d %H:%M:%S', gmtime)    # struct_time 转换成字符串
```

输出结果如下：

```
2023-02-17 09:49:21
```

2. datetime 库

time 库解决了时间的获取和格式化表示，datetime 库则进一步解决了快速获取并操作时间中年、月、日、时、分、秒的能力，提供的类主要有 datetime、time、date、timedelta 等。

（1）datetime 类的方法如表 4-7 所示。

表 4-7　datetime 类的方法

方法	说明
today()	获取当前日期和时间
date()	将日期时间转换为日期
time()	将日期时间转换为时间
timestamp()	将日期时间转换时间戳
now()	获取当前日期和时间
strftime()	格式化日期时间为字符串
fromtimestamp()	时间戳转换为 datetime

示例如下：

```
import datetime
import time
datetime.datetime.fromtimestamp(time.time())  # 将time.time()转换成datetime对象
```

输出结果如下：

```
2023-02-17 17:48:33.169588
```

（2）time 类，表示时间值，可以创建的对象只有时、分、秒、毫秒等，time 类的方法如表 4-8 所示。

表 4-8　time 类的方法

方法	说明
hour	表示小时
minute	表示分钟
second	表示秒
isoformat()	格式化时间
tzname()	获取时区名
replace()	替换

示例如下：

```
import datetime
t = datetime.time(15,12,25)
t.second
```

输出结果如下：

```
25
```

（3）date 类，表示日期值，可以创建的对象只有年月日，date 类的方法如表 4-9 所示。

表 4-9　date 类的方法

方法	说明
fromtimestamp()	时间戳转换为 datetime
today()	返回当前日期
year/month/day	表示年/月/日
strftime	将 datetime 格式化成字符串
strptime	字符串格式化成 datetime
isoformat()	格式化成'YYYY-MM-DD'
replace()	替换
weekday()	返回周几

示例如下。

```
import datetime
today = datetime.date.today()
today.year
```

输出结果如下：

```
2023
```

（4）timedelta 类，在实际使用时，常用的功能除了各种时间的转换，还有对日期时间的比较和加减运算，timedelta 类的方法如表 4-10 所示。

表 4-10 timedelta 类的方法

方法	说明
total_seconds()	计算时间差（以秒为单位）的数值
days	获得指定天数为单位的 timedelta 对象
seconds	获得指定秒为单位的数值
microseconds	获得指定微秒为单位的数值

示例如下。

```
import datetime
today = datetime.date.today()            # 获取当前日期的 datetime 对象
onday = datetime.timedelta(days=1)       # 获取一个单位为一天的 timedelta 对象
today - onday                            # 取前一天
```

输出结果如下：

```
2023-02-16
```

3. 时间操作的示例

代码清单 4-5 封装了时间操作的工具，包含日、时、分、秒和增加指定时间的转换等。

代码清单 4-5　datetimeUtil

```
# -*- coding: utf-8 -*-
# @Time : 2022/2/18 11:20 上午
# @Project : timeDemo
# @File : datetimeUtil.py
# @Author : hutong
# @Describe : 微信公众号：大话性能
# @Version : Python3.9.8

import datetime
from datetime import datetime as date
from dateutil.relativedelta import relativedelta
```

```python
class DateTimeTools():
    def addDay(self,dateparam,number):
        """
        函数描述：
        将指定日期加/减指定天数，月、年自动递增/减
        用法：addDay(日期,天数)
        示例：假设日期值为 2021-06-25，addDay(日期,5) => 2021-06-30
        """
        newDate = date.strptime(str(dateparam), "%Y-%m-%d").date() + datetime.timedelta(days=number)
        return newDate
    def addHour(self,dateparam,number):
        """
        函数描述：
        将指定日期加/减指定小时数，天自动递增/减
        用法：addHour(日期,小时数)
        示例：假设日期值为 2021-06-25 15:12:42，addHour(日期,5) => 2021-06-25 20:12:42
        """
        try:
            newDate = date.strptime(str(dateparam), "%Y-%m-%d %H:%M:%S") + datetime.timedelta(hours=number)
            return newDate
        except ValueError:
            raise ValueError("日期格式需为：%Y-%m-%d %H:%M:%S")
    def addMinutes(self,dateparam,number):
        """
        函数描述：
        将指定日期加/减指定分钟数，小时自动递增/减
        用法：addMinutes(日期,分钟数)
        示例：假设日期值为 2021-06-25 15:12:42，addMinutes(日期,2) => 2021-06-25 15:14:42
        """
        try:
            newDate = date.strptime(str(dateparam), "%Y-%m-%d %H:%M:%S") + datetime.timedelta(minutes=number)
            return newDate
        except ValueError:
            raise ValueError("日期格式需为：%Y-%m-%d %H:%M:%S")
    def addSeconds(self,dateparam,number):
        """
        函数描述：
        将指定日期加/减指定秒数，分钟自动递增/减
        用法：addSeconds(日期,秒数)
        示例：假设日期值为 2021-06-25 15:12:42，addSeconds(日期,10) => 2021-06-25 15:12:52
        """
        try:
            newDate = date.strptime(str(dateparam), "%Y-%m-%d %H:%M:%S") + datetime.timedelta(seconds=number)
            return newDate
```

```python
        except ValueError:
            raise ValueError("日期格式需为：%Y-%m-%d %H:%M:%S")

    def numberToDate(self,year,month,day):
        """
        函数描述：将数字转换为日期（年、月、日需为数字）
        用法：numberToDate(年,月,日)
        示例：numberToDate(2021,06,25)=> 2021-06-25    或者   numberToDate('2021','06','25') => 2021-06-25
        """
        param = (str(year),str(month),str(day))
        newDate = date.strptime("-".join(param), "%Y-%m-%d").date()
        return newDate

    def get_day(self,dateparam):
        """
        函数描述：获取日期的日
        用法：get_day(日期)
        示例：假设日期时间为 2021-06-25，get_day(日期) => 25
        """
        newDate = str( date.strptime(str(dateparam), "%Y-%m-%d"))[8:10]

        return newDate

    def get_hour(self,dateparam):
        """
        函数描述：获取日期的时
        用法：get_hour(日期)
        示例：假设日期时间为 2021-06-25 15:12:42，get_hour(日期) => 15
        """
        try:
            newDate = str( date.strptime(str(dateparam), "%Y-%m-%d %H:%M:%S")).split(":")[0][-2:]
            return newDate
        except ValueError:
            raise ValueError("日期格式需为：%Y-%m-%d %H:%M:%S")

    def get_minute(self,dateparam):
        """
        函数描述：获取日期的分
        用法：get_minute(日期)
        示例：假设日期时间为 2021-06-25 15:12:42，get_minute(日期) => 12
        """
        try:
            newDate = str( date.strptime(str(dateparam), "%Y-%m-%d %H:%M:%S")).split(":")[1]
            return newDate
        except ValueError:
            raise ValueError("日期格式需为：%Y-%m-%d %H:%M:%S")

    def get_second(self,dateparam):
        """
        函数描述：获取日期的秒
```

```
用法：get_second(日期)
示例：假设日期时间为 2021-06-25 15:12:42，get_second(日期) => 42
"""
try:
    newDate = str( date.strptime(str(dateparam), "%Y-%m-%d %H:%M:%S")).split(":")[2]
    return newDate
except ValueError:
    raise ValueError("日期格式需为：%Y-%m-%d %H:%M:%S")
```

4.5 多线程处理

4.5.1 线程的含义

线程是操作系统进行运算调度的最小单位。它被包含在进程之中，是进程中的实际运作单位。一个线程指的是进程中一个单一顺序的控制流，一个进程中可以并发多个线程，每个线程并行执行不同的任务，当中每一个线程共享当前进程的资源。

Python 由于存在全局解释器锁，任意时刻都只有一个线程在运行代码，致使多线程不能充分利用计算机多核的特性。如果程序是 CPU 密集型的，使用 Python 的多线程确实无法提升程序的效率，如果程序是 IO 密集型的，则可以使用 Python 的多线程提高程序的整体效率。也就是说，计算密集型的程序用多进程，如大数据计算；IO 密集型的程序用多线程，如文件读写、网络数据传输。

> **注意**
> 并发指任务数大于 CPU 核数，通过操作系统的各种任务调度算法，实现用多任务同时执行，实际上总有一些任务不在执行，因为切换任务的速度相当快，所以看上去是同时执行的。
> 并行指任务数小于或等于 CPU 核数，即任务真的是一起执行的。

> **提示**
> 当一个程序启动时，就有一个进程被操作系统创建，与此同时一个线程也立刻运行，该线程通常叫作程序的主线程。因为它是程序开始时就执行的，如果我们需要再创建线程，那么再创建的线程就是这个主线程的子线程。
> 使用 threading 库和 ThreadPoolExecutor 类创建的线程均为子线程。

4.5.2 线程的使用

Python 提供了 threading 库来实现多线程，threading 库提供了 Thread 类，用于创建线程对象，创建方式如下：

```
t = threading.Thread(name, target, *args, **kwargs)
```

其中，参数 name 表示线程名称，target 表示线程函数，args 元组用于给线程函数传参，kwargs 字典用于给线程函数传参。Thread 类中的常用方法如表 4-11 所示。

表 4-11　Thread 类中的常用方法

方法	描述
Thread.run()	线程启动时运行的方法，由该方法调用 target 参数所指定的函数
Thread.start()	启动线程，start()方法就是去调用 run()方法
Thread.terminate()	强制终止线程
Thread.join()	阻塞调用，主线程进行等待
Thread.setDaemon()	将子线程设置为守护线程，设置守护线程。默认 daemon=False，主线程退出不会影响子线程；如果设置为 True，则主线程退出子线程也会退出。daemon 属性的设置在 start 前。一般设置 daemon 后，不会再使用 join
Thread.getName()	获取线程名称
Thread.setName()	设置线程名称
threading.currentThread()	获取当前线程对象

利用 threading 库来实现多线程有如下两种方式。

（1）创建一个 threading.Thread 实例，并传入一个初始化函数对象作为线程执行的入口。

（2）继承 threading.Thread 类，并重写 run()方法。

第一种方式是，我们通过创建 Thread 的实例，并传递一个函数，如代码清单 4-6 所示。

代码清单 4-6　threadUtil1

```
# -*- coding: utf-8 -*-
# @Time : 2022/2/19 10:20 上午
# @Project : threadDemo
# @File : threadUtil1.py
# @Author : hutong
# @Describe: 微信公众号：大话性能
# @Version: Python3.9.8

from threading import Thread,currentThread
from time import sleep

def fun_thread(sec,tname):
    '''线程函数，用于修改线程的名称'''
    print("启动线程-->",currentThread().getName(),":",currentThread().is_alive())
    print("setName 修改线程名称")
    currentThread().setName(tname)
    sleep(sec)
    print("{}线程结束".format(currentThread().getName()))

if __name__ == '__main__':
    threads = []  # 维护线程
    for i in range(3):
        t = Thread(target=fun_thread, name="thread-%d"%i,
```

```
                    args=(3,"My"+str(i)+"Thread"))
            threads.append(t)
            t.start()
    for t in threads:
        t.join()
```

注意,在定义多线程传递参数的时候,如果只有一个参数,则这个参数后一定要加上逗号,例如 args=(i,);如果有两个或者以上的参数,则不用在最后一个参数后加上逗号,例如 args=(i, j)。

第二种方式是,我们通过继承 Thread 类,并运行 Thread 类中的 init()方法来获取父类属性,并重写 run()方法。在线程启动后,程序将自动执行 run()方法,如代码清单 4-7 所示。

代码清单 4-7　threadUtil2

```python
# -*- coding: utf-8 -*-
# @Time : 2022/2/19 10:25 上午
# @Project : threadDemo
# @File : threadUtil2.py
# @Author : hutong
# @Describe: 微信公众号:大话性能
# @Version: Python3.9.8

import threading
from time import sleep, ctime

loops = (4, 2)
class MyThread(threading.Thread):
    def __init__(self, target, args):
        super().__init__()
        self.target = target
        self.args = args
    def run(self):
        self.target(*self.args)
def loop(nloop, nsec):
    print(ctime(), 'start loop', nloop)
    sleep(nsec)
    print(ctime(), 'end loop', nloop)
def main():
    threads = []
    nloops = range(len(loops))
    for i in nloops:
        t = MyThread(loop,(i, loops[i]))
        threads.append(t)
    for i in nloops:
        threads[i].start()
    for i in nloops:
        threads[i].join()
if __name__ == "__main__":
    main()
```

4.5.3 线程池的使用

因为创建线程系统需要分配资源，终止线程系统需要回收资源，所以如果可以重用线程，则可以省去创建/终止线程的开销以提升性能。线程池在系统启动时即创建大量空闲的线程，程序只要将一个函数提交给线程池，线程池就会启动一个空闲的线程来执行它。当该函数执行结束后，线程并不会死亡，而是返回线程池中变成空闲状态，等待执行下一个函数。

Python 为我们提供了 ThreadPoolExecutor 类来实现线程池，通常适用场景为突发大量请求或需要大量线程来完成任务，但实际任务处理时间较短。

线程池的基类是 concurrent.futures 库中的 Executor 类，Executor 类提供了两个子类，即 ThreadPoolExecutor 类和 ProcessPoolExecutor 类，其中 ThreadPoolExecutor 类用于创建线程池，ProcessPoolExecutor 类用于创建进程池。

如果使用线程池/进程池来管理并发编程，那么只要将相应的 task() 函数提交给线程池/进程池，剩下的事情就由线程池/进程池来完成。

Executor 类的常用方法如表 4-12 所示。

表 4-12 Executor 类的常用方法

方法	说明
submit(fn,*args,**kwargs)	将 fn 函数（需要异步执行的函数）提交给线程池。其中，*args 表示传给 fn 函数的参数，**kwargs 表示以关键字参数的形式为 fn 函数传入参数
map(fn,*iterables,timeout=None, chunksize=1)	启动多个线程，以异步方式立即对 iterables 执行 map 处理。这种方法相当于开启 len(iterable) 个线程，等于替代了 for+submit()。map() 得到的结果是一个生成器对象
shutdown(wait=True)	关闭线程池。wait=True 表示等待池内所有任务执行完毕、回收完资源才继续；wait=False 表示立即返回，并不会等待池内的任务执行完毕，但不管 wait 为何值，整个程序都会等待所有任务执行完毕

将 task() 函数通过 submit() 方法提交给线程池后，submit() 方法会返回一个 Future 对象，Future 类主要用于获取线程任务函数的返回值。由于线程任务会在新线程中以异步方式执行，因此线程执行的函数相当于一个"将来完成"的任务，所以 Python 使用 Future 来表示。Future 类的常用方法如表 4-13 所示。

表 4-13 Future 类的常用方法

方法	说明
cancel()	取消该 Future 对象对应的线程任务。如果该任务正在执行，不可取消，则该方法返回 False；否则，程序会取消该任务，该方法返回 True
cancelled()	返回 Future 对象对应的线程任务是否被成功取消
running()	如果该 Future 对象对应的线程任务正在执行，不可取消，则该方法返回 True
done()	如果该 Future 对象对应的线程任务被成功取消或执行完成，则该方法返回 True
result(timeout=None)	获取该 Future 对象对应的线程任务最后返回的结果。如果 Future 对象对应的线程任务还未完成，该方法将会阻塞当前线程，其中 timeout 参数指定最多阻塞多少秒

方法	说明
exception(timeout=None)	获取该 Future 对象对应的线程任务所引发的异常。如果该任务成功完成，没有异常，则该方法返回 None
add_done_callback(fn)	为该 Future 对象对应的线程任务注册一个"回调函数"，当该任务成功完成时，程序会自动触发该 fn 函数

使用线程池来执行线程任务的步骤如下。

（1）调用 ThreadPoolExecutor 类的构造器创建一个线程池。
（2）定义一个普通函数作为线程任务。
（3）调用 ThreadPoolExecutor 对象的 submit()方法来提交线程任务。
（4）当不想提交任何任务时，调用 ThreadPoolExecutor 对象的 shutdown()方法来关闭线程池。
ThreadPoolExecutor 类使用示例如代码清单 4-8 所示。

代码清单 4-8　threadUtil3

```
# -*- coding: utf-8 -*-
# @Time : 2022/2/19 10:29 上午
# @Project : threadDemo
# @File : threadUtil3.py
# @Author : hutong
# @Describe: 微信公众号：大话性能
# @Version: Python3.9.8

from concurrent.futures import ThreadPoolExecutor
import os,time,random

def task(n):
    print(f"子线程:{os.getpid()}正在执行")
    time.sleep(random.randint(1,3))   # 模拟任务执行时间
    return n**2

if __name__ == '__main__':
    thread_pool = ThreadPoolExecutor(max_workers=4)   # 设置线程池大小
    futures = []
    for i in range(1,10):
        future = thread_pool.submit(task,i)   # 开启 10 个任务
        futures.append(future)
    thread_pool.shutdown(True)   # 关闭线程池,并等待任务结束

    for future in futures:
        print(future.result())   # 循环取出任务执行后的结果
```

多线程共享变量的问题

多线程最大的特点就是线程之间可以共享数据，由于线程的执行是无序的，若多线程同时更改一个变量，使用同样的资源，共享数据时常常会出现死锁、数据错乱等情况。

解决以上问题的方法有如下两种。

（1）通过线程锁。threading 库提供了 Lock 类，这个类可以在某个线程访问某个变量的时候加锁，其他线程就使用不了这个变量了，直到当前线程处理完成，释放了锁，其他线程才能使用这个变量进行处理。也就是说，访问某个资源之前，用 Lock.acquire()锁住资源，访问之后，用 Lock.release()释放资源。

（2）通过 ThreadLocal。当不想将变量共享给其他线程时，我们可以使用局部变量，但在函数中定义局部变量会使得变量在函数之间传递特别复杂。ThreadLocal 非常厉害，它解决了全局变量需要加锁，而局部变量传递复杂的问题。通过在线程中定义：

```
local_var = threading.local()
```

此时，local_var 就变成了一个全局变量，但 local_var 只在该线程中为全局变量，对其他线程来说 local_var 是局部变量，其他线程不可修改。示例如下：

```
def process_thread(name):  # 绑定 ThreadLocal 的 student
    local_var.student = name
```

这时，student 属性只有该线程可以修改，其他线程不可以修改。

4.5.4 高级用法

下面我们介绍两种线程的高级用法。

1. 多线程返回执行结果

多数情况下，使用 threading 库创建线程后，需要知道线程什么时候返回，或者返回的值是多少。此时我们可以使用类似 callback 的方式得到线程的返回结果。

首先，定义一个 Thread 类的子类，传入线程执行结束后需要调用的方法，并重写 run()方法，返回前调用传入的 callback()方法。示例如下：

```
import threading
import time

class WorkerThread(threading.Thread):
    def __init__(self, callback):
        super(WorkerThread, self).__init__()
        self.callback = callback

    def run(self):
        time.sleep(5)
        self.callback(5)
```

其中，run()方法用 sleep()方法模拟耗时操作，并在返回前调用传入的 callback()方法。然后，在主线程中，新建 WorkerThread 类，传入线程结束后需要调用的 callback()方法：

```
from worker_thead import WorkerThread
def callback(result):
    print('线程返回结果：%d' % result)
```

```
print('程序运行……')
worker = WorkerThread(callback)
worker.start()
worker.join()
print('程序结束……')
```

另外，如果我们采用的是线程池模式，那么可以使用 Future 类的 as_completed()方法判断任务是否完成，并通过 Future 类的 result()方法获取多线程的执行结果。

2. 回调函数的使用

当我们使用线程池时，通过 submit()方法提交任务 future,当 future 调用 result()方法,会阻塞当前主线程,等到所有线程完成任务后,该阻塞才会解除。如果我们不想让 result()方法将线程阻塞，那么可以使用 Future 类的 add_done_callback()方法来添加回调函数，当线程任务结束后，程序会自动触发该回调函数，并将 future 的结果作为参数传给回调函数，我们可以直接在回调函数内打印结果。示例如下：

```python
from concurrent.futures import ThreadPoolExecutor
import os,time,random

def task(n):
    print(f"子线程:{os.getpid()}正在执行")
    time.sleep(random.randint(1,3))
    return n**2

def result_back(res):
    print(res.result())    # 打印任务运行的结果（不需要等待其他线程任务完成）

if __name__ == '__main__':
    thread_pool = ThreadPoolExecutor(max_workers=4)
    for i in range(1,10):
        future = thread_pool.submit(task,i)
        future.add_done_callback(result_back)   # 设置回调函数
    thread_pool.shutdown(True)    # 关闭线程池
```

4.6 Excel 处理

Python 的 xlsxwriter、xlwings、openpyxl、pandas 等库都可以用于操作 Excel，如表 4-14 所示。

表 4-14　Python 中用于操作 Excel 的常用库

库	描述
xlwings	非常方便地读写 Excel 文件中的数据和修改单元格格式
xlsxwriter	用于写 xlsx 格式的文件的库。它可以用来写文本、数字和公式，支持单元格格式化、文档配置、自动过滤等特性，但不能用于读取和修改 Excel 文件
openpyxl	通过工作簿 "Workbook-工作表 Sheet-单元格 Cell" 的模式对 xlsx 格式的文件进行读、写和改，还可以调整样式
pandas	用于数据处理和分析的强大的库，有时也可以用于自动化处理 Excel 文件

openpyxl 是一款比较综合的工具，它不仅能够同时读取和修改 Excel 文件，而且可以详细设置 Excel 文件内的单元格，包括单元格样式等内容。它还支持图表插入、打印设置等内容。使用 openpyxl 可以读写 xltm、xltx、xlsm、xlsx 等类型的文件，且可以处理数据量较大的 Excel 文件，它的跨平台处理大量数据的能力是其他库没法相比的。因此，openpyxl 成为处理 Excel 复杂问题的首选库。

openpyxl 是一个非标准库，需要自行安装，它的安装过程并不复杂，Windows 或 macOS 用户均可以在命令行或终端中使用 pip 安装 openpyxl，命令为 pip install openpyxl。

4.6.1 基本概念

openpyxl 中主要用到 3 个概念是 Workbook、Sheet 和 Cell。Workbook 是一个 Excel 工作簿（Excel 文件）；Sheet 是工作簿中的一张表；Cell 是一个简单的单元格。openpyxl 就是围绕着这 3 个概念进行操作的，不论读写，操作步骤都是打开 Workbook，定位 Sheet，操作 Cell。

openpyxl 中有 3 个不同层次的类，Workbook 是对工作簿的抽象，Worksheet 是对工作表的抽象，Cell 是对单元格的抽象。这 3 个类中每一个类都包含很多属性和方法。

1. Workbook 对象

一个 Workbook 对象表示一个 Excel 文件，在操作 Excel 之前，我们应该先创建一个 Workbook 对象。如果需要创建一个新的 Excel 文档，直接调用 Workbook 类即可；如果需要处理一个已经存在的 Excel 文件，可以使用 openpyxl 的 load_workbook 函数进行读操作。Workbook 类和 load_workbook 函数相同，返回的都是一个 Workbook 对象。

Workbook 类有很多属性和方法，大部分方法都与表有关，如表 4-15 和表 4-16 所示。

表 4-15 Workbook 类的属性

属性	描述
active	获取当前活跃的 Worksheet
worksheets	以列表的形式返回所有的 Worksheet
read_only	判断是否以 read_only（只读）模式打开 Excel 文件
encoding	获取文档的字符集编码
properties	获取文档的元数据，如标题、创建者、创建日期等
sheetnames	获取工作簿中的表（列表）

表 4-16 Workbook 类的方法

方法	描述
get_sheet_names	获取所有表的名称（不建议使用新版的 openpyxl，可通过 Workbook 的 sheetnames 属性获取）
get_sheet_by_name	通过表名称获取 Worksheet 对象（不建议使用新版的 openpyxl，可通过 `Worksheet['表名']` 获取）
get_active_sheet	获取活跃的表（建议通过 active 属性获取新版的 openpyxl）

续表

方法	描述
remove_sheet	删除一个表
create_sheet	创建一个空表
copy_worksheet	在 Workbook 内复制表

2. Worksheet 对象

我们可以通过 Worksheet 对象获取表的属性，得到单元格中的数据，修改表中的内容。openpyxl 提供了非常灵活的方式来访问表中的单元格和数据，常用的 Worksheet 类的属性和方法如表 4-17 和表 4-18 所示。其中，行以数字 1 开始，列以字母 A 开始。

表 4-17　Worksheet 类的属性

属性	描述
title	表的标题
dimensions	表的大小，这里的大小是指含有数据的表的大小，其值为"左上角的坐标:右下角的坐标"
max_row	表的最大行
min_row	表的最小行
max_column	表的最大列
min_column	表的最小列
rows	按行获取单元格（Cell 对象）生成器
columns	按列获取单元格（Cell 对象）生成器
freeze_panes	冻结窗格
values	按行获取表的内容（数据）生成器

表 4-18　Worksheet 类的方法

方法	描述
iter_rows	按行获取所有单元格，内置属性有 min_row、max_row、min_col 和 max_col
iter_columns	按列获取所有的单元格
append	在表末尾添加数据
merged_cells	合并多个单元格
unmerged_cells	移除合并的单元格

3. Cell 对象

Cell 对象比较简单，常用的属性如表 4-19 所示。Cell 对象只存储两种数据类型——数字和字符串，除了纯数字，其他均为字符串类型。

表 4-19　Cell 常用属性

属性	描述
row	单元格所在的行
column	单元格所在的列
value	单元格的值
coordinate	单元格的坐标

如前文所述，一个 Excel 文件 Workbook 由一个或者多个工作表 Worksheet 组成，一个 Worksheet 可以看作由多个行 row 组成，也可以看作由多个列 column 组成，而每一行每一列都由多个单元格 Cell 组成。下面简要讲解一下如何读取和写入 Excel。

4. 读取 Excel

读取 Excel 的方式有如下 4 种。

（1）载入 Excel：

```
from openpyxl import load_workbook
workbook = load_workbook(filename='测试.xlsx')
print(workbook.sheetnames)
```

注意，load_workbook 只能打开已经存在的 Excel，不能创建新的 Excel。

（2）根据名称获取工作表：

```
from openpyxl import load_workbook
workbook = load_workbook(filename='其他.xlsx')
print(workbook.sheetnames)
sheet = workbook['工作业务']
```

（3）获取多个格子的值。Excel 中每一列由字母确定，是字符型；每一行由一个数字确定，是整型。如果我们要输出每一个格子的值，那么需要遍历：

```
for cell in cells:
    print(cell.value)
```

（4）读取所有的行：

```
for row in sheet.rows:
    print(row)
```

5. Excel 写入

Excel 写入的方式有如下两种。

（1）保存 Excel：

```
workbook.save(filename='Excel 工作表 1.xlsx')
```

如果读取和写入 Excel 的路径相同则对原文件进行修改，如果读取和写入 Excel 的路径不同则保存成新的文件。

（2）写入单元格：

```
cell = sheet['A1']
cell.value = '业务需求'
```

> **Excel 样式调整**
>
> openpyxl 处理 Excel 文件中的单元格样式，总共有 6 个属性类。分别是 Font（字体类，可设置字号、字体颜色、下画线等）、PatternFill（填充类，可设置单元格填充颜色等）、Border（边框类，可以设置单元格各种类型的边框）、Alignment（位置类，可以设置单元格内数据各种对齐方式）。例如，通过语句 From openpyxl.styles import PatternFill, Border, Side, Alignment, Protection, Font 导入相应的库。

4.6.2 封装示例

openpyxl 是读写 Excel 2010 的 xlsx、xlsm、xltx、xltm 格式文件的 Python 库，简单易用，功能广泛，单元格格式调整、图表处理、公式处理、筛选、批注、文件保护等功能应有尽有，图表处理功能是其一大亮点。

openpyxl 几乎可以实现所有的 Excel 功能，而且接口清晰，文档丰富，学习成本相对较低。封装一个可以读取任意 Excel 文件的方法，就可以指定读取的表单，当我们多次从 Excel 文件中读取数据时，不用重复地写代码，只需调用封装的类即可，如代码清单 4-9 所示。

代码清单 4-9 excelUtil

```python
# -*- coding: utf-8 -*-
# @Time    : 2022/2/21 10:29 上午
# @Project : excelDemo
# @File    : excelUtil.py
# @Author  : hutong
# @Describe: 微信公众号：大话性能
# @Version: Python3.9.8

from openpyxl import load_workbook
from openpyxl.worksheet.worksheet import Worksheet

class ExcelHandler():
    '''
    操作 Excel
    '''

    def __init__(self, file):
        '''初始化函数'''
        self.file = file

    def open_sheet(self, sheet_name) -> Worksheet:
        '''打开表单'''
        wb = load_workbook(self.file)
```

```python
    sheet = wb[sheet_name]
    return sheet

def read_header(self, sheet_name):
    '''获取表单的表头'''
    sheet = self.open_sheet(sheet_name)
    headers = []
    for i in sheet[1]:
        headers.append(i.value)
    return headers

def read_rows(self,sheet_name):
    '''
    读取除表头外所有数据（除第一行外的所有数据）
    返回的内容是一个二维列表，若想获取每一行的数据，可使用for循环或使用*解包
    '''
    sheet = self.open_sheet(sheet_name)
    rows = list(sheet.rows)[1:]

    data = []
    for row in rows:
        row_data = []
        for cell in row:
            row_data.append(cell.value)
        data.append(row_data)

    return data

def read_key_value(self,sheet_name):
    '''
    获取所有数据，且将表头中的内容与数据结合展示（以字典的形式）
    如：[
    {'序号':1,'会员卡号': '680021685898','机场名称':'上海机场'},
    {'序号':2,'会员卡号': '680021685899','机场名称':'广州机场'}
    ]
    '''
    sheet = self.open_sheet(sheet_name)
    rows = list(sheet.rows)

    # 获取标题
    data = []
    for row in rows[1:]:
        row_data = []
        for cell in row:
            row_data.append(cell.value)
        # 列表转换成字典，与表头内容一起使用zip函数进行打包
        data_dict = dict(zip(self.read_header(sheet_name),row_data))
        data.append(data_dict)
```

```
    return data

@staticmethod
def write_change(file,sheet_name,row,column,data):
    '''写入Excel数据'''
    wb = load_workbook(file)
    sheet = wb[sheet_name]

    # 修改单元格
    sheet.cell(row,column).value = data
    # 保存
    wb.save(file)
    # 关闭
    wb.close()
```

写入 Excel 使用了静态方法，原因是读取文件无须保存。如果修改文件后没有保存，其他地方又调用了该方法，则会引起报错，所以每次修改 Excel 文件，都要进行保存。

4.7　配置文件处理

在开发过程中，我们常常会用到一些固定参数或常量。对于这些常用的部分，我们往往会将其写到一个固定文件中，避免在不同的模块代码中重复出现，以保持核心代码整洁。这个固定文件我们可以直接写成一个.py 文件，如 settings.py 或 config.py，这样的好处是能够在同一工程下通过 import 来导入当中的部分参数或变量。但如果我们需要在其他非 Python 的平台进行配置文件共享时，写成单个.py 文件就不是一个很好的选择。这时我们就应该选择通用的配置文件格式类型存储这些固定的参数或变量。目前常用且流行的配置文件格式类型主要有 ini、JSON、yaml 等，如表 4-20 所示，我们可以通过标准库或第三方库来解析这些格式类型的配置文件。

表 4-20　配置文件格式类型

配置文件格式	特点
ini	ini，即 Initialize（初始化），早期是在 Windows 上配置的文件的存储格式。ini 文件的写法通俗易懂，比较简单，通常由节（section）、键（key）和值（value）组成。Python 内置的 configparser 标准库，可以用来对 ini 文件进行解析
JSON	JSON 格式可以说是我们常见的一种文件形式，也是目前在互联网较为流行的一种数据交换格式。除此之外，JSON 有时也是配置文件的一种。Python 内置了 JSON 标准库，可以通过 load()方法和 loads()方法来导入文件式和字符串式的 JSON 内容
yaml	yaml 格式（或 yml 格式）是目前较为流行的一种配置文件，典型的就是 Docker 容器里的 docker-compose.yml 配置文件。yaml 是一种直观的能够被计算机识别的数据序列化格式，可读性好，并且容易和脚本语言交互。现有的大部分主流编程语言都支持 yaml，如 Ruby、Java、Perl、Python、PHP、OCaml、JavaScript 等。yaml 格式清晰、简洁，跟 Python 非常适配，我们在搭建自动化测试框架的时候，可以采用 yaml 作为配置文件格式

4.7.1 yaml 基础

yaml 的基本语法规则如下：
- 大小写敏感；
- 使用缩进表示层级关系；
- 缩进时不允许使用 Tab 键，只允许使用空格；
- 缩进的空格数目不重要，只要相同层级的元素左侧对齐即可；
- #表示注释，从这个字符一直到行尾，都会被解释器忽略；
- 键值中间要有空格，即键后面的冒号必须加空格来分开键和值。

yaml 支持的数据结构主要有如下 3 种。

（1）对象：键值对的集合，如映射、哈希和字典。

（2）数组：一组按次序排列的值，如序列、列表。

（3）纯量：单个的、不可再分的值，如字符串、布尔值、整数、浮点数、Null、时间和日期。

对象键值对使用冒号结构表示为"key: value"，冒号后面要加一个空格。我们可以使用 key:{child-key1: value1, child-key2: value2, ...}，可以使用缩进表示层级关系。

数组由一组连词线开头的行构成。数组前加"-"符号，符号与值之间需用空格分隔：

```
key:
    child-key1: value1
    child-key2: value2
```

以"-"开头的行构成一个数组：

```
- A
- B
- C
```

yaml 支持多维数组，可以使用行内表示：

```
key: [value1, value2, ...]
```

一个相对复杂的示例如下：

```
companies:
    -
        id: 1
        name: company1
        price: 200W
    -
        id: 2
        name: company2
        price: 500W
```

其中 companies 属性是一个数组，每一个数组元素由 id、name、price 这 3 个属性构成。

另外，数组和对象可以构成复合结构，示例如下：

```
languages:
  - Ruby
  - Perl
  - Python
websites:
  YAML: yaml.org
  Ruby: ruby-lang.org
  Python: python.org
  Perl: use.perl.org
```

转换为 JSON 示例如下：

```
{
  languages: [ 'Ruby', 'Perl', 'Python'],
  websites: {
    YAML: 'yaml.org',
    Ruby: 'ruby-lang.org',
    Python: 'python.org',
    Perl: 'use.perl.org'
  }
}
```

纯量是最基本的、不可再分的值，使用纯量示例如下：

```
# 输出一个字典，其中 value 包括所有基本类型
str: "Hello World!"
int: 110
float: 3.141
boolean: true  # or false
None: null  # 也可以用~号来表示 null
time: 2016-09-22t11:43:30.20+08:00
date: 2016-09-22
```

该示例实际输出结果如下：

```
{'str': 'Hello World!', 'int': 110, 'float': 3.141, 'boolean': True, 'None': None, 'time': datetime.datetime(2016, 9, 22, 3, 43, 30, 200000), 'date': datetime.date(2016, 9, 22)}
```

> **注意**
>
> 　　如果字符串没有空格或特殊字符，则不需要加引号。这里要注意单引号和双引号的区别，在 Python 中，单引号中的特殊字符会被转义，即原样输出字符，而双引号中的特殊字符不会被转义，即输出特殊字符应有的作用，例如 str1:'Hello\nWorld'和 str2:"Hello\nWorld"，单引号中的\n 原样输出，双引号中的\n 输出回车。
>
> 　　在刚了解或刚开始使用时，我们可能对 yaml 格式掌握不熟练，容易出现格式错误，可以利用 yaml 格式校验的在线网站，校验我们写的 yaml 文件格式是否正确。

4.7.2　PyYAML 库

在 Python 中读取 yaml 配置文件，需要用到第三方库 PyYAML。安装 PyYAML 库的命令为 pip

install pyYAML。

下面针对 PyYAML 库,简要讲解读写操作。

(1)创建一个 yaml 文件 config.yml,内容如下:

```
name: Tom Smith
age: 37
spouse:
    name: Jane Smith
    age: 25
children:
 - name: Jimmy Smith
   age: 15
 - name1: Jenny Smith
   age1: 12
```

(2)利用 safe_load 方法返回一个对象:

```python
import yaml
# 通过 open 方式读取文件数据
file = open('config.yml', 'r', encoding="utf-8")
# 再通过 safe_load 函数将数据转化为列表或字典
data = yaml.safe_load(file)
print(data)
```

输出结果如下:

```
{'name': 'Tom Smith', 'age': 37, 'spouse': {'name': 'Jane Smith', 'age': 25}, 'children': [{'name': 'Jimmy Smith', 'age': 15}, {'name1': 'Jenny Smith', 'age1': 12}]}
```

(3)利用 load_all 方法生成一个迭代器。如果 string 或文件包含几块 yaml 文档,我们可以使用 yaml.load_all 来解析全部的文档。

```python
import yaml
# 通过 open 方法读取文件数据
file = open('config.yml', 'r', encoding="utf-8")
y = yaml.load_all(file, Loader=yaml.FullLoader)
for data in y:
    print(data)
```

输出结果如下:

```
{'name': 'James', 'age': 20}
{'name': 'Lily', 'age': 19}
```

(4)利用 yaml.dump 方法将一个 Python 对象转换为 yaml 文档:

```python
import yaml
aproject = {'name': 'Silenthand Olleander',
            'race': 'Human',
            'traits': ['ONE_HAND', 'ONE_EYE']
```

```
            }
print(yaml.dump(aproject))
```

输出结果如下：

```
name: Silenthand Olleander
race: Human
traits:
- ONE_HAND
- ONE_EYE
```

若 yaml.dump 方法的第二个参数不是空值，那么第二个参数一定要是一个打开的文本文件或二进制文件，yaml.dump 方法会把生成的 yaml 文档写入文件，示例如下：

```
import yaml
aproject = {'name': 'Silenthand Olleander',
            'race': 'Human',
            'traits': ['ONE_HAND', 'ONE_EYE']
            }
f = open(r'config.yml','w')
print(yaml.dump(aproject,f))
```

（5）利用 yaml.dump_all 方法将多个段输出到一个文件中：

```
import yaml
obj1 = {"name": "James", "age": 20}
obj2 = ["Lily", 19]
with open(r'config.yml', 'w') as f:
    yaml.dump_all([obj1, obj2], f)
```

输出到文件 config.yml，该文件里的内容如下：

```
age: 20
name: James
---
- Lily
- 19
```

4.7.3 封装示例

我们可以将 yaml 操作封装成一个公共类，这样在后续配置文件引用中直接调用，完整的封装代码示例如代码清单 4-10 所示，主要是封装了 yaml 配置文件的读取和写入。

代码清单 4-10　yamlUtil

```
# -*- coding: utf-8 -*-
# @Time    : 2022/2/25 10:29 上午
# @Project : yamlDemo
# @File    : yamlUtil.py
# @Author  : hutong
# @Describe: 微信公众号：大话性能
```

```
# @Version: Python3.9.8

import yaml
class YamlHandler( ):
    def __init__(self,file):
        self.file = file
    def read_yaml(self,encoding='utf-8'):
        """读取 yaml 数据"""
        with open(self.file, encoding=encoding) as f:
            return yaml.load(f.read(), Loader=yaml.FullLoader)
    def write_yaml(self, data, encoding='utf-8'):
        """向 yaml 文件写入数据"""
        with open(self.file, encoding=encoding, mode='w') as f:
            return yaml.dump(data, stream=f, allow_unicode=True)

if __name__ == '__main__':
    data = {
        "user":{
            "username": "vivi",
            "password": "123456"
        }
    }
    # 读取 config.yaml 配置文件数据
    read_data = YamlHandler('config.yaml').read_yaml()
    # 将 data 数据写入 config1.yaml 配置文件
    write_data = YamlHandler('config1.yaml').write_yaml(data)
```

4.8 正则表达式处理

正则表达式的主要作用是进行文本的检索、替换或者是从一个字符串中提取出符合我们指定条件的子串,它描述了一种字符串匹配的模式。目前正则表达式已经被集成到了各种文本编辑器和文本处理工具中。

4.8.1 常用字符功能

正则表达式中几种常见的字符类型,包括特殊字符类、数量限定符、位置符、特殊含义字符等,如表 4-21、表 4-22、表 4-23 和表 4-24 所示。

表 4-21 特殊字符类及其含义

字符	含义	示例
.	匹配任意一个字符	ab.,匹配 abc 或 abd
[ ]	匹配[ ]中的任意一个字符	[abcd],匹配 ab、bc 或 cd
-	对[ ]内表示的字符范围内进行匹配	[0-9a-fA-F],匹配任意一个十六进制数字
^	位于[ ]内的开头,匹配除[ ]中的字符之外的任意一个字符	[^xy],匹配 xy 之外的任意一个字符,例如[^xy]1 可以匹配 A1、B1 但是不能匹配 x1、y1

表 4-22 数量限定符及其含义

字符	含义	示例
?	匹配前面字符的 0 次或者 1 次	[0-9]?,匹配 1、2、3 等
+	匹配前面字符的 1 次或者多次	[0-9]+,匹配 1、12、123 等
*	匹配前面字符的 0 次或者多次	[0-9]*,不匹配或者 12、123
{N}	匹配前面字符精确到 N 次	[1-9][0-9]{2},匹配 100 到 999 的整数,{2}表示[0-9]匹配两个数字
{,M}	匹配前面字符最多 M 次	[0-9]{,1},最多匹配 0~9 的 1 个整数,相当于是 0 次或者 1 次,等价于[0-9]?
{N,M}	匹配前面字符的至少 N 次,最多 M 次	[0-9]{1,3}\.[0-9]{1,3}\.[0-9]{1,3}\.[0-9]{1,3},匹配 IP 地址,其中.是特殊字符,需要使用转义字符\

表 4-23 位置符及其含义

字符	含义	示例
^	匹配开头的位置,同\A	^hello,匹配 hello 开头的字符内容
$	匹配结束的位置,同\Z	;$,匹配一行结尾为;的内容,^$匹配空行
<	匹配单词开头的位置	<th,能匹配 this 等,但是不能匹配 ethernet 等非 th 开头的单词
>	匹配单词结尾的位置	p>,能匹配 leap 等,但是不能匹配 parent、sleepy 等不是 p 结尾的单词
\b	匹配单词开头或结尾的位置	\bat,能匹配 atexit,但是不能匹配 batch 等非 at 开头或结尾的单词
\B	匹配非单词开头或者结尾的单词	\Bat,能匹配 battery,但是不能匹配 attend、hat 等以 at 开头或结尾的单词

表 4-24 特殊含义符及其含义

字符	含义	示例
\	转义字符,保持后面字符的本义,使其不被转义	\.,输出.
( )	将表达式的一部分括起来,可以对整个单元使用数量限定符,匹配括号中的内容	([0-9]{1,3}\.){3}[0-9]{1,3},将括号内的内容匹配 3 次
|	连接两个子表达式,相当于或	n(o|either),匹配 no 或者 neither
\d	数字字符	相当于[0-9]
\D	非数字字符	相当于[^0-9]
\w	数字字母下画线	相当于[a-z A-Z 0-9 _]
\W	非数字字母下画线,匹配特殊字符	相当于[^\w]
\s	空白区域	相当于[\r\t\n\f]表格、换行等空白区域
\S	非空白区域	相当于[^\s]

4.8.2 re 模块简介

我们利用 re 模块处理正则表达式,主要涉及 5 个常用的方法 re.match()、re.search()、re.findall()、re.sub()和 re.split()。下面逐一介绍 5 个方法的使用。

1. re.match()

re.match()方法从指定字符串的开始位置进行匹配,开始位置匹配成功则继续匹配,否则输出None。该方法返回一个正则匹配对象,我们可以通过如下两个方法获取相关内容:

- 通过 group()方法获取内容;
- 通过 span()方法来获取范围,匹配到字符的开始和结束的索引位置。

示例如下:

```
content = "Hello 1234567 World_This is a Regex Demo"
result = re.match("^Hello\s\d+\s\w{10}.*?Demo$",content)
print(result)  # 字符串对象
print(result.group())  # 匹配到内容
print(result.span())  # 匹配到字符的开始和结束的索引位置
```

输出结果如下:

```
<re.Match object;span=(0,40),match='Hello 1234567 World_This is a Regex Demo'>
Hello 1234567 World_This is a Regex Demo
(0,40)
```

需要注意的是,group()方法获取内容的时候,索引符号从 1 开始,即 group()返回的是全部内容,group(1)返回第一个()中的内容。

2. re.search()

re.search()方法扫描整个字符串,返回的是第一个成功匹配的字符串,否则返回 None。示例如下:

```
str = "手机号: 12345678901,银行卡号:123456"
res = re.search("号:(.*?),",str)
print(res)  # 返回正则对象
print(res.group(0))  # 返回匹配到的全部内容
print(res.group(1))  # group 中参数最大不能超过正则表达式中括号的个数
```

输出结果如下:

```
<re.Match object; span=(4,17),match'号: 12345678901'>
号: 12345678901
12345678901
```

注意,group(N)中的参数 N 不能超过正则表达式中括号的个数,若超过则报错。

3. re.findall()

re.findall()方法扫描整个字符串,通过列表形式返回所有匹配的字符串。示例如下:

```
str = "https://www.ptpress.com.cn,https://www.epubit.com,"
res = re.findall("https://(.*?),", str)
print(res)
```

输出结果如下:

```
['www.ptpress.com.cn', 'www.epubit.com']
```

如果存在多个.*?,则返回的内容使用列表中嵌套元组的形式。

4. re.sub()

re.sub()方法用来替换字符串中的某些内容。示例如下：

```
str = "https://www.ptpress.com.cn,https://www.epubit.com,"
res = re.sub(r"http", "https",str)
print(res)
```

输出结果如下：

```
https://www.ptpress.com.cn,https://www.epubit.com,
```

5. re.split()

re.split()主要用于分割字符串，示例如下。

```
re.split(pattern, string, maxsplit=0, flags=0)
```

用 pattern 分开字符串，如果在 pattern 中捕获到括号，那么所有的组里的文字将包含在列表里；如果 maxsplit 非零，最多进行 maxsplit 次分隔，剩下的字符全部返回到列表的最后一个元素。示例如下：

```
re.split(r'\W+', 'Books,books,books.')   # \W 表示非数字字符下画线
```

输出结果如下：

```
['Books', 'books', 'books', '']
```

贪婪模式与非贪婪模式

贪婪模式与非贪婪模式影响的是被量词修饰的子表达式的匹配行为。贪婪模式是在整个表达式匹配成功的前提下，尽可能多地匹配；而非贪婪模式是在整个表达式匹配成功的前提下，尽可能少地匹配。

在正则表达式中，我们经常会使用 3 个符号：

- 点.表示匹配的是除去换行符之外的任意字符；
- 问号?表示匹配 0 个或者 1 个；
- 星号*表示匹配 0 个或者任意个字符。

.*?表示非贪婪模式，.*表示贪婪模式。例如，比较 re 模块中两种匹配方式的不同。

输入：

```
str = "aaaacbabadceb"
res1 = re.findall("a.*?b", str)    #非贪婪模式.*?尽可能少
```

输出结果如下：

```
['aaaacb', 'ab', 'adceb']
```

输入：

```
res2 = re.findall("a.*b", str)    #贪婪模式.*?尽可能多
```

输出结果如下：

```
['aaaacbabadceb']
```

在上面的非贪婪模式中，我们使用了问号？，匹配到 aaaacb 已经达到要求，则停止第一次匹配。接下来再匹配 ab 和 adceb，多个匹配结果存在于贪婪模式中，程序会找到最长的符合要求的字符串。

4.9 命令行参数解析

4.9.1 命令行参数含义

通常，我们运行 Python 项目或者脚本采用直接执行脚本的方式，但是 Python 作为一个脚本语言，在 Linux 中经常会结合 Shell 脚本使用，这个时候执行的 Python 脚本多半需要使用命令行参数传入一些变量，以更加灵活、动态地传递一些数据。例如，运行命令 python argv.py 1 2 3，其中 1、2、3 就是传递给 argv.py 的命令行参数，也就是说命令行参数是调用某个程序时除程序名外的其他参数。

命令行参数工具是常用的工具，它给使用者提供了友好的交互体验。例如，当我们需要经常调节参数的时候，如果参数都是通过硬编码写在程序中的话，我们每次修改参数都需要修改对应的代码和逻辑，这显然不太方便。比较好的方法是把必要的待修改的参数设置成通过命令行参数传入的形式，这样我们只需要在运行的时候修改参数即可。因此，在使用 Python 开发脚本，并需要接受用户参数运行时，我们可以使用命令行传参的方式。

4.9.2 命令行参数解析库

Python 的命令行参数解析模块主要分为两类，一种是 Python 内置的模块，主要包括 sys.argv、argparse 和 getopt，另一种是第三方模块，比较有名的是 click 模块，如图 4-2 所示。

下面我们将简要阐述对比各模块，如表 4-25 所示，然后简单解释解析命令行参数的原理，方便大家进一步理解。

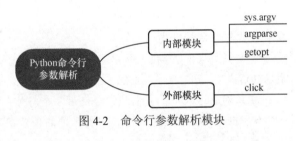

图 4-2　命令行参数解析模块

表 4-25　命令行参数解析模块

模块	描述
sys.argv	sys.argv 模块传入参数的方式比较简单，功能也比较少，该模块比较适合参数数量很少且固定的脚本
argparse	argparse 模块可以让开发人员轻松地编写用户友好的命令行接口，argparse 模块会自动生成帮助和使用手册，并在用户给程序传入无效参数时报出错误信息
getopt	getopt 模块相比 sys.argv 模块，支持长参数和短参数，以及对参数解析赋值，有很多的高级用法，因此掌握 getopt 模块相对复杂，学习成本高
click	click 模块相比其他模块的优势就是支持多个命令的嵌套和组合，可以快速构建命令行程序，但是在扩展性上就没有 argparse 模块好，需要额外安装除 click 模块以外的第三方模块

本节将着重讲解如何使用 argparse 模块进行命令行参数解析，argparse 模块是 Python 自带的命令行参数解析模块。在程序中定义我们需要的参数，argparse 模块会从 sys.argv 模块解析出这些参数。使用 argparse 模块的步骤如下。

（1）构建一个参数实例，生成一个命令行参数的对象。

（2）给对象添加一些参数。

（3）从属性中提取传入的参数并使用。

1. 创建一个解析器

通过 argparse 模块中的 ArgumentParser()方法创建一个 ArgumentParser 对象，ArgumentParser 对象包含将命令行解析成 Python 数据类型所需的全部信息。示例如下：

```
parse = argparse.ArgumentParser(prog='argument.py',description='编写命令行的示例文件')
```

ArgumentParser()方法其他参数如表 4-26 所示其中大部分参数不常用到。

表 4-26　ArgumentParser()方法的参数

参数	描述
prog	程序名，默认为 sys.argv[0]
usage	描述程序用途的字符串，默认值从添加到解析器的参数生成
description	在参数帮助文档之前显示的文本
parents	一个 ArgumentParser 对象的列表，它们的参数应包含在内
formatter_class	用于自定义帮助文档输出格式的类
prefix_chars	可选参数的前缀字符集合，默认为'-'
fromfile_prefix_chars	当需要从文件中读取其他参数时，用于标识文件名的前缀字符集合
argument_default	参数的全局默认值
conflict_handler	解决冲突选项的策略（通常不必要）
add_help	为解析器添加一个-h/--help 选项，默认为 True
allow_abbrev	如果缩写是无歧义的，则允许缩写长选项，默认为 True

2. 添加参数

给 ArgumentParser 对象添加参数是通过调用 add_argument()方法完成的。示例如下：

```
parse.add_argument('name',type=str,help='名字') # 添加位置参数（必选）
parse.add_argument('age',type=int,help='年龄') # 添加位置参数（必选）
parse.add_argument('-s',dest='--sex',type=str,help='性别') # 添加可选参数
```

其中，add_argument()方法更多的可选参数如表 4-27 所示。

表 4-27　add_argument()方法的参数

参数	描述
name or flags	选项字符串的名字或者列表，如 foo、-f 或--foo
action	在命令行使用该参数时采取的基本动作类型
nargs	应该读取的命令行参数数量
const	某些 action 和 nargs 要求的常数值
default	如果命令行中没有出现该参数时，该参数的默认值
type	命令行参数应该转换的类型

续表

参数	描述
choices	参数可允许的值的容器
required	表示该命令行参数是否可以省略（只针对可选参数）
help	参数的简短描述
metavar	参数在帮助信息中的名称
dest	给 parse_args()返回的对象要添加的属性名称

此处，我们重点讲解下必选参数、可选参数、默认值、参数类型、可选值、参数数量、参数传递等几个常用功能的设置方法。

（1）必选参数。它的定义和函数中的必填参数是一样的，即运行程序必须要的参数。如果不传入，那么程序会报错并提示。定义必选参数的方法非常简单，我们只需要通过 add_argument()方法传入参数的名称即可。示例如下：

```
parser.add_argument('param')
```

这样就定义了一个名为 param 的参数，我们可以通过 args.param 来访问它。假设需要运行的程序名称为 test.py，那么我们直接执行命令 python test.py ×××即可，其中必选参数直接传入，不需要加上前缀。

（2）可选参数。有必选参数当然就有可选参数，可选参数因为可选可不选，所以我们在使用的时候需要在参数前加上标识-或--。例如，我们的参数名为 param，可以定义成-param 或者--param，这两种方式都可以使用，也可以同时使用两种方式。示例如下：

```
parser.add_argument('-param', '--param')
```

如果要给这个可选参数一个解释或提示，方便其他人理解这个参数，那么我们可以加 help，示例如下：

```
parser.add_argument('-param', '--param', help='this is a param of name')
```

（3）默认值。如果参数很多，我们可能不希望每一个都指定一个值，而是希望可以在不指定值的时候有一个默认值。我们可以通过 default 参数实现这个需求。示例如下：

```
parser.add_argument('-param', '--param', default=3, help='this is a param of num')
```

（4）参数类型。我们可以定义参数的默认值，也可以定义它的类型。因为命令行传入的参数默认都是字符串类型，如果我们要进行数学计算，使用字符串类型还需要先转换，这很不方便。我们可以在传入参数的时候就完成类型的匹配，这样传入参数的类型不对将直接报错，不继续运行程序。我们可以通过 type 参数实现这个需求。示例如下：

```
parser.add_argument('-param', '--param', default=3,type=int, help='this is a param of num')
```

（5）可选值。可选值很好理解，就是我们希望限制传入参数的范围仅在几个值当中。例如，我们希望传入的值不是 0 就是 1，或者是在某几个具体的值当中，那么可以通过 choices 参数实现这个需求。choices 参数传入的是一个列表，也就是我们的限制范围。示例如下：

```
parser.add_argument('-param', '--param', default=3, choices=[2,3,4], type=int, help='this is a param of num')
```

（6）参数数量。nargs 是一个非常有用的参数，可以用来说明传入的参数个数。例如，'+'表示传入至少 1 个参数；'2'表示必须传入 2 个参数，在程序运行时，这 2 个参数的值会以列表的形式赋给 param。

```
parser.add_argument('-param', '--param', nargs=2, type=int, help='this is a param of num')
```

（7）参数传递。dest 参数用于指定后面的参数传递给谁，在 dest 参数定义后的程序中，我们可以使用 dest 指定的参数名获取对应的值。示例如下：

```
parser.add_argument('-param', '--param', dest = 'port')
args = parser.parse_args()
server_port = args.port # 通过 dest 参数指定的 port 获取。
```

3. 解析参数

通过 parse_args()方法将参数字符串转换为对象，并将其设为命名空间的属性，返回带有成员的命名空间：

```
ArgumentParser.parse_args(args=None, namespace=None)
```

其中，args 表示要解析的字符串列表，默认值从 sys.argv 获取；namespace 用于获取属性的对象，默认值是一个新的空 Namespace 对象。

注意，可选参数的参数和参数值可以作为两个单独参数传入。对于长参数，参数和参数值可以作为单个命令行参数传入，使用=分隔它们；对于短参数，参数和参数值可以拼接在一起。示例如下：

```
parser = argparse.ArgumentParser(prog='PROG')
parser.add_argument('-x')
parser.add_argument('--foo')
parser.add_argument('bar')
print(parser.parse_args(['--foo=FOO', '-xX', 'bar']))
```

另外，当短参数看起来像负数时，解析器会将命令行中所有的负数参数解析为短参数。位置参数只有在是负数并且解析器中没有任何参数看起来像负数时，才能以-开头。如果必须使用以-开头的位置参数，我们可以插入伪参数'--'告诉 parse_args()在那之后的内容是位置参数。示例如下：

```
parser = argparse.ArgumentParser(prog='PROG')
parser.add_argument('-1', dest='one')
parser.add_argument('foo', nargs=1)
parser.add_argument('bar', nargs=1)
print(parser.parse_args(['-1', 'X', '--', '-2', '-3']))
```

图 4-3 中展示的是一个综合示例，演示了一个简单登录的验证和提示语。

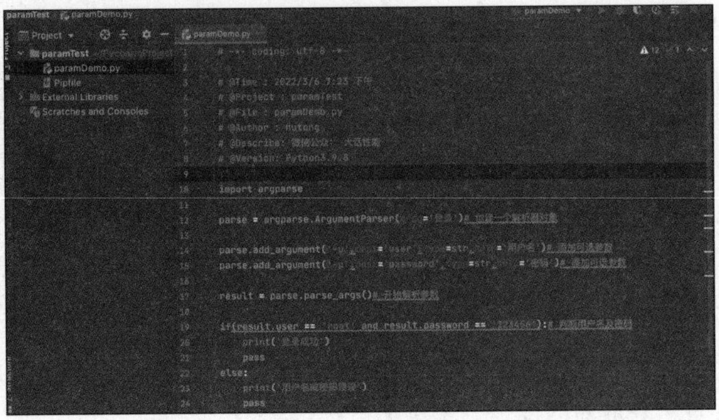

图 4-3　综合示例

4.10　with 正确使用

任何一门编程语言中，文件的输入输出、数据库的连接断开等，都是很常见的资源管理操作。但资源是有限的，在编写代码时，必须保证这些资源在使用后得到释放，不然容易造成资源泄漏，轻者使得系统处理缓慢，严重时会使系统崩溃。

为了更好地避免此类问题，不同的编程语言引入了不同的机制。在 Python 中，对应的解决方式是使用 with as 语句操作上下文管理器，上下文管理器能够帮助我们自动分配并且释放资源。有一些任务可能事先需要设置，事后做清理工作。对于这种场景，Python 的 with as 语句提供了一种非常方便的处理方式。例如，使用 with as 语句操作已经打开的文件对象，无论程序运行期间是否抛出异常，都保证 with as 语句执行完毕后自动关闭已经打开的文件。

除了有更优雅的语法，with as 语句还可以很好地处理上下文环境产生的异常。with as 语句通过 __enter__()方法初始化，然后在__exit__()中做善后和异常处理，所以使用 with 处理的对象必须有__enter__()和__exit__()这两个方法。

with as 语句的语法格式如下：

```
with expression [as target]:
    with_body
```

参数说明如下：

- expression 是一个需要执行的表达式；
- target 是一个变量或元组，存储的是 expression 表达式执行后返回的结果，[]表示该参数为可选参数。

with as 语句的执行流程如下。

（1）运行 expression 表达式，如果表达式含有计算、类初始化等内容，将优先执行。

（2）运行内置的__enter__()方法中的代码。

（3）运行 with_body 中的代码。

（4）运行__exit__()方法中的代码进行善后，如释放资源、处理错误等。

示例如下：

```python
#!/usr/bin/env python
class Sample:
    def __enter__(self):
        return self
    def __exit__(self, type, value, trace):
        print "type:", type
        print "value:", value
        print "trace:", trace
    def do_something(self):
        bar = 1/0
        return bar + 10
with Sample() as sample:
    sample.do_something()
```

在示例中，只要紧跟 with 后面的语句所返回的对象有__enter__()和__exit__()方法即可实现上下文资源的管理。此例中，Sample()的__enter__()方法返回新创建的 Sample 对象，并赋值给变量 sample。代码执行后输出如下：

```
type: <type 'exceptions.ZeroDivisionError'>
value: integer division or modulo by zero
trace: <traceback object at 0x1004a8128>
Traceback (most recent call last):
  File "./with_example02.py", line 19, in <module>
    sample.do_something()
  File "./with_example02.py", line 15, in do_something
    bar = 1/0
ZeroDivisionError: integer division or modulo by zero
```

实际上，在 with 的代码块抛出异常时，__exit__()方法将被执行。正如示例中，异常抛出时，与之关联的 type、value 和 stack trace 传入__exit__()方法，因此抛出的 ZeroDivisionError 异常被输出。在开发模块时，清理资源、关闭文件等操作都可以放在__exit__()方法当中。

因此，Python 的 with as 语句提供了一个有效的让代码更简练的机制，同时让异常产生时的清理工作更简单。

此外，with as 语句支持嵌套多环境管理器，语法如下：

```
with A() as a, B() as b:
 ...statements...
```

它等价于嵌套的 with as 语句：

```
with A() as a:
  with B() as b:
 ...statements...
```

多环境管理器管理的多个对象会在 with as 语句的代码块出现异常时，或者执行完 with as 语句的代码块时全部自动被清理。

例如，打开两个文件，将它们的内容通过 zip()合并在一起，然后同时关闭它们：

```
with open('a.file') as f1, open('b.file') as f2:
    for pair in zip(f1, f2):
        print(pair)
```

总结一下，with 语句适用于需要访问资源的场景，确保不管使用过程中是否发生异常都会执行必要的"清理"操作，以释放资源，例如文件使用后自动关闭、线程中锁的自动获取和释放等。

4.11 文件读写处理

Python 内置了 open()方法，该方法可以对文件进行读写操作，使用 open()方法操作文件分 3 步：打开文件、操作文件和关闭文件。

4.11.1 基本的语法

在读写文件之前，我们首先使用 open()方法打开文件，open()方法的返回值是一个 file 对象，可以将它赋值给一个变量。open()方法的格式为：

<变量名>=open(<文件名>,<打开模式>)

open()有两个参数：文件名和打开模式。其中，文件名可以是单独的文件名称，也可以是包含完整路径的名称，在写文件名时需包含文件扩展名。open()方法提供的打开模式如表 4-28 所示。

表 4-28 open()方法提供的打开模式

打开模式	描述
r	以只读方式打开文件。文件的指针将会放在文件的开头。这是默认模式
rb	以二进制格式打开一个文件，且用户只读。文件指针将会放在文件的开头。这是默认模式
r+	打开一个文件用于读写。文件指针将会放在文件的开头
rb+	以二进制格式打开一个文件用于读写。文件指针将会放在文件的开头
w	打开一个文件只用于写入。如果该文件已存在，则将其覆盖；如果文件不存在，则创建新文件
wb	以二进制格式打开一个文件只用于写入。如果该文件已存在，则将其覆盖；如果该文件不存在，则创建新文件
w+	打开一个文件用于读写。如果该文件已存在，则将其覆盖；如果该文件不存在，则创建新文件
wb+	以二进制格式打开一个文件用于读写。如果该文件已存在，则将其覆盖；如果该文件不存在，则创建新文件
a	打开一个文件用于追加内容。如果该文件已存在，文件指针将会在文件的结尾，即新的内容将被写入已有内容之后；如果该文件不存在，则创建新文件并写入
ab	以二进制格式打开一个文件用于追加内容。如果该文件已存在，文件指针将会在文件的结尾，即新的内容将会被写入已有内容之后；如果该文件不存在，创建新文件并写入
a+	打开一个文件用于读写。如果该文件已存在，文件指针将会放在文件的结尾，文件打开时会是追加模式。如果该文件不存在，创建新文件并写入
ab+	以二进制格式打开一个文件用于追加内容。如果该文件已存在，文件指针将会在文件的结尾；如果该文件不存在，创建新文件并写入

> **提示**
>
> 如果要读取非 UTF-8 编码的文件，需要给 open()方法传入 encoding 参数。例如，读取 GBK 编码的文件：
>
> ```
> f = open('gbk.txt', 'r', encoding='gbk')
> ```
>
> 如果遇到编码不规范的文件，程序可能会抛出 UnicodeDecodeError 异常，这表示文件中可能夹杂了一些非法编码的字符。遇到这种情况，我们可以使用 errors 参数，表示遇到编码错误后的处理方式：
>
> ```
> f = open('gbk.txt', 'r', encoding='gbk', errors='ignore')
> ```

4.11.2 文件的读写

在使用 open()方法打开文件后，我们可以根据打开方式的不同对文件进行相应的操作。如果文件以文本方式打开，文件的读写将按照字符串方式，采用当前计算机使用的编码或指定编码；如果文件以二进制方式打开，文件的读写将按照字节流方式。

Python 中常用的读取和写入文件内容的方法，如表 4-29 所示。

表 4-29 读取和写入文件内容的方法

方法	描述
readall()	读取整个文件的内容，返回一个字符串或字节流
read(size=-1)	读取整个文件的内容，如果设置参数 size，则读取长度为 size 的字符串或字节流，然后作为字符串或字节对象返回。size 是一个可选的数字类型的参数，用于指定读取的数据量。当 size 被忽略或者为负值时，该文件的所有内容都将被读取并且返回
readline(size=-1)	从文件中读入一行内容，如果设置参数 size，则读取长度为 size 的字符串或字节流，换行符为 "\n"。如果返回一个空字符串，说明已经读取到最后一行。这个方法通常适用于读一行处理一行的场景
readlines(size=-1)	从文件中读入所有行，以每行为元素形成一个列表，如果设置参数 hint，则读入 hint 行，将文件中所有的行，逐行读入一个列表，按顺序逐个作为列表的元素，并返回这个列表。readlines()方法会一次性将文件全部读入内存，虽然这存在一定的弊端，但是它的好处是每行都保存在列表中，我们可随意存取
write(s)	将文件写入一个字符串或字节流
writelines(lines)	将一个元素全为字符串的列表写入文件
seek(offset)	改变当前文件操作指针的位置，offset 的值为 0 表示指针在文件开头；值为 1 表示指针在文件当前位置；值为 2 表示指针在文件末尾。如果要改变位置指针的位置,可以使用 f.seek(offset,from_what)方法。其中，from_what 的值为 0 表示从文件开头计算；值为 1 表示从文件读写指针的当前位置开始计算；值为 2 表示从文件的结尾开始计算。from_what 的值默认为 0。例如 offset 表示偏移量；seek(x,0)表示从起始位置即文件首行首字符开始移动 x 个字符；seek(x,1)表示从当前位置往后移动 x 个字符；seek(-x,2)表示从文件的结尾往前移动 x 个字符。seek()方法经常和 tell()方法配合使用
tell()	返回文件读写指针当前所处的位置，它是从文件开头算起的字节数。注意，是字节数，不是字符数

打开文件后，Python 提供了多种方法读取文件：

- read()方法用于读取整个文件，通常将文件内容放入一个字符串变量；
- readline()方法用于每次读取一行内容；
- readlines()方法用于一次性读取所有内容并按行返回列表；

我们应根据需要决定如何调用读取文件的方法。调用 read()方法会一次性读取文件的全部内容，如果文件有 10GB，内存就承受不住了，所以保险起见，我们可以反复调用 read(size)方法，每次最多读取 size 个字节的内容。如果文件很小，调用 read()方法一次性读取最方便；如果不能确定文件大小，反复调用 read(size)比较保险；如果是配置文件，调用 readlines()方法读取最方便。

文件读写相对比较简单，接下来，我们重点讲解一下 seek()方法。

如果我们希望指定读取的起始位置，就需要移动文件指针的位置。seek()方法用于将文件指针移动至指定位置，其语法格式如下：

```
file.seek(offset[,whence])
```

其中，各个参数的含义如下。
- file 表示文件对象。
- whence 作为可选参数，用于指定文件指针要放置的位置，该参数的值有 3 种：0 表示文件头（默认值）；1 表示当前位置；2 表示文件尾。
- offset 表示文件指针相对 whence 位置的偏移量，值为正数表示向后偏移，值为负数表示向前偏移。例如，当 whence==0 && offset==3（即 seek(3,0)），表示文件指针移动至距离文件开头 3 个字符处；当 whence==1 && offset==5（即 seek(5,1)），表示文件指针向后移动至距离当前位置 5 个字符处。

注意，当 offset 值非 0 时，Python 要求文件必须要以二进制格式打开，否则将抛出 io.UnsupportedOperation 错误。

> **提示**
>
> 文件指针用于标明文件读写的起始位置，如果以 b 模式打开，每个数据就是 1 字节；如果以普通模式打开，每个数据就是一个字符。通过移动文件指针的位置，再借助 read()方法和 write()方法，我们可以轻松实现读取文件中指定位置的数据（或者向文件中的指定位置写入数据）。
>
> 注意，当向文件中写入数据时，如果不是文件的尾部，写入位置的原有数据不会自行向后移动，新写入的数据会直接覆盖文件中处于该位置的数据。

4.11.3 文件的关闭

当处理完一个文件后，调用 f.close()方法来关闭文件并释放系统的资源。文件关闭后，如果尝试再次调用该文件对象，则会抛出异常。在 4.10 节我们提到，可以采用 with as 语句灵活地管理文件的关闭操作，我们可以不需要再写 close 语句，但要注意代码缩进。

4.11.4 大文件处理

小文件的处理通常不会出现问题，而大文件的处理，稍有不慎或者处理不好将会报错或者使得性能变差。例如，文件约 4GB，在处理文本文档时，经常会出现 memoryError 错误和文件读取太慢的问题。

这里推荐大家用 with open()，它可以让系统自动进行 IO 缓存和内存管理，不需要管系统如何分配这些内存，并且在读取完成之后，我们不需要使用 close()关闭文件句柄。

另外，结合 for line in f，文件对象 f 将被视为一个迭代器，自动地采用缓冲 IO 和内存管理，所以我们可以不用担心大文件处理产生异常。

```
with open(...) as f:
    for line in f:
        process(line) # <do something with line>
```

面对百万行的大型数据使用 with open()是没有问题的，但是这里面参数的不同会导致效率的不同。这里建议大家使用参数"rb"，二进制读取依然是最快的模式，即 with open(filename,"rb")as f。

我们针对 rb 方式进行简单测试，遍历 100 万行内容基本在 3 秒内完成，能满足处理中大型文件的效率需求。

4.11.5 分块下载大文件

Python 下载文件的方式有很多，其中 requests 库非常简洁，从下载简单的小文件到用断点续传的方式下载大文件都支持。

当下载的文件非常大，计算机的内存空间完全不够用的情况下，我们可以使用 requests 库的流模式。在默认情况下，stream 参数值为 False，会因文件过大导致内存不足。当 stream 参数值为 True 时，requests 库并不会立刻开始下载，只有在调用 iter_content()方法或者 iter_lines()方法遍历内容时下载。其中，iter_content()方法逐块遍历要下载的内容，iter_lines()方法逐行遍历要下载的内容，使用这两个方法下载大文件可以防止占用过多的内存，因为这两个方法每次循环只下载小部分数据。示例如代码清单 4-11 所示。

代码清单 4-11　downloadFile1

```
# -*- coding: utf-8 -*-
# @Time : 2022/3/2 11:29 上午
# @Project : fileDemo
# @File : downloadFile1.py
# @Author : hutong
# @Describe: 微信公众号：大话性能
# @Version: Python3.9.8

import requests
def steam_download(url):
    with requests.get(url, stream=True) as r:
        with open('vscode.exe', 'wb') as flie:
            # chunk_size 指定写入大小，每次写入 1024*1024 字节
            for chunk in r.iter_content(chunk_size=1024*1024):
                if chunk:
                    flie.write(chunk)
```

在下载大文件的时候，我们可以加上进度条美化下载界面，实时获取下载的网络速度和已经下载的文件大小。这里使用 tqdm 库作为进度条显示，具体的 tqdm 库参数的含义，大家可自行查找。代

码优化后如代码清单 4-12 所示。

代码清单 4-12　downloadFile2

```
# -*- coding: utf-8 -*-
# @Time    : 2022/3/2 11:30 上午
# @Project : fileDemo
# @File    : downloadFile2.py
# @Author  : hutong
# @Describe: 微信公众号：大话性能
# @Version: Python3.9.8

from tqdm import tqdm
def tqdm_download(url):
    resp = requests.get(url, stream=True)
    # 获取文件大小
    file_size = int(resp.headers['content-length'])
    with tqdm(total=file_size, unit='B', unit_scale=True, unit_divisor=1024, ascii=True, desc='vscode.exe') as bar:
        with requests.get(url, stream=True) as r:
            with open('vscode.exe', 'wb') as fp:
                for chunk in r.iter_content(chunk_size=512):
                    if chunk:
                        fp.write(chunk)
                        bar.update(len(chunk))
```

4.12　序列化处理

当两个进程进行网络通信时，可以相互发送各种类型的数据，包括文本、图片、音频、视频等，这些数据都会以二进制序列的形式在网络上传送。当发送方需要把一个 Python 对象转换为字节序列，然后在网络上传送，这就是序列化；当接收方需要从字节序列中恢复 Python 对象，这就是反序列化。序列化和反序列化主要有两个作用。

（1）便于存储。序列化过程将文本信息转换为二进制数据流。信息就容易存储在硬盘之中，当需要读取文件时，系统从硬盘中读取数据，然后再将其反序列化便可以得到原始的数据。如果想要长久地保存 Python 程序运行中得到的一些字符串、列表、字典等数据，方便以后使用，则不能简单地将数据放入内存中，然后关机断电，这将丢失数据。

（2）便于传输。两个进程在进行远程通信时，可以互相发送各种类型的数据。无论是何种类型的数据，都会以二进制序列的形式在网络上传送。发送方需要把这个数据对象转换为字节序列，接收方则需要把字节序列恢复为数据对象。

4.12.1　序列化和反序列化方法

现在，大多数项目既不是单机的，也不是单服务的，需要多个程序配合，通过网络将数据传送到其他节点，这就需要大量的序列化、反序列化过程。

Python 程序之间可以使用 pickle 库解决序列化和反序列化问题，如果是跨平台、跨语言或跨协议，那么 pickle 库就不太适合了，这就需要公共的协议，如 JSON、msgpack 等。不同的协议传送效率不同，我们要根据不同的场景和需求分析选型。

本节主要讲解 pickle、JSON 和 msgpack 这 3 个库。

4.12.2 pickle 库

pickle 库只能用于 Python，并且不同 Python 版本之间不兼容，因此，建议 pickle 库只用于保存那些不重要的数据。pickle 库提供了 4 个方法：dumps()、dump()、loads()和 load()。其中，序列化的方法为 dump()和 dumps()，如表 4-30 所示。

表 4-30　pickle 库的序列化方法

方法	描述
pickle.dump(obj, file, protocol=None,*,fix_imports=True)	该方法将序列化后的对象obj以二进制形式写入文件 file，并保存
pickle.dumps(obj, protocol=None,*,fix_imports=True)	该方法与 dump()方法的区别在于，该方法不需要写入文件，而是直接返回一个序列化的 bytes 对象

示例如下：

```
import pickle
data = [{'a': 'A', 'b': 2, 'c': 2.22}]
# 使用pickle.dumps()方法可以将一个对象转换为二进制字符串（dump string）：
data_string = pickle.dumps(data)
print(data)
print(data_string)
```

输出结果如下：

```
[{'a': 'A', 'b': 2, 'c': 2.22}]
b'\x80\x03]q\x00}q\x01(X\x01\x00\x00\x00aq\x02X\x01\x00\x00\x00Aq\x03X\x01\x00\x00\x00bq\x04K\x02X\x01\x00\x00\x00cq\x05G@\x01\xc2\x8f\\(\xf5\xc3ua.'
```

dumps()方法可以接受一个可省略的 protocol 参数，默认值为 0。protocol 参数值不同，表示进行的编码协议不同，得到的 data_string 也不同。

另外，如果需要保存为文件，如 data.pkl，可以使用 dump()方法，示例如下：

```
import pickle
with open('data.pkl', 'wb') as f:
    pickle.dump(data, f)
```

虽然使用 pickle 库序列化的字符串不一定可读，但是我们可以用 pickle.loads()方法来从这个字符串中恢复原对象的内容（load string）。也就是说，dumps()方法和 loads()方法有相反的作用，如表 4-31 所示。

表 4-31　pickle 库的反序列化方法

方法	描述
pickle.loads(bytesobject, *,fiximports=True, encoding="ASCII". errors="strict")	直接从字节流对象中读取序列化的信息，从这个字符串中恢复原对象的内容
pickle.load(file, *,fix_imports=True, encoding="ASCII". errors="strict")	从文件中读取，并将从这个字符串中恢复原对象的内容

示例如下：

```
pickle.loads(data_string)
```

输出结果如下：

```
[{'a': 'A', 'b': 2, 'c': 2.22}]
```

注意，pickle 库只能用于 Python 程序，用其他语言去解析 Python 程序序列化存储的文本文件是会产生问题的。我们在使用 pickle 库时，要注意 dumps()方法与 loads()方法、dump()方法与 load()方法的使用区别，dumps()方法和 dump()方法是在内存中操作的，loads()方法和 load()方法是在文件中操作的。pickle 库是以字节来进行序列化的，调用 dumps()方法和 dump()方法的时候还可以传入参数 protocol 和 fix_imports。

4.12.3 json 库

JSON 是一种轻量级的数据交换格式，采用完全独立于编程语言的文本格式来存储和表示数据。简洁和清晰的层次结构使得 JSON 成为理想的数据交换语言，易于我们阅读和编写，也易于机器解析和生成，可以有效地提升网络传输效率。

json 库也提供了 4 个常用的方法：dumps()、dump()、loads()和 load()，用于字符串和 Python 数据类型间进行转换。

- json.dumps(obj)将 Python 数据对象 obj 转化为 JSON 格式；
- json.loads(str)将 JSON 数据转换为 Python 的数据；
- json.dump(obj, fp)将 Python 数据对象转换为 JSON 格式并保存到文件中；
- json.load(fp)从文件中读取 JSON 格式，并转化为 Python 数据对象。

示例如下：

```
import json
my_dict = {'a':'1','b':'2','c':'3','d':'4'}
print(type(my_dict))
a = json.dumps(my_dict)
print(a)
print(type(a))
b=json.loads(a)
print(b)
print(type(b))
```

输出结果如下：

```
<class 'dict'>
{"a": "1", "b": "2", "c": "3", "d": "4"}  #JSON 字符串是以双引号显示。
<class 'str'>
{'a': '1', 'b': '2', 'c': '3', 'd': '4'}
<class 'dict'>
```

如果在使用 dumps()方法时有中文字符，建议添加参数设置 ensure_ascii=False，避免乱码。

4.12 序列化处理

> **提示**
>
> 在日常使用Python的过程中,我们会经常遇到JSON格式的数据,尤其是嵌套结构复杂的JSON数据,从中抽取键值对数据的工作十分繁杂。我们知道,对于XML格式的具有层次结构的数据,可以通过xpath语句来灵活地提取满足某些结构规则的数据。
>
> 类似地,JSONPath是用于从JSON数据中按照层次规则抽取数据的一种实用工具,在Python中我们可以使用jsonpath库来实现JSONPath的功能。jsonpath是一个第三方库,可以用来提取具有较深且复杂的嵌套层次的JSON数据,为了满足日常提取数据的需求,JSONPath中包含一系列语法规则来实现对目标值的定位,十分便捷。

4.12.4 msgpack库

msgpack是一个高效的基于二进制的对象序列化类库,可用于跨语言通信。它可以像JSON一样,在许多种语言之间交换结构对象。但是它比JSON使用起来更快速、轻巧,并支持Python、Ruby、Java、C/C++等众多语言。

msgpack库不是Python的内置库,因此通常用pip进行安装,命令为pip install msgpack-python。msgpack库提供了如下4个常用方法。

- packb()方法用于序列化对象,提供了dumps()方法来兼容pickle库和json库。
- unpackb()方法用于反序列化对象,提供了loads()方法来兼容pickle库和json库。
- pack()方法用于序列化对象保存到文件对象,提供了dump()方法来兼容pickle库和json库。
- unpack()方法用于将反序列化对象保存到文件对象,提供了load()方法来兼容pickle库和json库。

示例如下:

```
import msgpack
v = msgpack.packb([1, 2, 3], use_bin_type=True)
```

输出结果如下:

```
'\x93\x01\x02\x03'
```

示例如下:

```
msgpack.unpackb(v, raw=False)
```

输出结果如下:

```
[1, 2, 3]
```

3种序列化方式的对比如代码清单4-13所示。

代码清单4-13 compare

```
# -*- coding: utf-8 -*-
# @Time : 2022/3/2 11:29 上午
# @Project : Demo
# @File : compare.py
# @Author : hutong
```

```python
# @Describe: 微信公众号:  大话性能
# @Version: Python3.9.8

import json
import pickle
import msgpack
json_object = {'name': 'Tom', 'age': 20, 'interest': ('music', 'movie'), 'class': ['Python']}

# pickle 库
data = pickle.dumps(json_object)
print(type(data), len(data), data)   # 86 bytes

# json 库
data = json.dumps(json_object)
print(type(data), len(data), data)   # 79 bytes
print(len(data.replace(' ','')))

# msgpack 库
data = msgpack.dumps(json_object)
print(type(data), len(data), data)    # 51 bytes
```

输出结果如下:

```
<class 'bytes'> 86 b'\x80\x04\x95K\x00\x00\x00\x00\x00\x00\x00\x94(\x8c\x04name\x94\x8c\x03Tom\x94\x8c\x03age\x94K\x14\x8c\x08interest\x94\x8c\x05music\x94\x8c\x05movie\x94\x86\x94\x8c\x05class\x94]\x94\x8c\x06Python\x94au.'
<class 'str'> 79 {"name": "Tom", "age": 20, "interest": ["music", "movie"], "class": ["Python"]}
<class 'bytes'> 51 b'\x84\xa4name\xa3Tom\xa3age\x14\xa8interest\x92\xa5music\xa5movie\xa5class\x91\xa6Python'
```

在这个示例中,之所以 pickle 库比 json 库序列化的结果长,主要是因为 pickle 库要解决所有 Python 类型数据的序列化,记录各种数据类型,包括自定义的类。而 json 库只需要支持少数几种类型,都不需要类型的描述字符,所以很简单。但大多数情况下,我们序列化的数据都是这些简单的类型,因此采用 JSON 即可。msgpack 库的序列化结果占用空间最小,压缩效率最高。

> **区别选择**
>
> json 库的优点是跨语言、跨平台,应用范围大,体积小;缺点是只能支持 int、str、list、tuple、dict 等基本的 Python 数据结构。pickle 库的优点是专为 Python 设计,支持 Python 的几乎所有数据类型;缺点是只能在 Python 中使用,存储数据占用的空间大。而 msgpack 库简单易用,高效压缩,支持语言丰富。Python 很多知名的库都使用 msgpack 库。

4.13 本章小结

通过学习本章,希望大家学会日常使用频繁的 Python 操作,我们一方面要适时借助他人封装好的库提升开发效率,另一方面要结合自己需求,实现个性化封装,以便后续在其他项目中复用。

第 5 章

高级百宝箱

在这个"微服务"盛行的时代,为了提升系统的性能,在构建部署应用的时候一般会采用分层的思想,例如各种层级的组件。本章将逐一讲解消息中间件、缓存中间件和数据库中间件的使用,其中消息中间件涉及 Kafka 和 RabbitMQ,缓存中间件涉及 MongoDB 和 Redis,数据库中间件涉及 MySQL 和 SQLite,我们针对这些中间件,分别封装了一个组件级别的 Python 使用示例,供大家在自己的项目中借鉴使用。

5.1 消息中间件简介

消息队列(message queue,MQ)使用典型的生产者和消费者模型,生产者不断向消息队列中生产消息,消费者不断从消息队列中获取消息。消息的生产和消费都是异步的这一特性,使得我们可以利用消息队列轻松地实现了系统之间的解耦。另外,消息队列也称为消息中间件,通过利用高效的消息传递机制进行与平台无关的数据交流,并基于数据通信来进行分布式系统的集成。

目前,市场上有很多主流的消息中间件,如 ActiveMQ、RabbitMQ、Kafka、RocketMQ 等,它们各自有一些优势和劣势,大家可以根据自己的需求或目的有针对性地选择消息中间件。消息中间件及其功能如表 5-1 所示。

表 5-1 消息中间件及其功能

名称	功能
ActiveMQ	Apache 出品,一个能力强劲的开源消息总线,完全支持 JMS(Java Messaging Service,Java 消息服务)规范,具有丰富的 API 和多种集群架构模式
RabbitMQ	使用 Erlang 语言开发的开源消息队列系统,基于 AMQP(Advanced Message Queuing Protocol,高级消息队列协议)的主要特征是面向消息、队列、路由、可靠性和安全。AMQP 更多用在企业系统内对数据的一致性、稳定性和可靠性要求很高的场景,对性能吞吐量的要求不高
Kafka	LinkedIn 开源的分布式消息订阅系统,目前归属 Apache 顶级开源项目,主要特点是基于 Pull 模式来处理消息消费,追求高吞吐量,一开始用于日志的收集和传输,适合大数据的数据收集业务

名称	功能
RocketMQ	阿里巴巴开源的消息中间件，纯 Java 开发，具有高吞吐量和高可用性，适合大规模分布式系统应用。它的思路起源于 Kafka，但并不是 Kafka 的复制，它优化了消息的可靠存储和事务，目前在阿里集团广泛使用

本书主要讲解 Kafka 和 RabbitMQ 这两种消息中间件在 Python 中的使用，Kafka 和 RabbitMQ 适应场景不同，通常 Kafka 适用于高吞吐量的场景，RabbitMQ 适用于对可靠性要求高的场景，大家可以根据需求灵活选择。

5.2 Kafka 的使用与封装

Kafka 是一个分布式、高吞吐量、高扩展性的消息队列系统，主要应用在日志收集系统和消息系统。

5.2.1 Kafka 简介

Kafka 专为高容量发布/订阅消息和流而设计，旨在持久、快速和可扩展。从本质上讲，Kafka 提供了一个持久的消息存储，类似于日志，其具备的特点如表 5-2 所示。

表 5-2 Kafka 特点

特点	具体作用
解耦	允许独立地扩展或修改消费者和生产者的处理过程，只要确保它们遵守同样的接口约束即可
冗余	消息队列把数据进行持久化直到它们已经被完全处理，这规避了数据丢失的风险
灵活性	在访问量剧增的情况下，应用仍然需要继续发挥作用，使用消息队列能够使关键组件顶住突发的访问压力，不会因为突发的超负荷的请求而完全崩溃
可恢复性	系统的一部分组件失效时，不会影响到整个系统。消息队列降低了进程间的耦合度，所以即使一个处理消息的进程失效，加入队列的消息仍然可以在系统恢复后被处理
有序性	在大多数使用场景下，数据处理的顺序很重要。大部分消息队列是有序的，并且能保证数据会按照特定的顺序来处理，Kafka 能保证一个分区内的消息的有序性
缓冲	有助于控制和优化数据流经过系统的速度，解决生产消息和消费消息的处理速度不一致的问题
异步通信	在很多时候，用户不想也不需要立即处理消息。消息队列提供了异步处理机制，允许用户把一个消息放入队列，但不立即处理它，用户想放入队列多少消息就放入多少，然后在需要的时候去处理它们

Kafka 采用 Scala 和 Java 编写，图 5-1 中包含 2 个生产者、1 个主题、3 个分区、3 个副本、3 个 Kafka 实例和 1 个消费者组，1 个消费者组包含 3 个消费者。

下面我们逐一介绍图 5-1 中的概念。

（1）生产者（Producer）。顾名思义，生产者是生产消息的，即发送消息的。生产者发送的每一条消息必须有一个主题，即消息的类别。生产者会源源不断地向 Kafka 服务器发送消息。

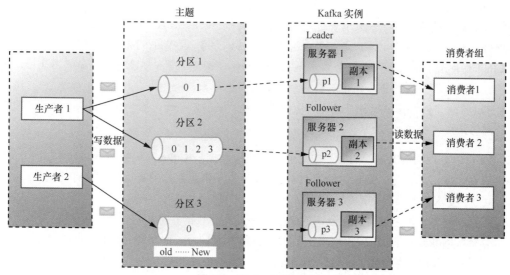

图 5-1　Kafka 基础架构

（2）主题（Topic）。类似我们传统数据库中的表名，例如发送一条主题为 order（订单）的消息，那么 order 下会有多条关于订单的消息。

（3）分区（Partition）。生产者发送的消息主题会被存储在分区中，Kafka 把数据分成多个块，让消息合理地分布在不同的分区，分区被分在不同的 Kafka 实例也就是服务器上，这样就实现了大量消息的负载均衡。每个主题可以指定多个分区，但是至少指定一个分区。每个分区存储的数据都是有序的，不同分区间的数据不保证有序性。因为如果有多个分区，消费消息是各个分区独立开始的，有的分区消费得慢，有的分区消费得快，因此不能保证有序。那么当需要保证消息顺序消费时，我们可以将消息设置为一个分区，这就可以保证有序了。为了保证 Kafka 的吞吐量，一个主题可以设置多个分区，而同一分区只能被一个消费者订阅。

（4）副本（Replica）。副本是分区中数据的备份，是 Kafka 为了防止数据丢失或者服务器宕机采取的保护数据完整性的措施，一般的数据存储工具都会有这个功能。假如我们有 3 个分区，由于不同分区分别存放了部分数据，因此为了全部数据的完整性，我们必须备份所有分区。这时候我们的一个副本包括 3 个分区，每个分区有一个副本，两个副本就包含 6 个分区，一个分区两个副本。Kafka 制作副本之后会把副本放到不同的服务器上，保证负载均衡。

（5）Kafka 实例或节点（Broker）。启动一个 Kafka 就产生一个 Kafka 实例，多个 Kafka 实例构成一个 Kafka 集群，这体现了分布式。服务器多了，吞吐率效率将会提高。

（6）消费者组（Consumer Group）和消费者（Consumer）。消费者读取 Kafka 中的消息，可以消费任何主题的数据。多个消费者组成一个消费者组，一般消费者必须有一个组（Group）名，如果没有的话会被分一个默认的组名。一个组可以有多个消费者，一条消息在一个组中，只会被一个消费者获取。

> **提示**
>
> 对于传统的消息队列，一般消费过的消息会被删除，而在 Kafka 中消费过的消息不会被删除，始终保留所有的消息，只记录一个消费者消费消息的偏移量（offset，用于记录消费位置）作为标记。Kafka 允许消费者自己设置这个偏移量，允许消费者重复消费一些消息。但始终不删除消费过的消息，日积月累，消息势必会越来越多，占用空间也越来越大。
>
> Kafka 提供了两种策略来删除消息：一种是基于时间，另一种是基于分区文件的大小，我们可以通过配置来决定使用哪种方式。

Kafka 可以处理消费者规模的网站中的所有动作流数据。Kafka 的优势如下。

- 高吞吐量、低延迟。Kafka 每秒可以处理几十万条消息，它的延迟最低只有几毫秒。
- 可扩展。Kafka 集群支持热扩展。
- 持久、可靠。消息被持久化到本地磁盘，并且支持数据备份，防止数据丢失。
- 容错。Kafka 允许集群中出现节点故障（若副本数量为 n，则允许 $n-1$ 个节点故障）。
- 高并发。Kafka 支持数千个客户端同时读写。

Kafka 适合如下应用场景。

- 日志收集。我们可以用 Kafka 收集各种服务的日志，通过 Kafka 以统一接口服务的方式开放给消费者。
- 消息系统。Kafka 可以解耦生产者和消费者、缓存消息等。
- 用户活动跟踪。Kafka 经常被用来记录 Web 用户或者 APP 用户的各种活动，如浏览网页、搜索、点击等，这些活动信息被各服务器发布到 Kafka 的主题中，然后消费者通过订阅这些主题可以进行实时的监控分析，或保存到数据库。
- 运营指标。Kafka 经常用来记录运营监控数据，包括收集各种分布式应用的数据、生产各种操作的集中反馈，如报警和报告。
- 流式处理。例如 Spark Streaming 和 Storm。

5.2.2 使用 Kafka

1. 安装部署

Kafka 运行在 JVM 上，因此我们要先确保计算机安装了 JDK，Kafka 需要 Java 运行环境。旧版的 Kafka 还需要 ZooKeeper，新版的 Kafka 已经内置了一个 ZooKeeper 环境，所以可以直接使用。在本节，我们将使用 Kafka_2.12-3.1.0，待部署的环境的服务器系统版本为 CentOS Linux release 7.6.1810 (Core)，内核版本为 3.10.0-1127.13.1.el7.x86_64。

（1）首先下载源码包后解压并进入目录：

```
tar -zxvf Kafka_2.12-3.1.0.tgz
cd Kafka_2.12-3.1.0/
```

（2）修改配置文件。在 Kafka 解压后的目录下有一个 config 文件夹，里面放置如下 3 个配置文件。

- consumer.properites：消费者配置，该配置文件用于配置消费者，此处我们使用默认的即可。
- producer.properties：生产者配置，该配置文件用于配置生产者，此处我们使用默认的即可。
- server.properties：Kafka 服务器的配置，该配置文件用来配置 Kafka 服务器，目前仅介绍几个最基础的配置，如表 5-3 所示。

表 5-3 Kafka 的服务器配置

基本配置名称	描述
broker.id	声明当前 Kafka 服务器在集群中的唯一 ID，需配置为 integer,并且集群中的每一个 Kafka 服务器的 ID 都应是唯一的，我们这里采用默认配置即可
listeners	声明当前 Kafka 服务器需要监听的端口号。如果是在本机上运行虚拟机，我们可以不配置本项，系统默认会使用 localhost 的地址；如果是在远程服务器上运行虚拟机则必须配置本项，例如 listeners=PLAINTEXT://192.168.180.128:9092，并确保服务器的 9092 端口能够访问
zookeeper.connect	声明当前 Kafka 服务器连接的 ZooKeeper 的地址，需配置为 ZooKeeper 的地址，由于本次使用的 Kafka 版本中自带 ZooKeeper，因此使用默认配置 zookeeper.connect=localhost:2181 即可
log.dirs Kafka	存放日志数据目录
log.retention.hours	保留日志数据时间，默认为 7 天，超过该时间就分段（segment）
log.segment.bytes	日志分段的大小，默认为 1GB，超过该大小就分段（segment）
delete.topic.enable	生产环境不允许删除主题数据，测试环境可以将该配置设置为 true

（3）启动相关的服务。执行如下命令，先启动 ZooKeeper，再启动 Kafka：

```
bin/zookeeper-server-start.sh config/zookeeper.properties
bin/Kafka-server-start.sh config/server.properties
```

ZooKeeper 启动成功如图 5-2 所示。Kafka 启动成功如图 5-3 所示。

```
[2022-03-28 10:17:25,062] INFO Snapshot taken in 3 ms (org.apache.zookeeper.server.ZooKeeperServer)
[2022-03-28 10:17:25,075] INFO PrepRequestProcessor (sid:0) started, reconfigEnabled=false (org.apach
e.zookeeper.server.PrepRequestProcessor)
[2022-03-28 10:17:25,075] INFO zookeeper.request_throttler.shutdownTimeout = 10000 (org.apache.zookee
per.server.RequestThrottler)
[2022-03-28 10:17:25,091] INFO Using checkIntervalMs=60000 maxPerMinute=10000 maxNeverUsedIntervalMs=
0 (org.apache.zookeeper.server.ContainerManager)
[2022-03-28 10:17:25,092] INFO ZooKeeper audit is disabled. (org.apache.zookeeper.audit.ZKAuditProvid
er)
[2022-03-28 10:17:45,711] INFO Creating new log file: log.af (org.apache.zookeeper.server.persistence
.FileTxnLog)
[2022-03-28 10:17:45,896] INFO Expiring session 0x106414cd7260000, timeout of 18000ms exceeded (org.a
pache.zookeeper.server.ZooKeeperServer)
```

图 5-2 ZooKeeper 启动成功

```
[2022-03-28 10:19:28,052] INFO [GroupMetadataManager brokerId=0] Finished loading offsets and group m
etadata from __consumer_offsets-39 in 60 milliseconds for epoch 0, of which 19 milliseconds was spent
 in the scheduler. (kafka.coordinator.group.GroupMetadataManager)
[2022-03-28 10:19:28,052] INFO [GroupMetadataManager brokerId=0] Finished loading offsets and group m
etadata from __consumer_offsets-42 in 60 milliseconds for epoch 0, of which 60 milliseconds was spent
 in the scheduler. (kafka.coordinator.group.GroupMetadataManager)
[2022-03-28 10:19:28,052] INFO [GroupMetadataManager brokerId=0] Finished loading offsets and group m
etadata from __consumer_offsets-45 in 60 milliseconds for epoch 0, of which 60 milliseconds was spent
 in the scheduler. (kafka.coordinator.group.GroupMetadataManager)
[2022-03-28 10:19:28,053] INFO [GroupMetadataManager brokerId=0] Finished loading offsets and group m
etadata from __consumer_offsets-48 in 61 milliseconds for epoch 0, of which 60 milliseconds was spent
 in the scheduler. (kafka.coordinator.group.GroupMetadataManager)
```

图 5-3 Kafka 启动成功

(4) 验证是否启动成功。执行如下命令：

```
ps ax | grep -i 'Kafka\.Kafka' | grep java | grep -v grep
```

若成功启动 Kafka 服务器端，则如图 5-4 所示，可以看到 Kafka 的后台进程。

图 5-4 Kafka 后台进程

至此，我们完成了 Kafka 的服务器端进程的部署。

2. 使用说明

Python 中用于连接 Kafka 客户端的标准库有 3 种：PyKafka、kafka-python 和 confluent-Kafka。其中，kafka-python 使用的人多，是比较成熟的库。在本章中，我们使用 kafka-python 2.0.2。我们可以通过执行命令 pip install kafka-python 安装，也可以在 PyCharm 的集成工具中安装，如图 5-5 所示。

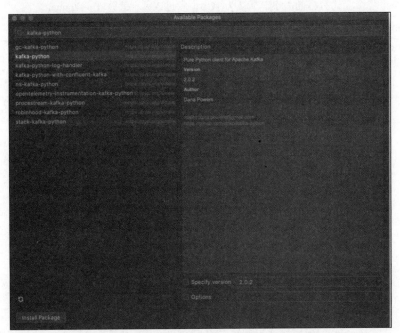

图 5-5 在 PyCharm 的集成工具中安装 kafka-python

3. KafkaProducer

KafkaProducer 用于发送消息到 Kafka 服务器，它是线程安全的且共享单一生产者实例。我们要往 Kafka 写入消息，首先要创建一个生产者对象，并设置一些属性，服务器在收到消息之后会返回一个响应。如果消息成功写入 Kafka，就返回一个 RecordMetadate 对象，包含主题和分区信息，以及记录在分区里的偏移量；如果写入失败，则会返回一个错误。KafkaProducer 有 3 种发送消息的方法。

（1）立即发送。只管发送消息到服务器端，不管消息是否成功发送。大部分情况下，这种发送方式会成功，因为 Kafka 具有高可用性，所以生产者会自动重试，但有时也会丢失消息。

（2）同步发送。通过 send()方法发送消息，并返回 Future 对象。get()方法会等待 Future 对象，看 send()方法是否成功。

（3）异步发送。通过带有回调函数的 send()方法发送消息，在生产者收到 Kafka 实例的响应时会触发回调函数。

注意，对于以上所有情况，我们一定要关注发送消息可能会失败的异常处理。

单个生产者启用多个线程发送消息如代码清单 5-1 所示。

代码清单 5-1　producerDemo1

```python
# -*- coding: utf-8 -*-
# @Time    : 2022/3/10 10:41 上午
# @Project : msgUtil
# @File    : producerDemo1.py
# @Author  : hutong
# @Describe: 微信公众号：大话性能
# @Version: Python3.9.8

from Kafka import KafkaProducer, KafkaConsumer
from Kafka.errors import Kafka_errors
import traceback
import json

def producer_demo():
    # 假设生产的消息为键值对（不是一定为键值对），且序列化方式为 JSON
    producer = KafkaProducer(
        bootstrap_servers=['localhost:9092'],
        key_serializer=lambda k: json.dumps(k).encode(),
        value_serializer=lambda v: json.dumps(v).encode())
    # 发送 3 条消息
for i in range(0, 3):
# producer 默认是异步的
        future = producer.send(
            'Kafka_demo',
            key='count_num',  # 同一个 key 值，会被送至同一个分区
            value=str(i),
            partition=1)   # 向分区 1 发送消息
        print("send {}".format(str(i)))
        try:
# 加了 get()方法就变成了同步,即要等待获取服务器端返回的结果后再往下执行
            future.get(timeout=10)  # 监控是否发送成功
        except Kafka_errors:    # 发送失败抛出 Kafka_errors
            traceback.format_exc()
```

运行上述代码后，生产者往消息队列发送消息成功，如图5-6所示。

分区

分区是 Kafka 中一个很重要的部分，合理使用分区，可以提升 Kafka 的整体性能。Kafka 分区有如下好处。

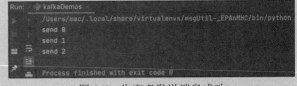

图5-6 生产者发送消息成功

- 便于合理使用存储资源。不同分区在不同 Kafka 实例上存储，我们可以把海量的数据按照分区切割成一块一块的数据存储在多个 Kafka 实例上。合理控制分区的任务，可以实现负载均衡。
- 提高并行度。生产者可以以分区为单位发送数据，消费者可以以分区为单位进行消费数据。
- 在某些情况下，可以实现顺序消费。

在生产环境中，我们需要保证消费者的消费速度大于生产者的生产速度，所以需要检测 Kafka 中的剩余堆积量是在增加还是在减小，时刻监测队列消息剩余量。查看 Kafka 堆积剩余量如代码清单5-2所示。

代码清单5-2　producerDemo2

```python
# -*- coding: utf-8 -*-
# @Time : 2022/3/10 11:41 上午
# @Project : msgUtil
# @File : producerDemo2.py
# @Author : hutong
# @Describe: 微信公众号：大话性能
# @Version: Python3.9.8

from Kafka import KafkaProducer, KafkaConsumer

consumer = KafkaConsumer(topic, **kwargs)
partitions = [TopicPartition(topic, p) for p in consumer.partitions_for_topic(topic)]

print("start to cal offset:")

# total
toff = consumer.end_offsets(partitions)
toff = [(key.partition, toff[key]) for key in toff.keys()]
toff.sort()
print("total offset: {}".format(str(toff)))

# current
coff = [(x.partition, consumer.committed(x)) for x in partitions]
coff.sort()
print("current offset: {}".format(str(coff)))

# cal sum and left
toff_sum = sum([x[1] for x in toff])
```

```
cur_sum = sum([x[1] for x in coff if x[1] is not None])
left_sum = toff_sum - cur_sum
print("Kafka left: {}".format(left_sum))
```

在代码清单 5-2 中,在 KafkaProducer 初始化的时候,除了需要参数 servers、key_serializer 和 value_serializer,还需要其他初始化参数,如表 5-4 所示。

表 5-4　KafkaProducer 初始化参数

初始化参数	含义
bootstrap.servers	指定 Kafka 实例的地址清单,地址格式为 host:port。清单不需要包含所有的 Kafka 实例地址,生产者会从给定的 Kafka 实例中查找其他的 Kafka 实例信息。建议至少提供两个 Kafka 实例信息,这样即使其中一个宕机,生产者仍然能连接集群
buffer_memory	生产者缓存消息的缓冲区大小,默认为 33 554 432 字节(32MB)。如果采用异步发送消息,那么生产者启动后会创建一个内存缓冲区用于存放待发送的消息,然后由专属线程发送放在缓冲区的消息。如果生产者要给很多分区发消息,那么需防止参数设置过小而降低吞吐量
compression_type	是否启用压缩,默认是 none,可选类型为 gzip、lz4 和 snappy。压缩会降低网络 IO,但是会增加生产者端的 CPU 消耗。Kafka 实例端的压缩设置和生产者的压缩设置不同也会给 Kafka 实例带来重新解压缩和重新压缩的 CPU 负担
retries	重试次数,即当消息发送失败后会尝试几次重发,默认为 0。一般考虑网络抖动或者分区的 leader 切换,而不是服务器端真的故障,所以我们可以设置为重试 3 次
retry_backoff_ms	每次重试间隔多少毫秒,默认为 100 毫秒
max_in_flight_requests_per_connection	生产者会将多个发送请求缓存在内存中,默认可以缓存 5 个发送请求。如果我们开启了重试,即设置了 retries 参数,那么可能导致同一分区的消息出现顺序错乱。为了防止这种情况,我们需要把该参数设置为 1,来保障同一分区的消息顺序
batch_size	该参数值默认为 16 384 字节(16KB)。我们可以将 buffer_memory 看作池子,将 batch_size 看作池子中装有消息的盒子。生产者会把发往同一分区的消息放在一个 batch 中,当 batch 满了就会发送里面的消息,但是不一定非要等到满了才发送。如果该参数值大,那么生产者吞吐量就高,但是性能会降低,因为盒子太大会占用内存,此时发送的数据量也会大。该参数对调优生产者吞吐量和延迟性能指标有重要的作用
max_request_size	最大请求大小,可以理解为一条消息的最大大小,默认为 1 048 576 字节
request_timeout_ms	生产者发送消息后,Kafka 实例需要在规定时间内将处理结果返回给生产者,规定的时间就是该参数控制的,默认为 30 000 毫秒,即 30 秒。如果 Kafka 实例在 30 秒内没给生产者响应,那么生产者会认为请求超时,并在回调函数中进行特殊处理,或者进行重试
key_serializer	Kafka 在生产者端序列化消息,序列化后,消息才能在网络上传输。该参数就是 key 指定的序列化方式,通常可以指定为 lambda k: json.dumps(k).encode('utf-8')
value_serializer	该参数指定 value 的序列化方式,通常可以设置为 lambda v: json.dumps(v).encode('utf-8')。注意,无论是 key 还是 value,它们的序列化和反序列化实现都是一样的
acks	Kafka 收到消息的响应数,值为 0 表示不需要响应;值为 1 表示有一个 leader Kafka 实例响应即可;值为 all 表示所有 Kafka 实例都要响应
linger_ms	逗留时间,即消息不立即发送,而是逗留一定时间后一起发送,默认为 0。有时候消息产生比消息发送快,该参数完美地实现了人工延迟,使得大批量消息可以聚合到一个 batch 里一起发送

4. KafkaConsumer

首先我们需要明确消费者的关键术语，方便后面的理解，如表5-5所示。

表5-5 消费者的关键术语

关键术语	含义
消费者	从Kafka中拉取数据并进行处理
消费者组	一个消费者组由一个或者多个消费者实例组成
偏移量	记录当前分区消费数据的位置
偏移提交（offset commit）	将消费完成的消息的最大偏移提交确认
偏移主题（_consumer_offset）	保存消费偏移的主题

Kafka的消费模式有3种：最多一次、最少一次和正好一次。

（1）最多一次：在这种消费模式下，客户端在收到消息后，处理消息前自动提交，这样Kafka将认为消费者已经消费，偏移量增加。实现方法：设置enable.auto.commit为true，设置auto.commit.interval.ms为一个较小的时间间隔，客户端不调用commitSync()，Kafka在特定的时间间隔内自动提交。

（2）最少一次：在这种消费模式下，客户端收到消息，先处理消息，再提交。这可能出现在消息处理完，提交前，网络中断或者程序终止的情况，此时Kafka认为这个消息还没有被消费者消费，从而产生重复消息推送。实现方法：设置enable.auto.commit为false，客户端调用commitSync()，增加消息偏移量。

（3）正好一次：在这种消费模式下，消息处理和提交在同一个事务中，即有原子性。实现方法：控制消息的偏移量，记录当前的偏移量，对消息的处理和偏移必须保持在同一个事务中，例如在同一个事务中，把消息处理的结果存到MySQL数据库并更新此时消息的偏移。

消费者的两种消息处理方式——定时拉取和实时处理示例如代码清单5-3所示。

代码清单5-3 consumerDemo

```
# -*- coding: utf-8 -*-
# @Time : 2022/3/10 11:48 上午
# @Project : msgUtil
# @File : consumerDemo.py
# @Author : hutong
# @Describe: 微信公众号：大话性能
# @Version: Python3.9.8

from Kafka import KafkaConsumer, KafkaProducer
import json

def consumer_demo():
    consumer = KafkaConsumer(
        'Kafka_demo',
        bootstrap_servers=':9092',
```

```
            group_id='test'
)
# 实时处理 Kafka 消息
    for message in consumer:
        print("receive, key: {}, value: {}".format(
            json.loads(message.key.decode()),
            json.loads(message.value.decode())
        )
    )
# 指定拉取数据间隔，定时拉取
# 在特定时候为了性能考虑，需要以固定时间从 Kafka 中拉取数据列表，这样可以降低服务器端压力
    poll_interval = 5000
    while True:
        msgs = consumer.poll(poll_interval, max_records=50)
        for msg in msgs:
            print( msgs.get(msg)[0] # 返回 ConsumerRecord 对象，可以通过字典的形式获取内容
            print(msgs.get(msg)[0].value)
```

表 5-6 列举了一些 KafkaConsumer 初始化时的重要参数，大家可以根据自己的需要有选择地添加参数。

表 5-6 KafkaConsumer 初始化参数

初始化参数	含义
group_id	标识一个消费者组的名称。高并发量需要多个消费者协作，消费进度由该消费者组统一。例如，消费者 A 与消费者 B 在初始化时使用同一个 group_id，在进行消费时，一条消息被消费者 A 消费，在 Kafka 中会被标记，这条消息将不会再被 B 消费（前提是 A 消费后正确提交）
auto_offset_reset	消费者启动时，消息队列中或许已经有堆积的未消费消息，有时候需求是从上一次未消费消息的位置开始读取（此时该参数应设置为 earliest），有时候需求是读取当前时刻之后产生的未消费消息，之前产生的数据不再消费（此时该参数应设置为 latest）
enable_auto_commit	是否自动提交，当前消费者消费完消息后，需要提交，才可以将消费完的消息传回消息队列的控制中心，enable_auto_commit 设置为 True 后，消费者将自动提交
auto_commit_interval_ms	消费者两次自动提交的时间间隔为 auto_commit_interval_ms
key_deserializer	Kafka 反序列化消息在消费端，反序列化后，消息才能被正常解读。该参数指定 key 的反序列化方式，通常可以设置为 lambda k: json.loads(k, encoding="utf-8")
value_deserializer	该参数指定 value 的反序列化方式，通常可以设置为 lambda v: json.loads(v, encoding="utf-8")
session.timeout.ms	消费者和群组协调器的最大心跳时间，如果超过该时间，群组协调器将认为该消费者已经死亡或者故障，需要将其从消费者组中删除
max.poll.interval .ms	一次轮询消息间隔的最大时间
connections.max.idle .ms	消费者默认和 Kafka 实例建立长连接，当连接的空闲时间超过该参数值，连接将断开，在下一次使用时重新连接
fetch.max.bytes	消费者端一次拉取数据的最大字节数
max.poll.records	消费者端一次拉取数据的最大条数

5.2.3 封装示例

为了方便日常编写代码，我们封装了简单的 Kafka 功能，以提升工作效率，大家也可以在此基础上扩展或优化。封装的代码内容包括：

- producerKafka 类封装了生产者同步发送消息和异步发送消息（如代码清单 5-4 所示）；
- consumerKafka 类封装了消费者手动拉取消息和非手动拉取消息（如代码清单 5-5 所示）。

代码清单 5-4　producerKafka

```python
# -*- coding: utf-8 -*-
# @Time  : 2022/3/15 10:41 上午
# @Project : msgUtil
# @File : producerKafka.py
# @Author : hutong
# @Describe: 微信公众号：大话性能
# @Version: Python3.9.8

import time
import random
import sys
from Kafka import KafkaProducer
from Kafka.errors import KafkaError, KafkaTimeoutError
import json

'''生产者,
一个生产者其实是两个线程,后台有一个IO线程用于真正发送消息出去,前台有一个线程用于把消息发送到本地缓冲区'''
class Producer(object):
    def __init__(self, KafkaServerList=['127.0.0.1:9092'], ClientId="Producer01", Topic='TestTopic'):
        self._kwargs = {
            "bootstrap_servers": KafkaServerList,
            "client_id": ClientId,
            "acks": 1,
            "buffer_memory": 33554432,
            'compression_type': None,
            "retries": 3,
            "batch_size": 1048576,
            "linger_ms": 100,
            "key_serializer": lambda m: json.dumps(m).encode('utf-8'),
            "value_serializer": lambda m: json.dumps(m).encode('utf-8'),
        }
        self._topic = Topic
        try:
            self._producer = KafkaProducer(**self._kwargs)
        except Exception as err:
            print(err)

    def _onSendSuccess(self, record_metadata):
        """
```

异步发送成功的回调函数,也就是真正发送到 Kafka 集群且成功才会执行的函数。如果发送到缓冲区,则不会执行回调函数
```
        :param record_metadata:
        :return:
        """
        print("发送成功")
        print("被发往的主题: ", record_metadata.topic)
        print("被发往的分区: ", record_metadata.partition)
        print("队列位置: ", record_metadata.offset)    # 这个偏移量是相对偏移量,也就是相对起止位置,也就是队列偏移量。

    def _onSendFailed(self):
        print("发送失败")

    # 异步发送数据
    def sendMessage_asyn(self, value=None, partition=None):
        if not value:
            return None
        # 发送的消息必须是序列化后的,或者是字节
        # message = json.dumps(msg, encoding='utf-8', ensure_ascii=False)
        kwargs = {
            "value": value,  # value 必须为字节或者被序列化为字节,由于之前我们初始化时已经通过 value_serializer 实现了序列化,因此上面的语句已注释
            "key": None,  # 与 value 对应的 key,可选,也就是把一个 key 关联到这个消息上, key 相同就会把消息发送到同一分区,所以如果有该设置,则可以设置 key, key 也需要序列化
            "partition": partition  # 发送到哪个分区,值为整型。如果不指定分区将会自动分配
        }
        try:
            # 异步发送,发送到缓冲区,同时注册两个回调函数,一个是发送成功的回调,一个是发送失败的回调。
            # send()的返回值是 RecordMetadata,即记录的元数据,包括主题、分区和偏移量
            future = self._producer.send(self._topic, **kwargs).add_callback(self._onSendSuccess).add_errback(
                self._onSendFailed)
            print("发送消息:", value)

            # 注册回调也可以这样写,上面的写法是为了简化
            # future.add_callback(self._onSendSuccess)
            # future.add_errback(self._onSendFailed)
        except KafkaTimeoutError as err:
            print(err)
        except Exception as err:
            print(err)

    def closeConnection(self, timeout=None):
        # 关闭生产者,可以指定超时时间,即等待关闭成功最多等待多久
        self._producer.close(timeout=timeout)

    def sendNow(self, timeout=None):
        # 调用 flush()方法可以让所有在缓冲区的消息立即发送,即使 ligner_ms 值大于 0
        # 此时后台发送消息的线程立即发送消息并且阻塞在这里,等待消息发送成功,当然是否阻塞取决于 acks 的值。
```

```python
        # 如果不调用flush()方法，那么什么时候发送消息取决于ligner_ms或者batch，满足任意一个条件
# 都会发送。
        try:
            self._producer.flush(timeout=timeout)
        except KafkaTimeoutError as err:
            print(err)
        except Exception as err:
            print(err)
    # 同步发送数据
    def sendMessage_sync_(self, data):
        """
        同步发送数据
        :param topic: 主题
        :param data_li: 发送数据
        :return:
        """
        future = self._producer.send(self._topic, data)
        record_metadata = future.get(timeout=10)    # 同步确认消费
        partition = record_metadata.partition       # 数据所在的分区
        offset = record_metadata.offset             # 数据所在分区的位置
        print("save success, partition: {}, offset: {}".format(partition, offset))

def main():
    p = Producer(KafkaServerList=["172.21.26.54:9092"], ClientId="Producer01", Topic="TestTopic")
    for i in range(10):
        time.sleep(1)
        closePrice = random.randint(1, 500)
        msg = {
            "Publisher": "Producer01",
            "股票代码": 60000 + i,
            "昨日收盘价": closePrice
        }
        # p.sendMessage_asyn(value=msg,partition=0)
        p.sendMessage_sync_(msg)
    # p.sendNow()
    p.closeConnection()

if __name__ == "__main__":
    try:
        main()
    finally:
        sys.exit()
```

代码清单 5-5 consumerKafka

```
# -*- coding: utf-8 -*-
# @Time    : 2022/3/15 10:48 上午
# @Project : msgUtil
# @File    : consumerKafka.py
# @Author  : hutong
```

```python
# @Describe: 微信公众号：大话性能
# @Version: Python3.9.8

import sys
import traceback
from Kafka import KafkaConsumer, TopicPartition
import json

'''单线程消费者'''
class Consumer(object):
    def __init__(self, KafkaServerList=['172.21.26.54:9092'], GroupID='TestGroup', ClientId="Test",
                 Topics=['TestTopic', ]):
        """
        用于设置消费者配置项，这些配置项可以从 Kafka 模块的源代码中找到，下面为必要参数。
        :param KafkaServerList: Kafka 服务器的 IP 地址和端口列表
        :param GroupID: 消费者组 ID
        :param ClientId: 消费者名称
        :param Topic: 主题
        """

        """
        初始化一个消费者实例，消费者不是线程安全的，所以建议一个线程实现一个消费者，而不是一个消费者让多个线程共享

        下面是可选参数，可以在初始化 KafkaConsumer 实例的时候传送进去
        enable_auto_commit 表示是否自动提交，默认是 true
        auto_commit_interval_ms 表示自动提交间隔的毫秒数
        auto_offset_reset="earliest"表示重置偏移量，earliest 指移到最早的可用消息，latest 指移到最新的消息，默认为 latest
        """
        self._kwargs = {
            "bootstrap_servers": KafkaServerList,
            "client_id": ClientId,
            "group_id": GroupID,
            "enable_auto_commit": False,
            "auto_offset_reset": "latest",
            "key_deserializer": lambda m: json.loads(m.decode('utf-8')),
            "value_deserializer": lambda m: json.loads(m.decode('utf-8')),
        }

        try:
            self._consumer = KafkaConsumer(**self._kwargs)
            self._consumer.subscribe(topics=(Topics))

        except Exception as err:
            print("Consumer init failed, %s" % err)

    def consumeMsg(self):
        try:
            while True:
                # 手动拉取消息
```

使用字典类型
```
                        data = self._consumer.poll(timeout_ms=5, max_records=100)  # 拉取消息，
                        if data:
                            for key in data:
                                consumerrecord = data.get(key)[0]  # 返回 ConsumerRecord 对象，可
```
以通过字典的形式获取内容。
```
                                if consumerrecord != None:
                                    # 消息消费逻辑
                                    message = {
                                        "Topic": consumerrecord.topic,
                                        "Partition": consumerrecord.partition,
                                        "Offset": consumerrecord.offset,
                                        "Key": consumerrecord.key,
                                        "Value": consumerrecord.value
                                    }
                                    print(message)
                                    # 消费逻辑执行完成后提交偏移量
                                    self._consumer.commit()
                                else:
                                    print("%s consumerrecord is None." % key)
                        # 非手动拉取消息
                        '''
                        for consumerrecord in self._consumer:
                            if consumerrecord:
                                message = {
                                    "Topic": consumerrecord.topic,
                                    "Partition": consumerrecord.partition,
                                    "Offset": consumerrecord.offset,
                                    "Key": consumerrecord.key,
                                    "Value": consumerrecord.value
                                }
                                print(message)
                                self._consumer.commit()
                        '''
            except Exception as err:
                print(err)

    # 获取规定数量的数据（可修改为无限、持续地获取数据）
    def get_message(self, count=1):
        """
        :param topic:   topic
        :param count:   获取数据条数
        :return: msg
        """
        counter = 0
        msg = []
        try:
            for message in self._consumer:
                print(
                    "%s:%d:%d: key=%s value=%s header=%s" % (
                        message.topic, message.partition,
```

```python
                    message.offset, message.key, message.value, message.headers
                )
            )
            msg.append(message.value)
            counter += 1
            if count == counter:
                break
            else:
                continue
        self._consumer.commit()
    except Exception as e:
        print("{0}, {1}".format(e, traceback.print_exc()))
        return None
    return msg
# 查看剩余量
def get_count(self, topic):
    """
    :param topic: topic
    :return: count
    """
    try:
        partitions = [TopicPartition(topic, p) for p in self._consumer.partitions_for_topic(topic)]

        # print("start to cal offset:")
        # total
        toff = self._consumer.end_offsets(partitions)
        toff = [(key.partition, toff[key]) for key in toff.keys()]
        toff.sort()
        # print("total offset: {}".format(str(toff)))

        # current
        coff = [(x.partition, self._consumer.committed(x)) for x in partitions]
        coff.sort()
        # print("current offset: {}".format(str(coff)))

        # cal sum and left
        toff_sum = sum([x[1] for x in toff])
        cur_sum = sum([x[1] for x in coff if x[1] is not None])
        left_sum = toff_sum - cur_sum
    # print("Kafka left: {}".format(left_sum))
    except Exception as e:
        print("{0}, {1}".format(e, traceback.print_exc()))
        return None
    return left_sum

def closeConnection(self):
    # 关闭消费者
    self._consumer.close()

def main():
    try:
```

```
            c = Consumer(KafkaServerList=['172.21.26.54:9092'], Topics=['TestTopic'])
            # c.consumeMsg()
            c.get_message(2)
            print(c.get_count('TestTopic'))
    except Exception as err:
        print(err)

if __name__ == "__main__":
    try:
        main()
    finally:
        sys.exit()
```

生产者和消费者的简易示例，首先我们执行 consumerKafka，启动消费并进行监听，然后启动 producerKafka 生成消息，生产者消息情况如图 5-7 所示，消费者消息情况如图 5-8 所示。

图 5-7　生产者消息情况

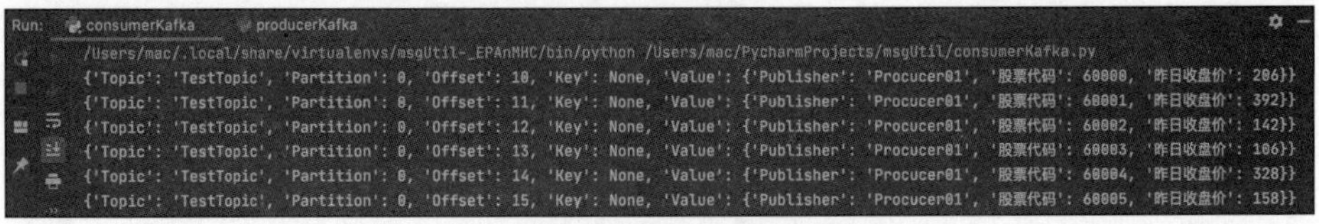

图 5-8　消费者消息情况

在部署 Kafka 的服务器上执行命令 ./kafka-consumer-groups.sh --bootstrap-server 172.21.26.54:9092 --describe --group　TestGroup，可以查看目前的消费队列和消息堆积情况。其中，LOG-END-OFFSET 表示下一条被加入日志的消息的偏移；CURRENT-OFFSET 表示当前消费的偏移；LAG 表示消息堆积量，即消息队列服务器端留存的消息与消费掉的消息之间的差值，如图 5-9 所示。

图 5-9　Kafka 消息队列信息

> **提示**
>
> Kafka 的常见命令行操作如下。
>
> （1）创建主题：
>
> kafka-topics.sh --create --zookeeper master:2181/Kafka2 --replication-factor 2 --partitions 3 --topic mydemo5
>
> （2）列出主题：
>
> kafka-topics.sh --list --zookeeper master:2181/Kafka2

（3）查看主题描述：

```
kafka-topics.sh --describe --zookeeper master:2181/Kafka2 --topic mydemo5
```

（4）生产者生产消息：

```
kafka-console-producer.sh --broker-list master:9092 --topic mydemo5
```

（5）消费者消费消息并指定消费者组名：

```
kafka-console-consumer.sh --bootstrap-server master:9092,node01:9092,node02:9092 --new-consumer --consumer-property group.id=test_Kafka_game_x_g1 --topic mydemo5
```

（6）查看正在运行的消费者组：

```
kafka-consumer-groups.sh --bootstrap-server master:9092 --list --new-consumer
```

（7）计算消息的消息堆积情况：

```
kafka-consumer-groups.sh --bootstrap-server master:9092 --describe --group test_Kafka_game_x_g
```

5.3 RabbitMQ 的使用与封装

RabbitMQ 是比较流行的消息中间件，通常用于不同的独立程序之间或服务之间的通信。

5.3.1 RabbitMQ 简介

我们先简单了解一下 RabbitMQ 的内部机制，重点是如何使用 RabbitMQ。RabbitMQ 的结构如图 5-10 所示，RabbitMQ 相关概念如表 5-7 所示。

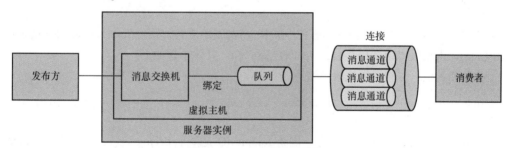

图 5-10 RabbitMQ 的结构

表 5-7 RabbitMQ 相关概念

核心概念	含义
服务器实例（Broker）	简单来说就是消息队列服务器实体
消息交换机（Exchange）	指定消息按什么规则，路由到哪个队列
队列（Queue）	每个消息都会被投入一个或多个队列
绑定（Binding）	按照路由规则绑定消息交换机和队列
路由关键字（Routing Key）	消息交换机根据这个关键字进行消息投递

续表

核心概念	含义
虚拟主机（Virtual Host）	一个 Broker 里可以设置多个 Virtual Host,用作不同用户的权限分离，Virtual Host 本质上就是迷你版的 RabbitMQ 服务器，拥有自己的队列、交换器、绑定和权限机制，RabbitMQ 默认的 Virtual Host 是/
消息通道（Channel）	一种轻型的共享 TCP 连接。我们可以在客户端的连接中建立多个 Channel，一个 Channel 表示一个会话任务。生产者和消费者需要与 RabbitMQ 建立 TCP 连接，而一些应用需要多个连接，因为对操作系统来说建立和销毁 TCP 连接都会产生非常昂贵的系统开销，所以为了减少 TCP 连接，引入信道的概念，以复用 TCP 连接。信道是建立在真实的 TCP 连接内的虚拟连接，AMQP 命令都是通过信道发出去的，发布消息、订阅队列、接收消息等动作都可以通过信道完成
网络连接（Connection）	例如 TCP 连接
消息生产者（Producer）	发送消息的程序
消息消费者（Consumer）	接收消息的程序

RabbitMQ 的典型应用场景如下。

- 异步处理：用户注册时的确认邮件、短信等事务可以交由 RabbitMQ 进行异步处理。
- 应用解耦：例如收发消息双方可以使用消息队列，RabbitMQ 具有一定的缓冲功能。
- 流量削峰：一般是秒杀活动，RabbitMQ 可以控制用户人数，也可以降低流量。
- 日志处理：RabbitMQ 可以将 info、warning、error 等不同的记录分开存储。

5.3.2 使用 RabbitMQ

1. 安装部署

我们需要先安装一个 RabbitMQ 的服务中间件,待部署的服务器系统版本为 CentOS Linux release 7.6.1810(Core)，内核版本为 3.10.0-1127.13.1.el7.x86_64。具体步骤如下。

（1）安装必备的一些相关的依赖环境：

```
yum install -y gcc gcc-c++ glibc-devel make ncurses-devel openssl-devel autoconf java-1.8.0-openjdk-devel git
```

（2）下载安装 Erlang 的 rpm 安装包。因为 RabbitMQ 是基于 Erlang 语言开发的，所以需要先部署 Erlang 环境。注意，从 RabbitMQ 官网选择下载的 rmp 包要和系统内核版本保持一致，例如此处下载的是 el7.x86_64 的 rpm 安装包，el7 对应 CentOS 7，el8 对应 CentOS 8，下载成功后将 rpm 安装包上传到服务器 CentOS 上。安装命令如下：

```
rpm -ivh erlang-23.3.4.10-1.el7.x86_64.rpm
```

（3）下载安装 RabbitMQ-server 的 3.9.13 版本。此处注意要下载 el7 版本，和待部署环境的系统保持一致，即选择 RabbitMQ-server-3.9.13-1.el7.noarch.rpm。另外，使用命令 yum install -y 可以一并安装相关的依赖。安装命令如下：

```
yum install -y RabbitMQ-server-3.9.13-1.el7.noarch.rpm
```

图 5-11 中的 Installed 和 Complete 表示 RabbitMQ 安装成功。我们可以通过命令 service RabbitMQ-server start 启动 RabbitMQ 服务。启动服务成功如图 5-12 所示。

```
Dependencies Resolved

================================================================================
 Package            Arch        Version         Repository                                Size
================================================================================
Installing:
 rabbitmq-server    noarch      3.9.13-1.el7    /rabbitmq-server-3.9.13-1.el7.noarch      19 M

Transaction Summary
================================================================================
Install  1 Package

Total size: 19 M
Installed size: 19 M
Downloading packages:
Running transaction check
Running transaction test
Transaction test succeeded
Running transaction
Warning: RPMDB altered outside of yum.
  Installing : rabbitmq-server-3.9.13-1.el7.noarch                                       1/1
  Verifying  : rabbitmq-server-3.9.13-1.el7.noarch                                       1/1

Installed:
  rabbitmq-server.noarch 0:3.9.13-1.el7

Complete!
```

图 5-11 RabbitMQ 安装成功

```
##  ##      RabbitMQ 3.9.13
##  ##
##########  Copyright (c) 2007-2022 VMware, Inc. or its affiliates.
######  ##
##########  Licensed under the MPL 2.0. Website: https://rabbitmq.com

Erlang:      23.3.4.10 [emu]
TLS Library: OpenSSL - OpenSSL 1.0.2k-fips  26 Jan 2017

Doc guides:  https://rabbitmq.com/documentation.html
Support:     https://rabbitmq.com/contact.html
Tutorials:   https://rabbitmq.com/getstarted.html
Monitoring:  https://rabbitmq.com/monitoring.html

Logs: /var/log/rabbitmq/rabbit@chenleihz23.log
      /var/log/rabbitmq/rabbit@chenleihz23_upgrade.log
      <stdout>

Config file(s): (none)

Starting broker... completed with 3 plugins.
```

图 5-12 RabbitMQ 启动成功

在默认情况下 RabbitMQ 的 Web 界面是关闭的，我们需要通过 RabbitMQ-plugins 来启用，以方便后续的使用：

```
RabbitMQ-plugins enable RabbitMQ_management
```

成功启用后，我们可以通过 IP:15672 登录 RabbitMQ 的 Web 界面，如图 5-13 所示。

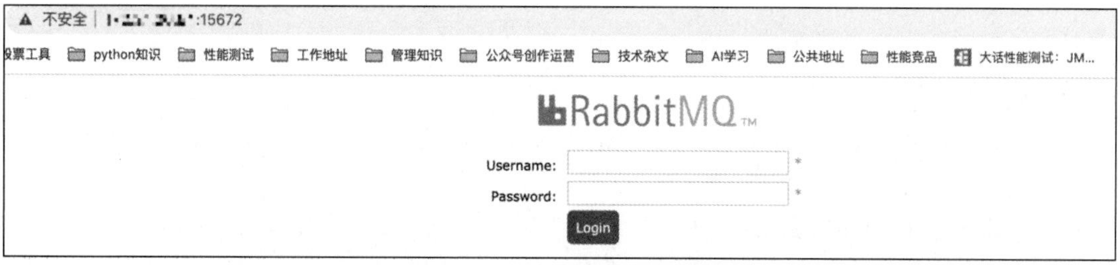

图 5-13 登录 RabbitMQ 的 Web 界面

在登录前，我们需要通过 RabbitMQctl 命令创建用户，如图 5-14 所示。

```
RabbitMQctl add_user admin admin
RabbitMQctl set_user_tags admin administrator
```

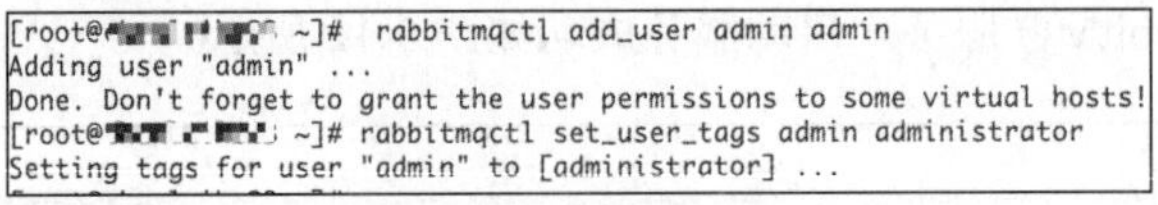

图 5-14　创建用户

创建成功后，即可使用该用户登录 RabbitMQ 的 Web 界面。

在部署后使用过程中我们可能遇到如下错误：

```
ERROR:root:Failed to connect to RabbitMQ: ConnectionClosedByBroker: (530) "NOT_ALLOWED -
access to vhost '/' refused for user 'admin'"
ERROR:pika.adapters.blocking_connection:Connection workflow failed: AMQPConnectionWor
kflowFailed: 1 exceptions in all; last exception - AMQPConnectorAMQPHandshakeError:
ProbableAccessDeniedError: Client was disconnected at a connection stage indicating a
probable denial of access to the specified virtual host: ('ConnectionClosedByBroker: (530)
"NOT_ALLOWED - access to vhost \'/\' refused for user \'admin\'"',); first exception - None
    ERROR:pika.adapters.blocking_connection:Error in _create_connection().
```

产生这一问题的原因是没有设置 access virtual hosts，如图 5-15 所示。我们需要通过图 5-16 中的 Set permission 设置 access virtual hosts。

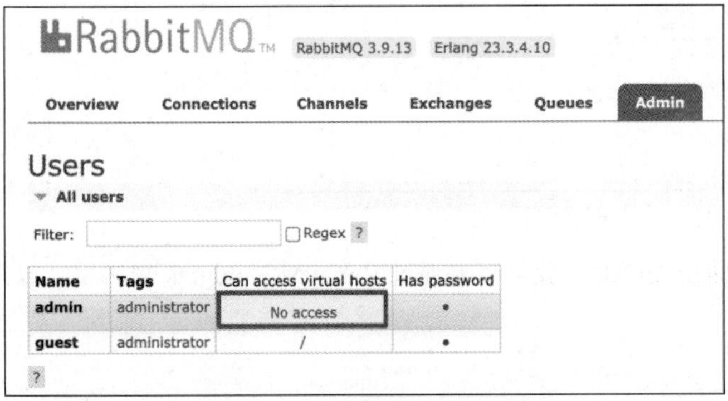

图 5-15　RabbitMQ 的 Web 界面

图 5-16　在 RabbitMQ 的 Web 界面设置 permission

> **提示**
>
> RabbitMQ 用户的角色说明如下：
> - 超级管理员（Administrator）可以登录控制台，查看所有信息并对用户和策略进行操作；
> - 监控者（Monitor）可以登录控制台，可以查看节点相关的信息；
> - 策略制定者（Policymaker）可以登录控制台和制定策略，但是无法查看节点信息；
> - 普通管理员（Management）仅能登录控制台；
> - 其他用户无法登录控制台，一般指生产者和消费者。

关于权限管理，MySQL 有数据库的概念并且可以指定用户操作库和表等的权限，RabbitMQ 也有类似的权限管理。在 RabbitMQ 中，我们可以使用虚拟消息服务器 Virtual Host，每个 Virtual Host 相当于一个相对独立的 RabbitMQ 服务器，每个 Virtual Host 之间是相互隔离的，消息交换机、队列和消息不能互通。Virtual Host 的使用场景是多租户的场景，例如在主机资源紧缺的情况下，开发和测试共用一个 RabbitMQ，我们可以使用 Virtual Hosts 将开发和测试隔离。

注意

常见的安装失败的原因就是 Erlang 版本和 CentOS 版本不匹配，或 Erlang 版本和 RabbitMQ-server 版本不匹配。

2. 使用说明

RabbitMQ 支持不同的语言，并针对不同语言提供相应的库，pika 是 Python 用于连接 RabbitMQ 的主流客户端第三方库。pika 使用 RabbitMQ 涉及的概念如表 5-8 所示。

表 5-8　pika 使用 RabbitMQ 涉及的概念

概念	含义	示例
路由	路由键在发送消息的时候由 routing_key 参数指定，即调用 basic_publish 函数的时候	channel.basic_publish(exchange='logs',routing_key='', body=message)
队列绑定	将交换机 exchange 和队列进行绑定	channel.queue_bind(exchange=exchange_name, queue=queue_name)
排他队列	仅自己可见的队列，即不允许其他用户访问，RabbitMQ 允许我们将一个队列声明成排他性的	channel.queue_declare(exclusive=True)

5.3.3　封装示例

利用 pika 进行生产者和消费者的模拟流程流程如下。

生产者程序的步骤如下。

（1）建立连接，需要用户名和密码认证的调用认证参数。

（2）创建通道，当然通道可以池化，即放入通道池，后续就不需要重复创建通道了，可以直接从池中取用。

（3）声明队列，指定队列属性，队列属性一旦指定则不能修改，队列属性包括名称、是否持久化等。

（4）声明交换机，包括交换机类型、名称等，我们也可以不声明，直接使用空字符串或使用默认交换机。

（5）将队列与交换机绑定。

（6）通过 basic_publish 方法发送到 RabbitMQ 服务示例的交换机上，在 basic_publish 方法中可以指定路由键。

消费者程序的步骤除了最后一步是通过 basic_consume 方法消费消息，其他步骤与生产者程序的步骤相同。

结合实际的需求,封装代码如代码清单 5-6 所示,封装的代码包括 RabbitMQClient 类,该类包含连接 RabbitMQ 的连接管理、生产消息和消费消息的方法,以及获取队列消息后的回调函数。

代码清单 5-6　RabbitMQUtil.py

```python
# -*- coding: utf-8 -*-
# @Time : 2022/3/19 8:49 下午
# @Project : msgUtil
# @File : RabbitMQUtil.py
# @Author : hutong
# @Describe: 微信公众号:大话性能
# @Version: Python3.9.8

import pika
import traceback
import logging

# 配置文件
MQ_CONFIG = {
    "host": "172.21.26.54",
    "port": 5672,
    "user": "admin",
    "password": "admin"
}

def check_connection(func):
    def wrapper(self, *args, **kwargs):
        if not all([self.channel, self.connection]) or \
                any([self.channel.is_closed, self.connection.is_closed]):
            self.clean_up()
            self.connect_mq()
        return func(self, *args, **kwargs)
    return wrapper

class RabbitMQClient(object):
    '''RabbitMQClient using pika library'''

    def __init__(self, queue, on_message_callback=None):
        self.mq_config = MQ_CONFIG
        self.connection = None
        self.channel = None
        self.queue = queue
        self.on_message_callback = on_message_callback
        self.connect_mq()

    def connect_mq(self):
        """连接RabbitMQ,创建连接、通道、声明队列"""
        try:
            credentials = pika.PlainCredentials(self.mq_config['user'], self.mq_config['password'])
            connect_params = pika.ConnectionParameters(self.mq_config['host'],
```

```python
                                            self.mq_config['port'],
                                            credentials=credentials,
                                            heartbeat=0)
            self.connection = pika.BlockingConnection(connect_params)
            self.channel = self.connection.channel()
            self.channel.queue_declare(queue=self.queue, durable=True)
            # self.channel.exchange_declare(exchange=exchange, exchange_type=exchange_type, durable=True)
            # self.channel.queue_bind(queue=queue, exchange=exchange, routing_key=binding_key)
            logging.info("Succeeded to connect to RabbitMQ.")
        except Exception as e:
            logging.error("Failed to connect to RabbitMQ: {}".format(str(e)))
            traceback.print_exc()
            return False
        return True

    def clean_up(self):
        """断开通道、连接"""
        try:
            if self.channel and self.channel.is_open:
                self.channel.close()
            if self.connection and self.connection.is_open:
                self.connection.close()
        except Exception as e:
            logging.error("Failed to close connection with RabbitMQ: {}".format(str(e)))
            traceback.print_exc()

    @check_connection
    def producer(self, message):
        """向队列发送消息"""
        if not isinstance(message, bytes):
            message = str(message).encode()
        try:
            self.channel.basic_publish(
                exchange='',
                routing_key=self.queue,  # 队列名字
                body=message,
                properties=pika.BasicProperties(
                    delivery_mode=2,  # 消息持久化
                    content_type="application/json"
                )
            )
        except Exception as e:
            logging.error('Failed to send message to RabbitMQ: {}'.format(str(e)))
            traceback.print_exc()

    @check_connection
    def consumer(self):
        """从队列获取消息"""
        self.channel.basic_qos(prefetch_count=1)  # 类似权重，按能力分发，如果有一个消息，就不再给我们发
```

```python
        self.channel.basic_consume(  # 消费消息
            on_message_callback=self.callback,  # 如果收到消息,则回调
            queue=self.queue,
        )
        try:
            self.channel.start_consuming()
        except KeyboardInterrupt:
            self.channel.stop_consuming()
            self.connection.channel()

    def callback(self, ch, method, properties, body):
        """获取消息后的回调函数"""
        # message = ast.literal_eval(body.decode())
        print("consumed %r " % body)
        # self.on_message_callback(message)
        ch.basic_ack(delivery_tag=method.delivery_tag)  # 告诉生产者,消息处理完成

    # 统计消息数目
    def msg_count(self, queue_name, is_durable=True):
        queue = self.channel.queue_declare(queue=queue_name, durable=is_durable)
        count = queue.method.message_count
        return count

if __name__ == '__main__':
    mq = RabbitMQClient('testQueue2')
    import json
    msg = json.dumps({'name': 'hutong'})
    mq.producer(msg)
    mq.consumer()
```

运行上述示例代码,我们可以发现生产者生产了消息,并往名为 testQueue2 的队列中发送了消息,如图 5-17 所示。

图 5-17 消息队列接收消息

调用消费者代码，我们可以看到刚刚发送的消息被成功消费了，如图 5-18 所示。

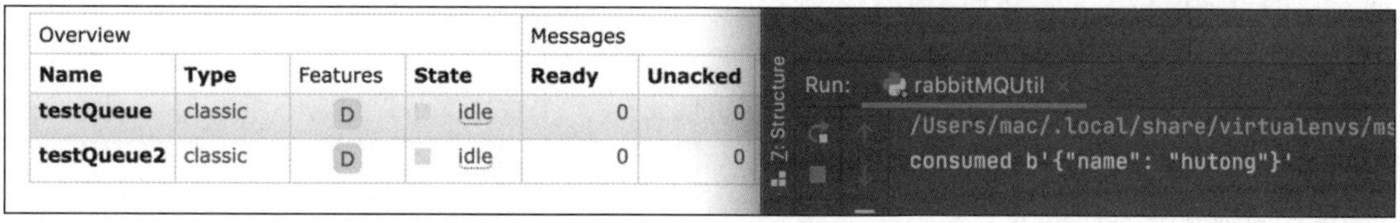

图 5-18　消费者消费消息

5.4　缓存中间件简介

在大数据时代，面对快速增长的数据规模和日渐复杂的数据模型，关系数据库渐渐力不从心，这时 NoSQL 凭借易扩展、数据量大、高性能以及灵活的数据模型这些特点，成功地在数据库领域"站稳了脚跟"。

通常，我们将 NoSQL 数据库分为键值存储数据库、列存储数据库、文档型数据库和图形数据库 4 类，其中每一种类型的数据库都能够解决关系数据库不能解决的问题，如表 5-9 所示。在实际应用中，NoSQL 数据库的分类界限其实没有那么明确，我们往往会同时多种类型的 NoSQL 数据库。

表 5-9　NoSQL 数据库

类型	应用场景	典型产品
键值存储数据库	缓存等处理高并发数据访问的场景	Redis
列存储数据库	分布式文件系统	HBase
文档型数据库	Web 应用等表结构可变的场景	MongoDB
图形数据库	社交网络、推荐系统	Infogrid

在表 5-9 中的几个典型 NoSQL 数据库产品中，Redis 的定位是"快"，MongoDB 的定位是"灵活"。如果我们的数据规模较大，对数据的读性能要求很高，数据表的结构需要经常变化，有时还需要做一些聚合查询，那么可以选择 MongoDB；如果我们对数据的读写要求极高，并且数据规模不大，也不需要长期存储，那么可以选择 Redis。下面我们将具体讲解这两种 NoSQL 数据库的使用与封装。

5.5　MongoDB 的使用与封装

MongoDB 是一个基于 C++开发的开源的非关系数据库，具有高性能、无模式、文档型等特点，旨在为 Web 应用提供可扩展的高性能数据存储解决方案。

5.5.1　MongoDB 简介

MongoDB 将数据存储为一个文档，数据结构为键值对。文档型数据库通常以 JSON 或 XML 格式存储数据，而 MongoDB 使用 BSON（二进制 JSON），和 JSON 格式相比，BSON 格式提高了存储和扫描效率，但会占用更多空间。

MongoDB 最大的特点是它支持的查询语言非常强大。MongoDB 支持的查询语言的语法类似于面向对象的查询语言，可以实现类似关系数据库单表查询的绝大部分功能，而且还支持对数据建立索引。

一个 MongoDB 实例可以包含一组数据库（database），一个数据库可以包含一组集合（collection），一个集合可以包含一组文档（document），MongoDB 结构如图 5-19 所示。

文档是 MongoDB 中数据的基本单位，类似于关系数据库中的行。文档由多个键及其关联的值有序地放在一起而构成。文档中的值可以是字符串类型，可以是其他的数据类型，如整型、布尔型等，也可以是另一个文档，即文档可以嵌套。文档中键的类型只能是字符串。

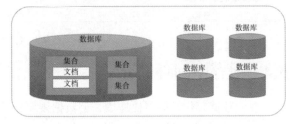

图 5-19　MongoDB 结构

集合就是一组文档，类似于关系数据库中的表。集合是无模式的，集合中的文档可以是各式各样的，不同模式的文档可以放在同一个集合中。但是在实际使用时，我们往往将文档分类存放在不同的集合中。例如对于网站的日志记录，可以根据日志的级别进行存储，INFO 级别日志存放在 Info 集合中，DEBUG 级别日志存放在 Debug 集合中，这样既方便了管理，提供了查询功能。

一个 MongoDB 实例承载的多个数据库可以看作相互独立，每个数据库都有独立的权限控制。在磁盘上，不同的数据库存放在不同的文件中。

为了方便理解 MongoDB 中的术语，我们可以参考关系数据库中的专业术语，如表 5-10 所示。

表 5-10　MongoDB 与关系数据库的术语对比

SQL 术语	MongoDB 术语	说明
database	database	数据库
table	collection	数据表/集合
row	document	数据记录行/文档
column	field	数据字段/域
index	index	索引
primary key	primary key	主键，MongoDB 会自动将_id 字段设置为主键

MongoDB 已经渗透到各个领域，如游戏、物流、社交、物联网、视频直播等，几个典型的实际应用如下。

- 游戏：使用 MongoDB 以内嵌文档的形式存储游戏用户信息，如用户的装备、积分等，方便用户查询、更新。
- 物流：使用 MongoDB 以内嵌数组的形式存储订单信息，订单状态在运送过程中会不断更新，这样一次查询就能将订单所有的变更读取出来。
- 社交：使用 MongoDB 存储用户信息、用户发表的朋友圈信息，并通过地理位置索引实现附近的人、地点等功能。
- 物联网：使用 MongoDB 存储所有接入的智能设备信息，以及设备的日志信息，并对这些信息进行多维度的分析。
- 视频直播：使用 MongoDB 存储用户信息、礼物信息。

但是，以下场景是不适合使用 MongoDB 的。
- 高度事务性系统，如银行、财务等系统。
- 传统的商业智能应用等需要分析特定问题的数据，多数据实体关联，涉及复杂的、高度优化的查询方式的场景。
- 复杂的跨文档（表）级联查询。

5.5.2 使用 MongoDB

1. 安装部署

在服务器的 CentOS 上安装 MongoDB，具体的安装步骤如下。

（1）下载安装包：注意版本、平台和包类型的选择，我们选择了 CentOS 7 和 MongoDB 4.4.13。

（2）将安装包上传服务器，然后解压，并重命名为 MongoDB，命令如下：

```
tar -xvzf MongoDB-linux-x86_64-rhel70-4.4.13.tgz
mv MongoDB-linux-x86_64-rhel70-4.4.13 MongoDB
```

（3）进入 MongoDB 目录，创建数据和日志存储目录，并赋予目录读写权限，命令如下：

```
mkdir -p /data/db
chmod -R 777 /data
```

（4）修改 MongoDB 的配置文件 MongoDB.conf，几个核心的配置项如下：

```
# 日志文件位置
logpath=/home/apprun/hutong/MongoDB/logs/mongod.log
# 以追加方式写入日志
logappend=true
# 是否以守护进程（即后台进程）方式运行
fork=true
# 默认端口为 27017
port = 27017
# 数据库文件位置
dbpath=/home/apprun/hutong/MongoDB/data
# 允许哪个 IP 连接，0.0.0.0 表示任意 IP 都可以连接
bind_ip=0.0.0.0
# 是否以安全认证方式运行，默认是不认证的非安全方式，一开始安装启动时不要开启此项配置，设置好密码后再重启
auth=false
```

（5）添加环境变量，在/etc/profile 中配置 MongoDB，并让配置生效：

```
export PATH=/home/apprun/hutong/MongoDB/bin:$PATH
#执行 source 命令，让配置生效
source /etc/profile
```

（6）通过命令启动 MongoDB 服务，启动成功后如图 5-20 所示。

（7）创建数据库。执行命令 ./mongo 进入 MongoDB 的命令行管理界面。我们要先创建一个数据库，如 use info，表示创建数据库 info。使用命令 show dbs，可以看到刚创建的数据库 info 并不在数据库的列表中，如图 5-21 所示。

图 5-20　MongoDB 启动成功

图 5-21　MongoDB 命令行显示数据库

要显示 info 数据库，我们需要向其中插入一些数据，命令如下：

db.info.insert({"name":"hu 先生","age":"20","sex":"男"})

使用命令 show dbs，可以看到刚创建的数据库 info 出现在数据库的列表中，如图 5-22 所示。

图 5-22　插入数据

（8）为单个数据库添加用户和权限，命令如下：

db.createUser({user:"hutong",pwd:"hutong123456",roles:[{role:"dbOwner",db:"info"}]})

执行成功后如图 5-23 所示。

图 5-23　添加用户权限

（9）杀死 MongoDB 进程，并打开 MongoDB.conf 配置 auth=true，以安全认证的方式重新启动 MongoDB 服务。

（10）通过 Navicat premium 工具来测试 MongoDB 的连接，如图 5-24 所示，表示 MongoDB 连接成功。

> **注意**
> 在 MongoDB 中，集合只有在内容插入后才会创建，也就是说，创建集合时要插入集合一个文档数据，集合才会真正创建。
> MongoDB 中默认的数据库为 test，如果我们没有创建新的数据库，集合将存放在 test 数据库中。

图 5-24 MongoDB 连接成功

2. 使用说明

Python 连接 MongoDB 需要 MongoDB 驱动，本节我们使用 pymongo 库来连接 MongoDB，使用的 pymongo 库的版本为 4.0.2。我们可以通过 pip 命令安装 pymongo 库，命令为 pip3 install pymongo==4.0.2，也可以直接在 PyCharm 中安装。

接下来，我们重点讲解如何利用 Python 实现 MongoDB 的增、删、改、查操作。

（1）连接 MongoDB。连接 MongoDB 时，我们需要使用 pymongo 库里面的 MongoClient 类，将 MongoDB 的 IP 地址及端口传入 MongoClient 类，其中端口默认是 27017：

```
import pymongo
client = pymongo.MongoClient(host='localhost', port=27017)
```

MongoClient 的第一个参数 host 还可以直接传入以 MongoDB 开头的连接字符串，示例如下：

```
client = MongoClient('MongoDB://localhost:27017/')
```

（2）指定数据库。MongoDB 中可以创建多个数据库，我们需要指定操作哪个数据库。这里以 info 数据库为例，调用 client 的 info 属性即可返回 info 数据库：

```
db = client.info
```

我们也可以采用如下方式指定：

```
db = client['info']
```

（3）指定集合。我们指定一个名为 students 的集合。与指定数据库类似，指定集合也有两种方式：

```
collection = db.students
collection = db['students']
```

（4）插入数据。对于 students 集合，新建一条学生数据，这条数据以字典形式表示：

```
student = {'name': 'Jordan','age': 23, 'sex': '男'}
```

我们使用 insert_one()和 insert_many()方法来插入单条记录和多条记录。insert_one()方法返回 InsertOneResult 对象，调用该对象的 inserted_id 属性可以获取插入数据的_id。insert_many()方法将数据以列表形式传递，该方法返回 InsertManyResult 对象，调用该对象的 inserted_ids 属性可以获取插入数据的_id 列表。示例如下：

```
result = collection.insert_one(student)
```

（5）查询。插入数据后，我们可以利用 find_one()或 find()方法进行查询，其中 find_one()方法查询得到单个结果，find()方法则返回一个生成器对象，该生成器对象需要遍历取到所有的结果，其中每个结果都是字典类型。示例如下：

```
result = collection.find_one({'name': 'Mike'})
```

这里查询 name 为 Mike 的数据，它的返回结果是字典类型。

如果我们要查询有条件约束的数据，例如年龄大于 20 的数据，则写法示例如下：

```
results = collection.find({'age': {'$gt': 20}})
```

这里查询的条件键值已经不是单纯的数字了，而是一个字典，其键名为比较符号$gt，意思是大于，值为 20，更多的比较操作类的操作符如表 5-11 所示。

表 5-11 比较操作类的操作符

符号	含义	示例
$lt	小于	{'age': {'$lt': 20}}，表示 age 小于 20
$gt	大于	{'age': {'$gt': 20}}，表示 age 大于 20
$lte	小于或等于	{'age': {'$lte': 20}}，表示 age 小于或等于 20
$gte	大于或等于	{'age': {'$gte': 20}}，表示 age 大于或等于 20
$ne	不等于	{'age': {'$ne': 20}}，表示 age 不等于 20
$in	在范围内	{'age': {'$in': [20, 23]}}，表示 age 在 20~23 内
$nin	不在范围内	{'age': {'$nin': [20, 23]}}，表示 age 不在 20~23 内

我们还可以通过正则匹配查询。例如，查询名字以 M 开头的学生数据：

```
results = collection.find({'name': {'$regex': '^M.*'}})
```

这里使用$regex 来指定正则匹配，^M.*表示以 M 开头的正则表达式。

除了正则表达式，MongoDB 还有一些特殊操作符，如表 5-12 所示。

表 5-12 特殊操作符

符号	含义	示例	示例含义
$regex	匹配正则表达式	{'name': {'$regex': '^M.*'}}	name 以 M 开头
$exists	属性是否存在	{'name': {'$exists': True}}	name 属性存在
$type	类型判断	{'age': {'$type': 'int'}}	age 的类型为 int
$mod	数字模操作	{'age': {'$mod': [5, 0]}}	age 模 5 余 0
$text	文本查询	{'$text': {'$search': 'Mike'}}	text 类型的属性中包含 Mike 字符串
$where	高级条件查询	{'$where': 'obj.fans_count == obj.follows_count'}	自身粉丝数等于关注数

（6）计数。统计查询结果有多少条数据，可以调用 count()方法。例如，统计所有数据条数：

```
count = collection.find().count()
```

或者统计符合某个条件的数据：

```
count = collection.find({'age': 20}).count()
```

（7）排序。直接调用 sort()方法，并在其中传入排序的字段和升降序标志即可：

```
results = collection.find().sort('name', pymongo.ASCENDING)
```

这里 pymongo.ASCENDING 表示升序。如果要降序排列，可传入 pymongo.DESCENDING。

（8）更新。数据更新也分为 update_one()方法和 update_many()方法，且用法更加严格，它们的第二个参数需要使用$类型操作符作为字典的键名，示例 1 如下：

```
condition = {'name': 'Kevin'}
student = collection.find_one(condition)
student['age'] = 26
result = collection.update_one(condition, {'$set': student})
```

示例 1 调用了 update_one()方法，该方法第二个参数不能直接传入修改后的字典，而是需要使用{'$set': student}这样的形式，该方法返回结果是 UpdateResult 类型。然后分别调用 matched_count 和 modified_count 属性，可以获得匹配的数据条数和影响的数据条数。更复杂的示例 2 如下：

```
condition = {'age': {'$gt': 20}}
result = collection.update_one(condition, {'$inc': {'age': 1}})
```

示例 2 指定查询条件为年龄大于 20，然后更新条件为{'$inc': {'age': 1}}，也就是年龄加 1，执行之后会将第一条符合条件的数据年龄加 1。如果调用 update_many()方法，则会更新所有符合条件的数据，示例 3 如下：

```
condition = {'age': {'$gt': 20}}
result = collection.update_many(condition, {'$inc': {'age': 1}})
```

（9）删除。删除操作依然存在两个方法 delete_one()和 delete_many()。示例如下：

```
result = collection.delete_one({'name': 'Kevin'})
result = collection.delete_many({'age': {'$lt': 25}})
```

delete_one()方法删除第一条符合条件的数据，delete_many()方法删除所有符合条件的数据。它们的返回结果都是 DeleteResult 类型，我们可以调用 deleted_count 属性获取删除的数据条数。若要删除某个列，则使用如下语句：

```
db.info.update({},{$unset:{'gender':''}},false, true)
```

5.5.3 封装示例

我们利用 Python 的 pymongo 库封装 MongoDB 的增、删、改、查操作，具体代码如代码清单 5-7 所示。

代码清单 5-7　MongoDBUtil.py

```python
# -*- coding: utf-8 -*-
# @Time    : 2022/3/21 4:52 下午
# @Project : nosqlUtil
# @File    : MongoDBUtil.py
# @Author  : hutong
# @Describe: 微信公众号:大话性能
# @Version: Python3.9.8

import pymongo

class MongoDB:
    def __init__(self, uri='MongoDB://localhost:27017/', db='test', collection='test'):
        """初始化 MongoDB 数据库和表的信息，并连接数据库
        :param uri: 连接名
        :param db: 数据库名
        :param collection: 表名
        """
        client = pymongo.MongoClient(uri)
        self.db = client[db]   # 数据库
        self.collection = self.db[collection]   # 表

        if db not in client.list_database_names():
            print("数据库不存在！")
        if collection not in self.db.list_collection_names():
            print("表不存在！")

    def __str__(self):
        """数据库基本信息"""
        db = self.db._Database__name
        collection = self.collection._Collection__name
        num = self.collection.count_documents({})
        return "数据库{} 表{} 共{}条数据".format(db, collection, num)

    def __len__(self):
```

```python
            """表的数据条数"""
            return self.collection.count_documents({})

        def count(self):
            """表的数据条数"""
            return len(self)

        def insert(self, *args):
            """插入多条数据
            :param args: 多条数据，可以是 dict、dict 的 list 或 dict 的 tuple
            :return: 添加的数据在数据库中的_id
            """
            documents = []
            for i in args:
                if isinstance(i, dict):
                    documents.append(i)
                    # print(documents)
                else:
                    documents += [x for x in i]

            return self.collection.insert_many(documents)

        def delete(self, *args, **kwargs):
            """删除一批数据
            :param args: 字典类型，如{"gender": "male"}
            :param kwargs: 直接指定，如 gender="male"
            :return: 已删除条数
            """
            list(map(kwargs.update, args))
            result = self.collection.delete_many(kwargs)
            return result.deleted_count

        def update(self, *args, **kwargs):
            """更新一批数据
            :param args: 字典类型的固定查询条件如{"author":"XerCis"}，循环查询条件一般为_id 列表如
[{'_id': ObjectId('1')}, {'_id': ObjectId('2')}]
            :param kwargs: 要修改的值，如 country="China", age=22
            :return: 修改成功的条数
            """
            value = {"$set": kwargs}
            query = {}
            n = 0
            list(map(query.update, list(filter(lambda x: isinstance(x, dict), args))))  # 固
定查询条件
            for i in args:
                if not isinstance(i, dict):
                    for id in i:
                        query.update(id)
                        result = self.collection.update_one(query, value)
                        n += result.modified_count
            result = self.collection.update_many(query, value)
```

```python
        return n + result.modified_count

    def find(self, *args, **kwargs):
        """保留原接口"""
        return self.collection.find(*args, **kwargs)

    def find_all(self, show_id=False):
        """所有查询结果
        :param show_id: 是否显示_id，默认不显示
        :return:所有查询结果
        """
        if show_id == False:
            return [i for i in self.collection.find({}, {"_id": 0})]
        else:
            return [i for i in self.collection.find({})]

    def find_col(self, *args, **kwargs):
        """查找某一列数据
        :param key: 某些字段，如"name","age"
        :param value: 某些字段匹配，如gender="male"
        :return:
        """
        key_dict = {"_id": 0}   # 不显示_id
        key_dict.update({i: 1 for i in args})
        return [i for i in self.collection.find(kwargs, key_dict)]


if __name__ == '__main__':
    """连接"""
    uri = "MongoDB://hutong:hutong123456@172.21.26.54:27017/info"
    db = "info"
    collection = "teacher"
    MongoDB = MongoDB(uri, db, collection)   # 连接数据库
    print('当前的数据库信息状态：{}'.format(MongoDB))   # 基本信息

    # 插入数据
    person = {'name': 'Tom2', 'age': 22, 'sex': '男'}
    MongoDB.insert(person)   # 插入一条数据，字典类型
    # print(len(MongoDB))   # 表的数据条数
    print(MongoDB.find_all())   # 所有查询结果
    print('插入后的数据库信息状态：{}'.format(MongoDB))   # 基本信息
```

运行上述代码，可以看到我们成功地查询了数据库的信息，并插入了新的数据，如图 5-25 所示。

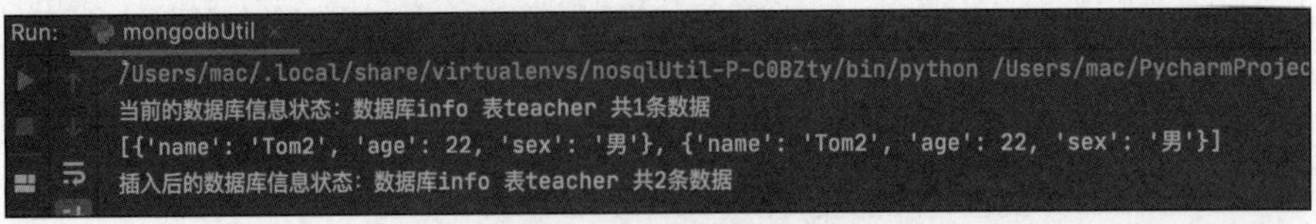

图 5-25　MongoDB 查询和插入数据成功

5.6 Redis 的使用与封装

Redis 是现在非常受欢迎的 NoSQL 数据库之一，支持存储字符串、哈希表、列表、集合、有序集合、位图等多种数据类型，可用作数据库、高速缓存和消息队列代理。

5.6.1 Redis 简介

Redis 具备如下明显的特性。
- 基于内存运行，性能高效。
- 支持分布式，理论上集群可以无限横向扩展。
- 键值存储系统。

Redis 的应用场景包括热点数据缓存、限时业务运用、排行榜等，常见的应用场景如下。
- 热点数据缓存。Redis 访问速度快，支持的数据类型比较丰富，很适合用来存储热点数据。另外，我们可以结合 expire 命令，设置过期时间然后进行缓存更新操作，Redis 的这个功能最常使用。
- 限时业务运用。在 Redis 中使用 expire 命令可以为键设置生存时间，设置了生存时间的键到时间后会被 Redis 删除。这一特性可以运用在限时的优惠活动信息、手机验证码等业务场景。
- 计数器相关问题。在 Redis 中使用 incrby 命令可以实现原子性的递增，所以 Redis 可以运用于高并发的秒杀活动、分布式序列号的生成，例如限制一个手机号发多少条短信、限制一个接口一分钟处理多少请求、限制一个接口一天调用多少次等。
- 排行榜相关问题。关系数据库在排行榜方面查询速度普遍偏慢，所以可以借助 Redis 的 SortedSet 进行热点数据的排序。
- 点赞、好友等相互关系的存储。Redis 的集合（Set）对外提供的功能与列表类似，特殊之处在于集合是可以自动排重的。当我们需要存储一个列表数据，又不希望出现重复数据时，集合是一个很好的选择，并且集合提供了判断某个成员是否在一个集合内的重要接口，这是列表不能提供的。例如，在微博中，每个用户关注的人存在一个集合中，就很容易实现查询两个人的共同好友的功能。

5.6.2 使用 Redis

1. 安装部署

在服务器 CentOS 上安装单机版的 Redis，具体的安装步骤如下。

（1）提前安装好 gcc 相关的包：

```
yum install -y open-ssl-devel gcc glibc gcc-c*
```

（2）下载 Redis 的 tar 包：

```
cd /home/apprun/hutong/
wget http://download.redis.io/releases/redis-5.0.0.tar.gz
```

（3）解压 tar 包：

```
tar -xvzf redis-5.0.0.tar.gz
```

（4）指定特定的安装目录。进入 redis-5.0.0 目录，执行编译命令 make，如果报如下错误的话：

```
致命错误：jemalloc/jemalloc.h：没有那个文件或目录
```

就执行命令 make MALLOC=libc。

（5）编译完成之后，将 Redis 安装到指定目录；

```
cd src/; make install PREFIX=/usr/local/redis
```

安装成功后，/usr/local/redis 下将生成一个 bin 目录。

（6）拷贝 redis.conf 配置文件到特定目录：

```
mkdir -p /usr/local/redis/etc
cp /home/apprun/hutong/redis-5.0.0/redis.conf /usr/local/redis/etc/
```

（7）添加 Redis 命令到全局变量，方便在任何目录下执行：

```
vi /etc/profile
```

在/etc/profile 最后行添加如下语句：

```
export PATH="$PATH:/usr/local/redis/bin"
```

然后执行命令 source /etc/profile 让配置生效。

（8）修改配置文件 redis.conf，核心主要更改如下的值：

```
#修改 redis.conf 设置为后台启动，将 daemonize no 改为 daemonize yes
daemonize yes
#通过 requirepass 设置 redis 的访问密码
requirepass cloudtest
```

另外，Redis 默认只允许自己的计算机（127.0.0.1）连接。如果想用其他计算机进行远程连接，我们需要将配置文件 redis.conf 中的 bind 127.0.0.1 注释掉(默认没注释，需要改为将其注释掉，默认只能连接本地)。然后，找到配置文件 redis.conf 中 protected mode，将默认的 protected mode yes 改为 protected mode no，就可以远程连接 Redis 了。

（9）启动 Redis 服务，并指定配置文件。Redis 启动成功如图 5-26 所示。

```
redis-server /usr/local/redis/etc/redis.conf
```

```
[root@[redacted] bin]# ./redis-server /usr/local/redis/etc/redis.conf
21910:C 21 Mar 2022 22:32:37.835 # oO0OoO0OoO0Oo Redis is starting oO0OoO0OoO0Oo
21910:C 21 Mar 2022 22:32:37.835 # Redis version=5.0.0, bits=64, commit=00000000, modified=0, pid=219
10, just started
21910:C 21 Mar 2022 22:32:37.835 # Configuration loaded
[root@[redacted] bin]# ps -ef | grep redis
root     21911     1  0 22:32 ?        00:00:00 ./redis-server *:6379
root     21954  4367  0 22:32 pts/0    00:00:00 grep --color=auto redis
```

图 5-26　Redis 启动成功

（10）验证安装是否成功。执行如下命令：

```
redis-cli -h ip -p 6379 -a myPassword #-指定密码，远程连接Redis服务
```

连接之后，我们就可以向服务器端发送命令了，Redis 提供了 ping 命令来测试客户端与 Redis 的连接是否正常，如果连接正常会收到回复 PONG，如图 5-27 所示。

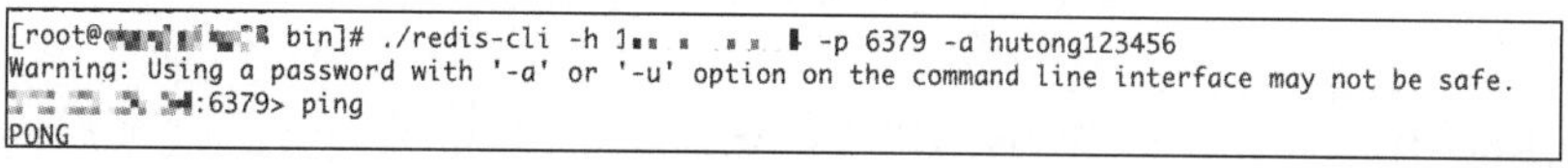

图 5-27　Redis 客户端连接验证

> **注意**
>
> 若安装的 Redis 是 6.0 以上版本，需要特别注意，CentOS 7 默认安装的 gcc 是 4.8.5 版本，而 Redis 6.0 只支持 5.3 以上版本的 gcc，版本不符合要求会导致安装失败。
>
> 解决方法是将 gcc 升级到 9 版本，示例如下：
>
> ```
> yum -y install centos-release-scl
> yum -y install devtoolset-9-gcc devtoolset-9-gcc-c++ devtoolset-9-binutils
> ```
>
> gcc 升级之后，我们需切换版本，通过如下命令，加入系统变量，使配置永久有效：
>
> ```
> echo "source /opt/rh/devtoolset-9/enable" >>/etc/profile
> ```
>
> 切换完成后可以通过 gcc -V 查看当前 gcc 版本。

2. Redis 数据结构

对 Redis 来说，所有的键都是字符串。我们在谈基础数据结构时，讨论的是存储值的数据类型，主要包括常见的字符串、字典、列表、集合和有序集合这 5 种数据类型。

Redis 是一个键值对数据库，值支持字符串、列表、集合、哈希、有序集合等类型。

- 字符串（String）是 Redis 的基础数据类型，如 JPG 图片或者序列化的对象，其值最大可存储 512MB。普通的键值存储都可以使用此类型，常规键值缓存应用，如微博数、粉丝数计数，也可以使用此类型。
- 哈希（Hash）是字符串元素组成的键值对集合，一种键值对型的数据结构，适用于存储对象，可用于存储部分变更数据，如用户信息等。
- 列表（List）按照插入顺序排序，我们可以添加元素到列表的头部或者尾部。它的底层是一个链表，顺序为后进先出。我们可以使用列表构建队列系统，甚至可以使用有序集合构建有优先级的队列系统。
- 集合（Set）是字符串元素组成的无序集合，通过哈希表实现，不允许重复。
- 有序集合（Sorted Set）和集合一样，是字符串元素的集合，而且不允许重复。不同的是，每个元素都会关联一个 double 类型的分数（score）。Redis 的有序集合可以通过用户额外提供一个优先级（即 score）的参数来为成员排序，并且是插入有序的，即自动排序。当我们需要一个有序的并且不重复的集合，那么可以选择有序集合类型。

3. 使用说明

Python 使用 redis 库与 Redis 进行交互，redis 库提供 StrictRedis 和 Redis 两个类用于实现 Redis 的命令，其中 StrictRedis 用于实现官方的语法和命令；Redis 是 StrictRedis 的子类，用于兼容旧版本的 redis 库，本节使用 Redis 4.1.4。下面我们将介绍 redis 库的常见操作。

（1）建立连接。有单连接方式和连接池模式两种，单连接方式如下：

```
import redis              # 导入 redis 库
# redis 库取出的结果默认是字节类型，我们可以设置 decode_responses=True，将字节类型改成字符串类型
r = redis.Redis(host='localhost', port=6379, decode_responses=True)
```

redis 库使用连接池来管理一个 Redis 服务器的所有连接，避免每次建立、释放连接产生的开销。每个 Redis 实例都会维护一个自己的连接池。可以直接建立一个连接池，然后作为参数 Redis，这样就可以实现多个 Redis 实例共享一个连接池。连接池方式如下：

```
pool = redis.ConnectionPool(host='localhost', port=6379, decode_responses=True)
r = redis.Redis(host='localhost', port=6379, decode_responses=True)
```

（2）插入数据主要通过 set() 方法和 mset(*args, **kwargs) 方法实现。示例如下：

```
import redis
pool = redis.ConnectionPool(host='172.21.26.54', port=6379,password= 'hutong123456', decode_responses=True)
r = redis.Redis(connection_pool=pool)
r.set('name', 'hutong', ex=3)
value_dict = {'num1': 123, 'num2': 456}
r.mset(value_dict)
```

（3）查询主要通过 get(key) 方法获取单个值，返回字符串；通过 mget(keys, *args) 方法批量获取多个值；通过 getset(name, value) 方法设置新值并获取原来的值。示例如下：

```
r.getset("name", "tom")    # 设置的新值是 tom，原来的值是 hutong
```

（4）修改主要通过 append(key, value) 方法在 key 的值后面追加内容。示例如下：

```
r.append("name", " nihao")     # 在 name 对应的值后面追加字符串 nihao
```

5.6.3 封装示例

我们封装了 RedisClient 类来实现以字符串类型为例的增、删、改、查，具体代码如代码清单 5-8 所示。

代码清单 5-8　redisUtil.py

```
# -*- coding: utf-8 -*-
# @Time : 2022/3/21 9:50 下午
# @Project : nosqlUtil
# @File : redisUtil.py
# @Author : hutong
# @Describe：微信公众号：大话性能
```

```python
# @Version: Python3.9.8

import redis

class RedisClient():
    '''以字符串类型为例的增、删、改、查'''

    def __init__(self, ip, port, db, password):
        self.host = ip
        self.port = port
        self.db = db
        self.password = password
        self.r = redis.Redis(host=self.host, port=self.port, db=self.db, password=self.password)

    # 设置 key 对应的值为字符串类型的 value
    def set(self, key, value):
        return self.r.set(key, value)

    # 设置 key 对应的值为字符串类型的 value，如果 key 已经存在,返回 0, nx 表示 not exist
    def setnx(self, key, value):
        return self.r.setnx(key, value)

    # 设置 key 对应的值为字符串类型的 value，并指定此键值对的有效期
    def setex(self, key, time, value):
        return self.r.setex(key, time, value)

    # 给已有的键设置新值，并返回原有的值。当该键不存在时，会设置新值，但返回值是 None
    def getset(self, key, value):
        return self.r.getset(key, value)

    # 获取指定 key 的值从 start 到 end 的子字符串
    def getrange(self, self, key, start, end):
        return self.r.getrange(key, start, end)

    # 获取指定 key 的值
    def get(self, key):
        if isinstance(key, list):
            return self.r.mget(key)
        else:
            return self.r.get(key)

    # 删除指定的 key
    def remove(self, key):
        return self.r.delete(key)

if __name__ == '__main__':
    redisC = RedisClient('172.21.26.54',6379,0,'hutong123456')
    redisC.set('name','TOM')
    print('原来的值 ',redisC.get('name'))
    # 给已有的键设置新值，并返回原有的值
```

```
            print(redisC.getset('name','TOM2'))
            print('修改后的值 ',redisC.get('name'))
```

为了验证封装代码的正确性，在 if __name__ == '__main__': 代码块中加入简单的测试。测试结果如图 5-28 所示，代码可以成功地修改 Redis 中的值。

图 5-28　测试结果

5.7　数据库中间件简介

数据库是存放数据的仓库，我们通过数据库来组织、查询和处理数据。数据库可以分为两类：关系数据库和内存数据库。MySQL 和 SQLite 是当前两款主流的开源关系数据库管理系统。

MySQL 是一种基于结构化查询语言（structured query language，SQL）的开源关系数据库管理系统。它能够跨平台使用，支持分布式，性能较好，可以和 PHP、Java 等 Web 开发语言完美结合，适合中小型企业用作网站数据库。MySQL 数据库可以多用户，并为每个用户分配对数据库特定部分的访问权限，这有助于确保相关敏感信息只能由需要访问它的用户查看，例如客户付款详细信息等。

SQLite 是一款轻量级的关系数据库管理系统，它也是开源的。SQLite 让用户可以直接读取和写入数据库的文件，适合非多用户的小型项目。

MySQL 和 SQLite 虽然都是关系数据库管理系统，但它们存在较大差异。MySQL 需要服务器才能运行，而 SQLite 不需要实际的服务器来运行，应用无须使用客户端/服务器架构，而是集成到 SQLite 中。SQLite 不能很好地支持多用户，所以如果有两个用户同时尝试写入，SQLite 数据库将会被短暂锁定，功能受限。另外，SQLite 不能一次处理大量数据，一旦超过最大容量，其性能将会降低。

总的来说，SQLite 是为小型项目设计的轻量级解决方案，而 MySQL 适用于各种规模的项目并支持多用户。如果只是单机使用的，数据量不大，需要方便移植或者频繁读/写磁盘文件的话，使用 SQLite 比较合适；如果要满足多用户同时访问，或者网站访问量比较大，使用 MySQL 比较合适。

5.8　MySQL 的使用与封装

MySQL 是目前最流行的开源关系数据库，大多应用于互联网行业。例如，国内的百度、腾讯、淘宝、京东、网易、新浪等，国外的 Google、Facebook、Twitter、GitHub 等都在使用 MySQL。社交、电商和游戏的核心存储往往也是 MySQL。

5.8.1　MySQL 简介

MySQL 具有体积小、速度快、开源等特点，许多中小型网站为了降低网站总体拥有成本而选择 MySQL 作为网站数据库。MySQL 常用于如下场景。

（1）Web 网站开发人员是 MySQL 最大的客户群，也是 MySQL 发展史上最为重要的支撑力量。MySQL 之所以能成为 Web 网站开发人员最青睐的数据库管理系统，是因为 MySQL 数据库的安装配置非常简单，使用过程中的维护也不像很多大型商业数据库管理系统那么复杂，而且性能出色。还有一个非常重要的原因就是 MySQL 是开源的，可以免费使用。

（2）嵌入式环境对软件系统最大的限制是硬件资源非常有限，在嵌入式环境下运行的软件系统，必须是轻量级低消耗的软件。MySQL 在资源使用方面的伸缩性非常大，可以在资源非常充裕的环境下运行，也可以在资源非常少的环境下正常运行。对于嵌入式环境，MySQL 是一种非常合适的数据库系统，而且 MySQL 有专门针对嵌入式环境的版本。

5.8.2 使用 MySQL

1. 常用数据类型

MySQL 支持的数据类型非常多，选择正确的数据类型对于获得高性能至关重要，下面介绍几种常用的数据类型。

（1）整数类型。整数类型有 TINYINT、SMALLINT、MEDIUMINT、INT 和 BIGINT 这几种，用于存储整数，每种类型的存储空间和值的范围不一样，我们需要根据实际情况选择合适的类型。

（2）实数类型。实数是带有小数部分的数字。FLOAT 和 DOUBLE 类型支持使用标准的浮点运算进行近似计算。DECIMAL 类型用于存储精确的小数。在程序开发时，如果需要对小数进行精确计算，可以考虑使用 BIGINT 代替 DECIMAL，将需要存储的数值根据小数的位数乘相应的倍数即可。这样可以避免浮点存储计算不精确和 DECIMAL 精确计算代价高的问题。

（3）字符串类型。MySQL 支持多种字符串类型，如 VARCHAR、CHAR、BLOB、TEXT 等。VARCHAR 和 CHAR 是两种最主要的字符串类型；BLOB 和 TEXT 是为存储大量数据而设计的字符串数据类型，分别采用二进制和字符方式存储。

VARCHAR 用于存储可变长字符串，是最常见的字符串数据类型。相对于定长类型 CHAR，它更节省空间。在存储数据时，VARCHAR 需要使用额外的字节记录字符串的长度：如果列的最大长度小于或等于 255 字节，则只使用 1 字节来记录，否则使用 2 字节。在 5.0 或者更高版本，MySQL 在存储和检索时会保留末位空格，并且长度按字符展示，如 varchar(20)，指的是 20 字符。

CHAR 是定长的，MySQL 会根据定义的字符串长度分配足够的空间。在存储 CHAR 值时，MySQL 会删除所有的末尾空格。CHAR 适合存储短字符串，或者接近同一个长度的值，如身份证号、手机号、电话等。对于经常变更的数据，CHAR 比 VARCHAR 更好用，因为定长的 CHAR 不容易产生碎片。对于非常短的列，CHAR 比 VARCHAR 在存储空间上更有优势。例如，用 CHAR(1)来存储只有 Y 和 N 的值，如果采用单字节字符集则只需要 1 字节，但是 VARCHAR(1)却需要 2 字节，因为还有一个记录长度的额外字节。

（4）日期和时间类型。DATETIME 的时间范围是 1001 年到 9999 年，精度为秒。它使用 8 字节的存储空间，把日期和时间封装到格式为 YYYYMMDDHHMMSS 的整数中，与时区无关。TIMESTAMP 只使用 4 字节的存储空间，因此它的范围比 DATETIME 小得多，只能表示 1970 年到 2038 年，并且 TIMESTAMP 会根据时区变化，具有自动更新能力。当需要存储比秒更小粒度的日期和时间值时，虽然 MySQL 目前没有提供合适的数据类型，但是可以使用 BIGINT 存储微秒级别的时间戳，或者使用 DOUBLE 存储秒之后的小数部分。

> **提示**
>
> 在进行表结构设计时，需要牢记如下几个原则。

- 更小的通常更好。在确保满足存储要求的前提下，尽量使用最小数据类型。因为它们占用更少的磁盘、内存和 CPU 缓存，并且处理时需要的 CPU 周期也更短，所以通常效率也更快。
- 简单就好。简单数据类型的操作通常需要更短的 CPU 周期。例如，整形比字符操作代价更低；应该使用 MySQL 内置的类型（date、time 和 datetime）而不是字符串来存储日期和时间；应该使用整型存储 IP 地址。
- 尽量避免使用 NULL。NULL 是列的默认属性，但是通常情况下最好指定列为 NOT NULL。因为使用 NULL 的列在索引时比较复杂，当可使用 NULL 的列被索引时，每个索引记录需增加一个额外的字节。

2. 常用方法

在 Python 中，主要通过 PyMySQL 库进行 MySQL 数据库的操作。在使用 PyMySQL 库过程中，主要涉及连接对象和游标对象，大部分的操作都是基于这两个对象展开的。

我们先创建数据库连接对象（db），创建方法如下：

```
db = pymysql.connect(参数列表)
```

其中，参数列表中的参数如表 5-13 所示。

表 5-13　参数列表

参数	含义
host	主机地址（本地地址为 localhost）
port	端口号，默认 3306
user	用户名
password	密码
database	要操控的库
charset	编码方式，推荐使用 UTF-8

数据库连接对象（db）的常用方法如表 5-14 所示。

表 5-14　数据库连接对象的常用方法

方法	描述
db.close()	关闭连接
db.commit()	提交数据库执行
db.rollback()	回滚到错误的语句执行之前的状态
cur = db.cursor()	返回游标对象，用于执行具体的 SQL 命令

游标对象（cur）的常用方法如表 5-15 所示。

表 5-15 游标对象的常用方法

方法	描述
cur.execute(sql,[列表])	执行 SQL 命令,将查找结果存入游标对象 cur 中
cur.close()	关闭游标对象
cur.fetchone()	获取查询结果集的第一条数据
cur.fetchmany(n)	获取 n 条数据
cur.fetchall()	获取所有记录
cur.rowcount	返回查询结果记录数

3. 使用说明

本节使用的 PyMySQL 1.0.2,PyMySQL 的使用分为如下几步。

(1)与数据库服务器建立连接:conn=pymysql.Connect(...)。

(2)获取游标对象(用于发送和接收数据):cursor=conn.cursor()。

(3)使用游标执行 SQL 语句:cursor.excute(sql)。此时返回的是执行该语句后数据库表中受影响的数据条数。

(4)使用 fetch()方法来获取执行的结果。

(5)关闭连接:先关闭游标,再关闭连接。

下面进行基本操作的示例演示。

(1)新建数据库:

```
import pymysql

con =pymysql.connect(host='localhost',user='root',passwd='root',port=3306,db='business')
cursor = con.cursor()
cursor.execute('create database if not exists business default charset utf8')
con.commit()
```

(2)新建表:

```
cursor.execute('use business')
cursor.execute('''CREATE table if not exists boss(id int auto_increment primary key,
        name varchar(20) not null,
        salary int not null)''')
```

(3)增加数据:

```
sql = """INSERT into boss(name,salary)
    values ('Jack',91), ('Harden',1300), ('Pony',200)"""
cursor.execute(sql)
con.commit()
```

(4)删除数据:

```
cursor.execute('delete from boss where salary < 100')
con.commit() # 一定要提交,提交了语句才生效
```

(5) 修改数据:

```
cursor.execute("UPDATE boss set salary = 2000 where name = 'Pony'")
con.commit()
```

(6) 关闭数据库:

```
con.close()
```

> **注入问题**
> 用 excute() 方法执行 SQL 语句的时候,必须使用参数化的方式,内部执行参数化生成的 SQL 语句,对特殊字符加\转义,避免注入 SQL 语句漏洞生成。
>
> **连接池**
> 面对大量的 Web 请求和插入、查询请求,MySQL 连接会不稳定,针对错误"Lost connection to MySQL server during query ([Errno 104] Connection reset by peer)",解决方法是采用连接池方式,在程序创建连接的时候从连接池中获取一个连接,不需要重新初始化连接,可以提升获取连接的速度。
> DBUtils 是一套 Python 数据库工具类库,可以对非线程安全的数据库接口进行线程安全包装,可用于各种多线程环境。DBUtils 提供两种外部接口:
> - PersistentDB 提供线程专用的数据库连接,并自动管理连接;
> - PooledDB 提供线程间可共享的数据库连接,并自动管理连接。

5.8.3 封装示例

在实际数据库操作时,使用完毕后须要关闭游标(cursor)和连接(connection),为了简化代码,获取数据库连接采用 with open as 方式,执行完毕后自动关闭连接,无须主动关闭。

代码清单 5-9 中封装和使用 with 优化操作代码。采用 with 的方式来增加一个上下文管理器,并记录每次执行 SQL 预计的耗时。除了更好的采用 with 方式管理连接外,还简要封装了增删改查的操作。

代码清单 5-9 mysqlUtil.py

```python
# -*- coding: utf-8 -*-
# @Time : 2022/2/15 4:41 下午
# @Project : mysqlUtil
# @File : mysqlUtil.py
# @Author : hutong
# @Describe: 微信公众号:大话性能
# @Version: Python3.9.8
import pymysql
from timeit import default_timer

host = 'localhost'
port = 3306
db = 'mysql_test'
user = 'mysql_test'
password = 'mysql_test'
```

```python
# 用 PyMySQL 操作数据库
def get_connection():
    conn = pymysql.connect(host=host, port=port, db=db, user=user, password=password)
    return conn

# 使用 with 优化代码
class UsingMysql(object):
    def __init__(self, commit=True, log_time=True, log_label='总用时'):
        """
        :param commit: 是否在最后提交事务(设置为 False 的时候方便单元测试)
        :param log_time: 是否打印程序运行总时间
        :param log_label: 自定义 log 的文字
        """
        self._log_time = log_time
        self._commit = commit
        self._log_label = log_label

    def __enter__(self):
        # 如果需要记录时间
        if self._log_time is True:
            self._start = default_timer()
        # 在进入的时候自动获取连接和 cursor
        conn = get_connection()
        cursor = conn.cursor(pymysql.cursors.DictCursor)
        conn.autocommit = False
        self._conn = conn
        self._cursor = cursor
        return self

    def __exit__(self, *exc_info):
        # 提交事务
        if self._commit:
            self._conn.commit()
        # 在退出的时候自动关闭连接和 cursor
        self._cursor.close()
        self._conn.close()

        if self._log_time is True:
            diff = default_timer() - self._start
            print('-- %s: %.6f 秒' % (self._log_label, diff))

    # 一系列封装的业务方法
    # 返回 count
    def get_count(self, sql, params=None, count_key='count(id)'):
        self.cursor.execute(sql, params)
        data = self.cursor.fetchone()
        if not data:
            return 0
        return data[count_key]
```

```python
    def fetch_one(self, sql, params=None):
        self.cursor.execute(sql, params)
        return self.cursor.fetchone()

    def fetch_all(self, sql, params=None):
        self.cursor.execute(sql, params)
        return self.cursor.fetchall()

    def fetch_by_pk(self, sql, pk):
        self.cursor.execute(sql, (pk,))
        return self.cursor.fetchall()

    def update_by_pk(self, sql, params=None):
        self.cursor.execute(sql, params)

    @property
    def cursor(self):
        return self._cursor

def check_it():
    """
    """
    with UsingMysql(log_time=True) as um:
        um.cursor.execute("select count(id) as total from Product")
        data = um.cursor.fetchone()
        print("-- 当前数量: %d " % data['total'])


if __name__ == '__main__':
    check_it()
```

运行上述代码，输出结果如下：

```
-- 当前数量: 0
-- 用时: 0.002345 秒
```

用这种方式改写代码之后，业务方法更精简，并且加入参数方便进行单元测试和监控代码的运行时间，本书后面的学习和日常的开发都可以使用这个封装类。

5.9　SQLite 的使用与封装

SQLite 是一款轻量型的数据库，是遵守 ACID（atomicity, consistency, isolation, durability，原子性、一致性、隔离性、持久性）的关系数据库管理系统，它的设计目标是嵌入式，目前已经有很多嵌入式产品使用它。它占用的资源非常低，在嵌入式产品中，可能只需要几百 KB 的内存。它能够支持 Windows、Linux、UNIX 等主流的操作系统，同时能够结合多种编程语言，如 Tcl、C#、PHP、Java 等，它还有 ODBC 接口，相比 MySQL、PostgreSQL，在特定场景下，它的处理速度更快。目前 SQLite 已经发展到版本 3。

5.9.1 SQLite 简介

SQLite 是一个进程内的库，它实现了自给自足、无服务器、无须配置和支持事务，它的数据库就是一个文件。SQLite 的优点在特定应用场景下表现突出，具体如下。

- 与 MySQL 相比，它开源得更彻底，并且没有任何使用上的限制。
- 使用方便，在 2.5 以上版本的 Python 中使用 SQLite 无须配置，默认内置。
- 无须单独购买数据库服务，无服务器进程，配置成本为零。
- 整个数据库存储在一个文件中，数据导入、导出、备份和恢复都需要复制该文件，维护难度较低，有很好的迁移性。
- 读速度快，它在数据量不是很大的情况下速度较快，更重要的是省掉了一次数据库远程连接，没有复杂的权限验证，打开就能操作。
- 支持数据库大小至 2TB。

SQLite 的应用场景有嵌入式设备与物联网、数据分析、数据传输、文件归档、数据容器、内部或临时数据库、在演示或测试期间代替企业数据库、教学与培训、实验性 SQL 语言扩展等。实际上，SQLite 是 Python 的内置数据库，换言之，我们不需要安装任何服务器端或客户端软件，也不需要让某个东西作为服务运行，只要用 Python 导入库并开始编码，就会有一个关系数据库管理系统，十分的便捷。

5.9.2 使用 SQLite

1. 常用数据类型

SQLite 采用动态数据类型，会根据存入的值自动判断其数据类型。值的数据类型由值本身决定，而非存储容器。而传统的关系数据库采用静态数据类型，即数据类型在数据表声明时已确定。

在 SQLite 中，存储分类和数据类型有一定的差别，如 INTEGER 存储分类可以包含 6 种不同长度的 INTEGER 数据类型，然而这些 INTEGER 数据被读入内存时，SQLite 会将其视为占用 8 字节的无符号整型。因此我们即使在数据表声明时明确了字段类型，也可以在该字段中存储其他类型的数据，SQLite 中常见的数据类型如表 5-16 所示。

表 5-16 SQLite 中常见数据类型

类型	描述
NULL	空值
INTEGER	有符号的整数类型
REAL	浮点数类型
TEXT	字符串，使用 UTF-8、UTF-16BE 或 UTF-16LE 存储
BLOB	二进制长对象，我们可以把图片、声音、视频等大文件以二进制形式存入数据库

需要特别说明的是，尽管 SQLite 为我们提供了这种方便，但是考虑到数据库平台的可移植性，我们在实际的开发过程中应尽可能地保证数据类型存储和声明的一致性。

> **提示**
> 其他数据类型如下。

- 布尔类型：SQLite 并没有提供专门的布尔存储类型，而是用整型 1 表示 true，0 表示 false。
- 日期和时间数据类型：和布尔类型一样，SQLite 没有提供专门的日期时间存储类型，而是以 TEXT、REAL 和 INTEGER 类型分别表示该类型，其中，TEXT 类型表示"YYYY-MM-DD HH:MM:SS.SSS"格式的日期；REAL 类型表示以公元 4714 年 11 月 24 日格林尼治时间的正午开始算起的天数；INTEGER 类型表示以 UNIX 时间形式保存的数据值，即从 1970-01-01 00:00:00 到当前时间所流经的秒数。

虽然 SQLite 是轻量级数据库，但是单个 SQLite 文件，能够存储 140TB 的数据。

2. 常用方法

我们借助 sqlite3 库在 Python 中操作 SQLite 数据库，sqlite3 库的 API 接口如表 5-17 所示。

表 5-17　sqlite3 库的 API 接口

API	描述
sqlite3.connect(database [,timeout,other optional arguments])	该 API 打开一个到数据库的连接。可以使用":memory:"来在 RAM 中打开一个到 database 的数据库连接，而不是在磁盘上打开。如果数据库成功打开，则返回一个连接对象。 如果一个数据库被多个连接访问，而其中一个修改了数据库，此时数据库将被锁定，直到事务提交。timeout 参数表示连接等待锁定的持续时间，直到发生异常断开连接。timeout 默认值是 5 秒。 如果给定的数据库名称 filename 不存在，则该 API 将创建一个数据库。我们如果不想在当前目录下创建数据库，可以指定带有路径的文件名，这样就可以在任意目录下创建数据库了
connection.cursor([cursorClass])	创建一个游标（cursor），该方法接受一个单一的可选的参数 cursorClass，该参数必须是一个扩展自 sqlite3.Cursor 的自定义游标类
cursor.execute(sql[,optional parameters])	执行一个 SQL 语句，该 SQL 语句可以被参数化，即使用占位符代替 SQL 文本，sqlite3 库支持问号和命名占位符这两种类型的占位符
connection.execute (sql[,optional parameters])	是上面执行的由游标对象提供的方法的快捷方式，它通过调用游标方法创建了一个中间的光标对象，然后通过给定的参数调用游标的 execute 方法
cursor.executemany (sql,seq_of_parameters)	对 seq_of_parameters 中的所有参数或映射执行一个 SQL 命令
connection.executemany (sql[,parameters])	一个由调用游标方法创建的中间的光标对象的快捷方式，然后通过给定的参数调用光标的 executemany 方法
cursor.executescript(sql_script)	一旦接收到脚本，会执行多个 SQL 语句。它首先执行 COMMIT 语句，然后执行作为参数传入的 SQL 脚本。所有的 SQL 语句应该用分号（;）分隔
connection.executescript (sql_script)	是一个由调用游标方法创建的中间的光标对象的快捷方式，然后通过给定的参数调用光标的 executescript 方法
connection.total_changes()	返回自数据库连接打开以来被修改、插入或删除的数据总行数
connection.commit()	该方法用于提交当前的事务。如果未调用该方法，那么自上一次调用 commit() 方法以来所做的任何动作对其他数据库连接是不可见的
connection.rollback()	该方法回滚自上一次调用 commit() 以来对数据库所做的更改

续表

API	描述
connection.close()	该方法用于关闭数据库连接。注意,该方法不会自动调用 commit()方法。如果之前未调用 commit()方法,调用该方法时将直接关闭数据库连接,所做的所有更改也将全部丢失
cursor.fetchone()	该方法用于获取查询结果集中的下一行,返回一个单一的序列,当没有更多可用的数据时,返回 None
cursor.fetchmany([size=cursor.arraysize])	该方法用于获取查询结果集中的下一组,返回一个列表。当没有更多的可用的行时,返回一个空的列表。该方法尝试获取由 size 参数指定的行
cursor.fetchall()	该方法用于获取查询结果集中所有(剩余)的行,返回一个列表。当没有可用的行时,返回一个空的列表

3. 使用说明

Python 2.5.x 以上版本内置了 sqlite3 库,因此我们在 Python 中可以直接使用 SQLite。sqlite3 是 Python 标准库中用于使用 SQLite 数据库的库,提供了轻量级文本数据库的全部功能。sqlite3 库的使用包括引入依赖、连接数据库、创建游标对象、执行 SQL 语句和关闭连接 5 步,下面我们介绍具体的步骤实现。

(1) 引入依赖:

```
import sqlite3
```

(2) 连接数据库。使用 sqlite3 库,必须先创建一个 Connection 对象,表示与程序连接的数据库:

```
conn = sqlite3.connect('test.db')
```

(3) 创建游标对象。连接数据库之后,需要从连接中获取 Cursor 游标对象:

```
cs = conn.cursor()
```

(4) 执行 SQL 语句。调用游标对象的 execute()方法来执行 SQL 语句。创建表时,我们需要判断 SQLite 中是否存在该表,不存在则创建。示例如下:

```
create_tb_sql='''
create table if not exists info
(id   int   primary key, name text, age   int);'''
cs.execute(create_tb_sql)
```

查询时,我们要先通过 execute()方法执行查询语句,然后获取查询结果,可以调用 Cursor 类的 fetchone()方法或 fetchall()方法,获取查询到的第一条或者全部结果:

```
cs.execute('select name from info')
result = cs.fetchall()
```

fetchall()返回结果集中的全部数据,结果是一个元素为元组的列表。每个元组元素是按建表的字段顺序排列。注意,游标是有状态的,它可以记录当前已经取到结果的第几个记录,因此我们只可以遍历结果集一次。在上面的查询示例中,如果执行 fetchone()会返回空值,这一点在测试时需要注意。

更改（包括增加、更新和删除）数据时，我们要先调用 execute()方法更改数据库中的数据，然后调用 Connection 对象的 commit()方法进行提交，否则操作不会被保存：

```
cs.execute('insert into info values(?,?,?)',(1,'Tom',23))
conn.commit()
```

另外，我们可以使用 executemany()方法来执行多次插入，增加多个记录。

（5）关闭连接。当所有操作完成，我们可以调用 Connection 对象的 close()方法，关闭数据库连接：

```
conn.close()
```

提示

游标对象是一个实现了迭代器和生成器的对象，这个时候游标对象中还没有数据，等到执行完 fetchone()方法或 fetchall()方法才返回一个元组，并支持 len()方法和 index()方法，这是它实现迭代器的原因。游标对象只能遍历结果集一次，即每用完一次之后记录其位置，等到下次再取的时候是从游标处再取而不是从头再来，当取完所有的数据，这个游标对象就没有使用价值了。

SQL 注入攻击

通常在执行 SQL 语句时，我们需要使用一些 Python 变量的值拼接该语句。我们不应该使用 Python 的字符串格式化符，如"%s"，来拼接查询语句，因为这样可能会导致 SQL 注入攻击。我们应该在 SQL 语句中，使用?占位符来代替值，然后把对应的值所组成的元组作为 execute()方法的第二个参数。示例如下：

```
param = ('123', True)
cs.execute('''SELECT comment FROM comment_table WHERE relation_id=? AND merge_mark=?''',
param)
result_list = cs.fetchall()
```

5.9.3 封装示例

我们利用 Python 的 sqlite3 库实现 SQLite 的增、删、查、改，并将其封装，供后续项目工程引用借鉴，以减少代码量，让代码更加清晰、可读，如代码清单 5-10 所示。

代码清单 5-10　SQLiteUtil.py

```python
# -*- coding: utf-8 -*-
# @Time : 2022/3/6 9:50 下午
# @Project : sqlDemo
# @File : SQLiteUtil.py
# @Author : hutong
# @Describe: 微信公众号：大话性能
# @Version: Python3.9.8

import sys
import os
import sqlite3

class SqliteTool():
    """
```

```python
    简单sqlite数据库工具类
    编写这个类主要是为了封装sqlite,继承此类复用方法
    """
    def __init__(self, dbName="sqlite3Test.db"):
        """
        初始化连接——使用完需关闭连接
        :param dbName: 连接库的名字,注意,以'.db'结尾
        """
        # 连接数据库
        self._conn = sqlite3.connect(dbName)
        # 创建游标
        self._cur = self._conn.cursor()

    def close_con(self):
        """
        关闭连接对象——主动调用
        :return:
        """
        self._cur.close()
        self._conn.close()

    # 创建数据表
    def create_tabel(self, sql: str):
        """
        创建表
        :param sql: create sql 语句
        :return: True 表示创建表成功
        """
        try:
            self._cur.execute(sql)
            self._conn.commit()
            print("[create table success]")
            return True
        except Exception as e:
            print("[create table error]", e)

    # 删除数据表
    def drop_table(self, sql: str):
        """
        删除表
        :param sql: drop sql 语句
        :return: True 表示删除成功
        """
        try:
            self._cur.execute(sql)
            self._conn.commit()
            return True
        except Exception as e:
            print("[drop table error]", e)
            return False
```

```python
# 插入或更新表数据，一次插入或更新一条数据
def operate_one(self, sql: str, value: tuple):
    """
    插入或更新单条表记录
    :param sql: insert 语句或 update 语句
    :param value: 插入或更新的值，形如()
    :return: True 表示插入或更新成功
    """
    try:
        self._cur.execute(sql, value)
        self._conn.commit()
        if 'INSERT' in sql.upper():
            print("[insert one record success]")
        if 'UPDATE' in sql.upper():
            print("[update one record success]")
        return True
    except Exception as e:
        print("[insert/update one record error]", e)
        self._conn.rollback()
        return False

# 插入或更新表数据，一次插入或更新多条数据
def operate_many(self, sql: str, value: list):
    """
    插入或更新多条表记录
    :param sql: insert 语句或 update 语句
    :param value: 插入或更新的字段的具体值，列表形式为 list:[(),()]
    :return: True 表示插入或更新成功
    """
    try:
        # 调用 executemany()方法
        self._cur.executemany(sql, value)
        self._conn.commit()
        if 'INSERT' in sql.upper():
            print("[insert many  records success]")
        if 'UPDATE' in sql.upper():
            print("[update many  records success]")
        return True
    except Exception as e:
        print("[insert/update many  records error]", e)
        self._conn.rollback()
        return False

# 删除表数据
def delete_record(self, sql: str):
    """
    删除表记录
    :param sql: 删除记录 SQL 语句
    :return: True 表示删除成功
    """
    try:
```

```python
            if 'DELETE' in sql.upper():
                self._cur.execute(sql)
                self._conn.commit()
                print("[detele record success]")
                return True
            else:
                print("[sql is not delete]")
                return False
        except Exception as e:
            print("[detele record error]", e)
            return False

    # 查询一条数据
    def query_one(self, sql: str, params=None):
        """
        查询单条数据
        :param sql: select 语句
        :param params: 查询参数，形如()
        :return: 语句查询单条结果
        """
        try:
            if params:
                self._cur.execute(sql, params)
            else:
                self._cur.execute(sql)
            # 调用 fetchone()方法
            r = self._cur.fetchone()
            print("[select one record success]")
            return r
        except Exception as e:
            print("[select one record error]", e)

    # 查询多条数据
    def query_many(self, sql: str, params=None):
        """
        查询多条数据
        :param sql: select 语句
        :param params: 查询参数，形如()
        :return: 语句查询多条结果
        """
        try:
            if params:
                self._cur.execute(sql, params)
            else:
                self._cur.execute(sql)
            # 调用 fetchall()方法
            r = self._cur.fetchall()
            print("[select many records success]")
            return r
        except Exception as e:
            print("[select many records error]", e)
```

```python
if __name__ == '__main__':
    # 创建数据表 info 的 SQL 语句
    create_tb_sql = "create table if not exists info(id  int  primary key,name text not null,age int not null,address char(50),);"
    # 创建对象
    mySqlite = SqliteTool()
    # 创建数据表
    mySqlite.create_tabel(create_tb_sql)
    # 插入数据
    # 一次插入一条数据
    mySqlite.operate_one('insert into info values(?,?,?)', (4, 'Tom3', 22))
    # 一次插入多条数据
    mySqlite.operate_many('insert into info values(?,?,?)', [
        (5, 'Alice', 22),
        (6, 'John', 21)])
    '''
    # 更新数据 SQL 语句
    update_sql = "update info set age=? where name=?"
    update_value = (22,'Tom')
    update_values = [(22,'Tom'),(32,'John')]
    # 一次更新一条数据
    mySqlite.operate_one(update_sql,update_value)
    # 一次更新多条数据
    mySqlite.operate_many(update_sql,update_values)
    '''
    # 查询数据
    select_sql = "select name from info where age =? and name = ?"
    conn = sqlite3.connect("sqlite3Test.db")
    # 创建游标
    cur = conn.cursor()
    result_one = cur.execute("select * from info where name=:myname ", {"myname": 'Tom'})
    print(result_one.fetchall())
    print(result_one)
    result_many = mySqlite.query_many(select_sql, (23, 'Tom'))
    print(result_many)
    # 删除数据
    '''
    delete_sql = "delete from info where name = 'Tom'"
    mySqlite.delete_record(delete_sql)
    '''
    # 关闭游标和连接
    mySqlite.close_con()
```

为了验证上述封装的正确性，我们在 PyCharm 中新建 SQLite 数据库 sqlite3Test，如图 5-29 所示。

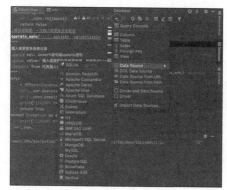

图 5-29 在 PyCharm 中新建 SQLite 数据库

然后，新建表 info，如图 5-30 所示，表 info 包含 id、name 和 age 字段。

最后，在 if __name__ == '__main__' 代码块中执行增、删、改和查，从图 5-31 可以看到，插入数据成功。

图 5-30 新建数据表 info

图 5-31 插入数据成功

> **提示**
>
> 使用 sqlite3 的过程中的一些知识和技巧总结如下。
> - 使用批量操作。如果需要一次性向数据库插入很多行，不应该使用 execute() 方法，sqlite3 提供了一种批量操作的办法 executemany()。
> - 游标是可以遍历的。直接使用游标进行遍历，可以在得到自己想要的结果后立即释放资源。当然，如果我们预先知道自己需要多少记录，则可以使用 limit 语句限制返回的行数。
> - 推迟索引创建。如果数据表需要一些索引，同时创建数据表时需要向表中插入大量数据。那么需要先插入数据再创建索引，这样做可以带来一定的性能提升。
> - 使用占位符来做 Python 插值。使用 Python 字符串操作来向 SQL 中插入值，这样做很不安全，sqlite3 提供了一个更安全的办法——占位符。同时，Python 的 %s 替换值的语法，在 execute() 方法中根本无法使用，采用正确方式如下：
>
> ```
> my_timestamp = (1,)
> c.execute('SELECT * FROM events WHERE ts = ?', my_timestamp)
> ```

5.10 本章小结

通过学习本章的内容，大家一方面能了解和掌握消息中间件、缓存中间件和数据库中间件的常见组件的特点和安装部署，另一方面能参考示例代码操作 Kafka、RabbitMQ、MongoDB、Redis、MySQL 和 SQLite 这 6 个组件，希望本章的内容能给大家带来一点启发。

第 6 章

通用框架

框架是集成了很多功能的通用性的项目模板，为了追求更快效率、更高性能，开发人员开发出了众多的开源通用框架。本章将讲解 3 个框架的使用和封装，分别是 Web 应用框架 FastAPI、异步处理框架 Celery 和轻量型的爬虫框架 Scrapy，并都给出示例，供大家参考。

6.1　Web 应用框架 FastAPI

Web 应用框架可以帮助我们高效地编写 Web 应用。当我们在浏览器访问一个网址，发起 HTTP 请求，这时 Web 应用框架就负责处理这个请求，分配不同的访问地址到相应的代码，然后生成 HTML，创建带有内容的 HTTP 响应。借助 Web 应用框架，我们可以不用编写处理 HTTP 请求与响应等底层代码。

6.1.1　FastAPI 简介

谈到 Python 的 Web 应用框架，首先就是大而全的 Django，正是"大而全"这 3 个字，让很多入门开发人员望而却步，不过 Django 仍然是 Web 应用开发的首选。然后就是以微小和可扩展著称的 Flask，Flask 的发展势头很迅猛，Docker 官方的很多示例都使用了 Flask。当前，有一定规模的团队都会顺应前后端分离的潮流。本节主要讲解近两年"横空出世"的 Python 后端服务接口快速开发框架 FastAPI。

FastAPI 是一个基于 Python 的 Web 应用后端开发框架，它的开发效率高，具有较少的代码量；它在开发完成后会自动生成 API 使用文档；它基于 Pydantic，可以方便地实现数据校验；它具有更高的性能，支持 ASGI（asynchronous server gateway interface，异步服务器网关接口）规范，也就是支持异步和 WebSocket。

总而言之，Web 应用框架主要用来搭建一些简单的平台，如接口测试平台、mock 平台等，这要求应用框架开发效率高、学习成本低。FastAPI 具有如下特性。

- 快速：可与 Node.js 和 Go 比肩的极高性能，是较快的 Python Web 应用框架之一。

- 编码高效：可将功能开发速度提高 2~3 倍。
- 错误更少：减少约 40%的因人为（开发人员）导致的错误。
- 智能：极佳的编辑器支持。处处皆可自动补全，可减少调试时间。
- 简单：易于学习和使用。开发人员阅读文档的时间更短。
- 精简：可使代码重复最小化。通过不同的参数声明实现丰富功能。
- 健壮：生产可用级别的代码。可自动生成交互式文档。

6.1.2 使用 FastAPI

1. 快速入门

我们先通过 pip install 命令或直接在 PyCharm 中安装 fastapi 和 uvicorn 这两个库，本节示例中使用的 fastapi 的版本为 0.75.1，uvicorn 的版本为 0.17.6。简单的 Web 应用开发只需要 4 步即可完成。

（1）创建一个 APP 实例。
（2）编写一个路径操作装饰器（如@app.get("/")）。
（3）编写一个路径操作函数。
（4）运行开发服务器（如 uvicorn main:app--reload）。

下面我们创建一个 helloWorld.py 文件，展示如何在 PyCharm 中使用 FastAPI 开发一个简单的应用。注意，文件名字要和启动服务的 APP 名字相同，具体实现如代码清单 6-1 所示。

代码清单 6-1　helloWorld

```
# -*- coding: utf-8 -*-
# @Project  : fastapiDemo
# @File     : helloWorld.py
# @Date     : 2020-12-15
# @Author   : hutong
# @Describe : 微信公众号：大话性能

from fastapi import FastAPI
# 创建一个 APP 实例
app = FastAPI()

# 添加路径操作装饰器和路径操作函数
@app.get("/")
async def demo():
    return {"Hello": "World"}

if __name__ == "__main__":
    import uvicorn
    # 启动服务，注意 APP 前面的文件名称
    uvicorn.run(app='helloWorld:app', host="127.0.0.1", port=8010, reload=True, debug=True)
```

在 PyCharm 启动 FastAPI 服务成功如图 6-1 所示。在浏览器中输入地址，即可显示{"Hello": "World"}，如图 6-2 所示。

图 6-1　启动 FastAPI 服务成功　　　　图 6-2　在浏览器中验证服务

> **提示**
>
> ASGI 是介于网络服务和 Python 应用之间的标准接口，是为 Python 语言定义的 Web 服务器和 Web 应用或框架之间的通用协议，能够处理多种通用的协议类型，包括 HTTP、HTTP/2 和 WebSocket。ASGI 帮助 Python 在 Web 应用框架上和 Node.js 及 Go 相竞争，目标是获得高性能的 IO 密集型任务。
>
> Uvicorn 是基于 uvloop 和 httptools 构建的一种高效的 ASGI 服务器，负责从客户端接收请求，将请求转发给应用，将应用的响应返回给客户端。我们向 Uvicorn 发送请求，Uvicorn 解析请求并转发给 Python 程序的 app 处理请求，并将处理结果返回。可以认为和 Apache、Nginx 类似的东西。
>
> Gunicorn 是成熟的、功能齐全的服务器，Uvicorn 内部包含 Guicorn 的 workers 类，允许运行 ASGI 应用，这些 workers 继承了 Uvicorn 高性能的特点，并且可以使用 Guicorn 来进行进程管理。这样我们动态增加或减少进程数量，平滑地重启工作进程，或者升级服务器而无须停机。
>
> FastAPI 推荐使用 Uvicorn 来部署应用，但在生产环境中，Guicorn 大概是最简单的管理 Uvicorn 的方式。在部署生产环境时，我们推荐使用 Guicorn 和 Uvicorn 的 worker 类。

2．项目结构

我们观察官网的示例会发现启动一个项目都是通过简简单单的一个 py 文件来完成请求和响应内容，但是实际工程的模块往往是庞大和复杂的。当我们基于 Django 框架开发 Web 应用时，能够通过命令创建出一个项目，并且整个项目结构清晰、规整，而类似 Flask、FastAPI 这些轻量级的框架项目组织需要我们自己来做，清晰、规范和合理的项目组织结构，对开发的效率和质量都有很大的提高。

FastAPI 提供了类似 Flask 中 Blueprints 功能的工具，它可以在保持灵活性的同时构建应用。子包中的每一个模块需要解耦开，此时可以使用 APIRouter 进行管理，可以理解为小型的 FastAPI 应用，然后将各个部分组合到 FastAPI 主体上即可。依据此原理，下面我们构建工厂模式创建 FastAPI 项目示例 myFastAPI，供大家借鉴。我们把项目划分为 5 个目录，分别为 api、extensions、settings、utils 和 tests。当然，大家可以对这些目录做适当的裁剪或修订。

- api：项目框架核心，包含整体项目逻辑和路由视图，示例 myFastAPI 中有 shopdemo 和 websocketdemo 两个子项目，而在 shopdemo 子项目下有 goods 和 home 两个模块，其下有各自的路由视图，分开管理，并通过 api 包中的__init__.py 创建的工厂模式生成应用对象统一注册使用。
- extensions：包含项目依赖的一些扩展包，如日志管理。
- settings：包含项目的配置文件，如测试环境配置、生产环境等。
- utils：工具目录，一般用于存放我们抽象出来的公共类或根据业务场景抽象出来可复用的一些工具类。

- tests：测试案例，项目代码质量检测的脚本，这部分主要包含我们开发过程中的一些测试案例，用于对我们的代码进行单元测试。

该项目实例是基于 pipenv 构建的，所以通过 Pipfile 和 Pipfile.lock 文件进行依赖的管理。在项目工程目录下，使用命令行执行命令 tree-FC，即可显示如下的项目树结构：

```
├── Pipfile
├── Pipfile.lock
├── README.md
├── api/
│   ├── __init__.py*              # 创建工厂模式生成应用对象
│   ├── shopdemo/                 # 子项目 shopdemo
│   │   ├── __init__.py*          # 路由汇总，包括该子项目下所有模块的路由
│   │   ├── database.py*
│   │   ├── goods/                # goods 模块
│   │   │   ├── __init__.py*
│   │   │   └── goods.py*         # goods 模块的路由视图
│   │   ├── home/                 # home 模块
│   │   │   ├── __init__.py*
│   │   │   └── home.py*          # home 模块的路由视图
│   │   └── schemas.py*
│   └── websocketdemo/
│       ├── __init__.py*
│       └── chat.py*
├── extensions/
│   ├── __init__.py*
│   └── logger.py*
├── main.py*                      #程序入口
├── settings/
│   ├── __init__.py*
│   └── development_config.py*
├── tests/
│   ├── __init__.py*
│   └── test_home.py*
└── utils/
    ├── __init__.py*
    ├── custom_exc.py*
    └── response_code.py*
```

3. 数据和参数

在 FastAPI 中我们可以自定义数据模型。下面示例展示了如何用 Python 来定义一个数据模型类，用 Pydantic 来校验数据：

```python
class User(BaseModel):
    id: int
    name = 'jack guo'
    signup_timestamp: datetime = None
    friends: List[int] = []
```

其中，要求 id 必须为 int 类型，name 必须为 str 类型且有默认值，signup_timestamp 必须为 datetime 类型且默认值为 None，friends 必须为 List 类型且元素类型要求 int，默认值为[]。

> **提示**
> FastAPI 基于 Pydantic，Pydantic 主要用于类型强制检查，若参数的赋值不符合类型要求就会抛出异常。对于 API 服务，支持类型检查会让服务更加健壮，加快开发速度，因为开发人员不需要对代码一行一行地做类型检查。

FastAPI 中的线束如表 6-1 所示，这些是我们在构建请求参数时必须掌握的。

表 6-1　FastAPI 中的参数

参数	含义
url	定义在 URL 中的参数
param	通常是 URL 后面?xx=xx 定义的参数
body	在请求主体中携带的 JSON 参数
form	在请求主体中携带的 Web 表单参数
cookie	在请求的 cookie 中携带的参数
file	客户端上传的文件

（1）url 参数是一种应用广泛的参数，很多地方都会使用，将信息放在 URL 中，例如 https://www.example.com/u/91bc345f7c84 中 91bc345f7c84 就是 url 参数，它被传递到函数中。假设 URL 为 http://127.0.0.1:8080/items/abcd，那么路径 path 就是/items/abcd。

```
from fastapi import FastAPI
app = FastAPI()
app.get("/echo/{text}")              # 注意，这里 text 将是函数定义的参数名
async def getEchoApi(text:str):      # 通过定义参数类型可以让 fastapi 进行默认的参数检查
    return {"echo":text}
```

这段示例代码很简单，将 URL 中的内容原样返回，当我们访问 URL "localhost:8000/echo/HelloWorld"，返回的内容将是{"echo":text}。

（2）param 参数可能是最常见的参数，当我们百度时，可以在地址栏上看到这样的地址 https://www.example.com/s?ie=UTF-8&wd=fastapi，其中?后面设置了参数 ie 为"UTF-8"，参数 wd 为"fastapi"。这种参数直接在函数中定义即可。

```
from fastapi import FastAPI
app=FastAPI()
app.get("/echo2/")                   # 注意，这里 URL 中没有定义参数
async def getEchoApi(text:str):      # 会自动发现它不是 url 参数,然后识别为 param 参数
    return {"echo":text}
```

运行后：localhost:8000/echo2?text=HelloWorld，返回{"echo":text}。

（3）body 参数常用于数据的提交等操作中。注意，GET 操作是不支持携带请求主体的，我们可

以使用诸如 POST、PUT 等请求方式。示例如下：

```
from fastapi import FastAPI
from pydantic import BaseModel         # FastAPI 的一个依赖，需要从 pydantic 中引入
app=FastAPI()
class EchoArgs(BaseModel):             # 继承 BaseModel
    text:str                           # 定义一个字符串型参数
app.post("/echo/")                     # GET 不支持请求体，更换请求方法
async def postEchoApi(args:EchoArgs):  # 设置刚才定义的参数
    return {"echo":item.text}          # 原样返回
```

（4）form 参数常用于 HTML 表单，表单浏览器有另一套规则，所以在这里要定义其参数类型为表单参数。示例如下：

```
from fastapi import FastAPI,Form       # 引入 Form 用于定义表单参数
app=FastAPI()
app.post("/echo/")
async def postEchoApi(text:str=Form(None)):   # 通过 Form 设置参数
    return {"echo":text}               # 原样返回
```

（5）cookie 参数一般用于标识用户、记录用户习惯等。后来的 session 和 token 也要用到 cookie 技术。cookie 本质是一种在客户端保存的数据，每次请求都会携带，我们可以在响应中对其进行设置。示例如下：

```
from fastapi import FastAPI,Cookie
app=FastAPI()
app.post("/echo/")
async def postEchoApi(text:str=Cookie(None)):
    return {"echo":text}     # 原样返回
```

可以发现，cookie 参数的定义和 form 参数的定义十分相似。

（6）file 参数用于接收客户端上传的文件，有两种方式：

```
from fastapi import FastAPI,File,UploadFile    # 引入文件相关操作
app=FastAPI()
app.post("/upload/1")
async def postUploadFile1Api(file:bytes=File(None)):
    ...    # 文件相关操作方式 1
app.post("/upload/=2")
async def postUploadFile2Api(file:UploadFile=File(None)):
    ...    # 文件相关操作方式 2
```

其中，上传的文件可以使用 bytes 或 UploadFile 两种格式，但推荐使用 UploadFile 方式。因为存储在内存中的文件大小超过上限后，将被存储在磁盘中。这意味着它可以很好地用于大型文件如图像、视频、大型二进制文件等的使用，让大型文件不会占用所有内存。

4. 请求和响应

Web 开发的核心是接收客户端的请求，并进行逻辑处理，然后返回响应给客户端，接下来我们

将介绍如何利用 FastAPI 获取请求的相关信息。

（1）请求。常见的请求有 GET 请求和 POST 请求。GET 请求的参数有两种，一种是查询参数（param 参数），一种是路径参数（url 参数）。当声明路径参数以外的其他函数参数时，FastAPI 会将其自动解析为查询参数。和路径参数不同，查询参数可以是可选非必填的，也可以具有默认值，即在方法中声明的参数就是查询参数。示例如下：

```
from fastapi import FastAPI
app = FastAPI()
# 路径参数+查询参数
@app.get("/items/{item_id}")
async def read_item(item_id: str, name: str, extra: Optional[str] = None):
    return {"item_id": item_id, "name": name}
```

路径参数就是将路径上的某一部分变成参数，可通过请求传递，然后利用 FastAPI 解析：

```
app = FastAPI()
@app.get("/items/{item_id}")
async def read_item(item_id:str):
    return {"item_id": item_id}
```

路径中的 item_id 将会被解析，传递给方法中的 item_id。当请求路径 http://127.0.0.1:8000/items/foo，会返回结果{"item_id":"foo"}。

另外，在路径操作函数中声明 Request 类型的参数，FastAPI 将会传递 Request 对象给这个参数。例如，我们想在路径操作函数中获取客户端的地址信息：

```
from fastapi import FastAPI, Request
app = FastAPI()
@app.get("/items/{item_id}")
def read_root(item_id: str, request: Request):
    client_host = request.client.host  # 获取请求的客户端的 host 信息
    return {"client_host": client_host, "item_id": item_id}
```

根据官方文档，Request 对象中的常用字段和获取方法如表 6-2 所示。

表 6-2 Request 对象中的常用字段和获取方法

常用字段	获取方法
Method	通过 request.method 方法获取
URL	通过 request.url 方法获取。request.url 方法包含其他组件，如 request.url.path、request.url.port
Headers	通过 request.headers 方法获取。例如通过 request.headers['Content-Type']获取 Content-Type
Query Parameters	通过 request.query_params 方法获取。例如通过 request.query_params['search']访问查询参数
Path Parameters	通过 request.path_params 方法获取，参数显示为多字典。例如 request.path_params['name']
Client Address	通过 request.client 为主机和端口保存一个命名的二元组。我们可以通过 request.client.host 和 request.client.port 获取详细信息

常用字段	获取方法
Cookies	通过 request.cookies 方法获取，例如使用 request.cookies.get('mycookie')访问其中的字段
Body	返回的主体根据我们的用例由多个接口组成。例如，使用 request.body()获取字节数据；将表单数据或大部分数据作为 request.form()发送；使用 request.json()将输入解析为 JSON 格式

接下来是 POST 请求，通过发送请求体（request body）来传递请求数据，FastAPI 提倡使用 Pydantic 模型来定义请求体。使用 Pydantic 模型的示例如下：

```
from fastapi import FastAPI
from typing import Optional
from pydantic import BaseModel
app = FastAPI()
# 自定义一个 Pydantic 模型
class Item(BaseModel):
    name: str
    description: Optional[str] = None
    price: float
    tax: Optional[float] = None
@app.post("/items/")
# item 参数的类型指定为 Item
async def create_item(item: Item):
    return item
```

参数指定为 Pydantic 模型，FastAPI 会将请求体识别为 JSON 格式的字符串，若有需要，会将字符串转换成相应的类型和验证数据。在上面的示例中，item 接收到完整的请求体数据，拥有了所有属性及其类型。下面示例同时声明请求体、路径参数和查询参数，FastAPI 可以识别出它们，并从正确的位置获取数据。

```
from typing import Optional
from fastapi import FastAPI
from pydantic import BaseModel
class Item(BaseModel):
    name: str
    description: Optional[str] = None
    price: float
    tax: Optional[float] = None
app = FastAPI()
@app.put("/items/{item_id}")
async def create_item(
        # 路径参数
        item_id: int,
        # 请求体：模型类型
        item: Item,
        # 查询参数
        name: Optional[str] = None):
```

```
        result = {"item_id": item_id, **item.dict()}
        print(result)
        if name:
            # 如果查询参数 name 不为空,则替换掉 item 参数里面的 name 属性值
            result.update({"name": name})
        return result
```

FastAPI 识别参数的逻辑为:
- 如果参数也在路径中声明,它将解释为路径参数,如 item_id;
- 如果参数是单数类型(如 int、float、str、bool 等),它将被解释为查询参数,如 name;
- 如果参数被声明为 Pydantic 模型的类型,它将被解析为请求体,如 item。

(2)响应。在 FastAPI 路径操作中,通常直接返回 dict、list、Pydantic 模型等数据类型。FastAPI 通过 jsonable_encoder 函数自动把返回数据转换为 JSON 格式,然后把 JSON 格式兼容的数据传送给 JSONResponse 对象并返回给终端用户。

在一些情况下,直接返回 Response 对象能让路径操作更灵活。例如自定义头信息、自定义 cookie 信息等情况,我们可以直接返回 Response 对象或者它的子类。JSONResponse 实际上也是 Response 的子类。利用 jsonable_encoder 把数据转换成 JSON 格式的示例如下:

```
from datetime import datetime
from typing import Optional
from fastapi import FastAPI
from fastapi.encoders import jsonable_encoder
from fastapi.responses import JSONResponse
from pydantic import BaseModel

class Item(BaseModel):
    title: str
    timestamp: datetime
    description: Optional[str] = None
app = FastAPI()
@app.put("/items/{id}")
def update_item(id: str, item: Item):
    json_compatible_item_data = jsonable_encoder(item)
    return JSONResponse(content=json_compatible_item_data)
```

一般的响应 JSON 格式是由 3 个字段组成,如下所示:

```
{
 "code": 200,            // 统一成功状态码,需要前后端约定
 "data": xxx,            // 可以是任意类型数据,有接口文档对接
 "message": "success"    // 消息提示,是状态码的简要补充说明
}
```

前端一般有响应拦截处理,如果状态码不是约定成功的状态码就拦截,然后提示 message 里面的消息,如果是就返回 data 里面的数据。我们创建一个 response_code.py 文件来封装响应状态:

```python
from fastapi import status
from fastapi.responses import JSONResponse, Response
from typing import Union
# 注意，*号是指调用的时候要指定参数，例如 resp_200(data=xxxx)
def resp_200(*, data: Union[list, dict, str]) -> Response:
    return JSONResponse(
        status_code=status.HTTP_200_OK,
        content={
            'code': 200,
            'message': "Success",
            'data': data,
        }
    )
```

所有响应状态都封装在这里，其他的响应状态，大家可以自行扩展。调用该封装比较简单，导入并调用，以此来返回 JSON 格式：

```python
from api.utils import response_code
@router.get("/table/list")
async def get_table_list():
    return response_code.resp_200(data={
    "items": ["xx", "xx"]
})
```

另外，在实际工程中，经常需要设置 Response Header，有如下两种实现场景。
（1）路径操作函数声明 Response 参数来设置 Header：

```python
from fastapi import FastAPI, Response
app = FastAPI()
@app.get("/item")
# 路径操作函数声明一个 Response 类型的参数
async def get_item(response: Response):
    response.headers["x-token"] = "XXX"
    return {"name": "设置 headers"}
```

（2）在路径操作函数内，通过 return response 来设置 Header：

```python
from fastapi import FastAPI, Response
from fastapi.responses import JSONResponse
app = FastAPI()
@app.get("/items")
async def get_item():
    response = JSONResponse(content={"name": "JSONResponse"})
    response.headers["x-auth-token"] = "XXX_TOKEN"
    return response
```

5. 视图路由

通常我们在开发应用时会用到路由，例如 Flask 的 blueprint、Django 的 urls 等，其目的都是进行路由汇总管理。FastAPI 也不例外，其拥有 APIRouter。

在大型的应用或者 Web API 中，将所有的请求方法写在同一个处理文件下，会导致代码没有逻辑性，这样既不利于程序的扩展，也不利于程序日后的维护。在 FastAPI 中，我们可以通过 APIRouter 来处理多程序分类。

（1）创建 APIRouter。假设专门用于处理用户的文件是子模块/app/routers/users.py，我们希望用户相关的路径操作可以与其他代码分开，使代码简洁明了，在 routers 子包中，针对前端不同的功能，后端有不同的接口模块与之对应，例如 items.py 与 users.py。items.py 代码示例如下：

```python
from fastapi import APIRouter, Depends
from dependencies import get_query_token
router = APIRouter(
    prefix="/items",   # 前缀只在这个模块中使用
    tags=["items"],
    dependencies=[Depends(get_query_token)]
)
@router.get("/")
async def read_items():
    result = [
        {"name": "apple"},
        {"name": "pear"}
    ]
    return result
```

users.py 代码示例如下：

```python
from fastapi import APIRouter
router = APIRouter()
@router.get("/users/", tags=["users"])
async def read_user():
    return [{"username": "zhangsan"}, {"username": "lisi"}]
@router.get("/users/me", tags=["users"])
async def read_user_me():
    return {"username": "zhangsan"}
```

（2）注册 APIRouter。我们要将刚刚的 APIRouter 注册到核心对象，导入 FastAPI 和声明的 APIRouter 实例，并将上述模块整合到 FastAPI 主体：

```python
from fastapi import FastAPI, Depends
from internal import admin
from routers import items, users
import sys
import os
sys.path.append(os.path.join(os.path.dirname(__file__)))  # 防止相对路径导入出错
app = FastAPI()
# 将其他单独模块进行整合
app.include_router(users.router)
app.include_router(items.router)
```

```
app.include_router(
    admin.router,
    prefix="/admin",
    tags=["admin"]
)
@app.get("/")
async def root():
    return {"message": "Application..."}
```

其中，include_router()函数用于注册。完成后使用 FastAPI()生成的 app 来启动服务即可。

6. 日志文件

Python 虽然内置了 logging 库，但是配置比较麻烦，于是有人开发了一个日志扩展库 loguru，该库集成到 FastAPI 比较简单。该库的开发人员建议直接使用全局对象，所以在示例中，我们直接新建一个文件夹 extensions/来存放扩展文件，然后在文件目录下创建 logger.py 文件，进行简单配置。示例如下：

```
import os
import time
from loguru import logger

basedir = os.path.dirname(os.path.dirname(os.path.dirname(os.path.abspath(__file__))))
# 定位到日志文件
log_path = os.path.join(basedir, 'logs')
if not os.path.exists(log_path):
    os.mkdir(log_path)
log_path_error = os.path.join(log_path, f'{time.strftime("%Y-%m-%d")}_error.log')
# 简单配置日志
logger.add(log_path_error, rotation="12:00", retention="5 days", enqueue=True)
```

6.1.3 封装示例

WebSocket 可以理解为 Web+套接字（socket），它是基于套接字的工作于应用层的一种在单个 TCP 连接上进行全双工通信的协议。WebSocket 的最大特点是，服务器可以主动向客户端推送信息，客户端也可以主动向服务器发送信息，可以理解为 WebSocket 是服务器推送技术的一种。

FastAPI 的 WebSocket 官方示例中有一个实现多个用户即时沟通的示例，但这个示例只能实现多个用户在一起沟通，而不能实现多个用户随便分组沟通，因此我们对这个示例进行修改，以实现多房间多用户的沟通场景。在本节中，我们将演示如何在 FastAPI 应用中创建一个 WebSocket，然后在 WebSocket 路由中通过 await 等待连接和收发消息（这里可以收发文本、二进制和 JSON 格式的数据内容），如代码清单 6-2 所示。

代码清单 6-2 chat

```
# -*- coding: utf-8 -*-
# @Project : fastapiDemo
# @File    : chat.py
# @Date    : 2021-12-15
```

```python
# @Author   : hutong
# @Describe : 微信公众号:大话性能

# 分组发送 JSON 格式的数据
from typing import Set, Dict, List
from fastapi import FastAPI, WebSocket, WebSocketDisconnect

app = FastAPI()

class ConnectionManager:
    def __init__(self):
        # 存放激活的连接
        # self.active_connections: Set[Dict[str, WebSocket]] = set()
        self.active_connections: List[Dict[str, WebSocket]] = []

    async def connect(self, user: str, ws: WebSocket):
        # 连接
        await ws.accept()
        self.active_connections.append({"user": user, "ws": ws})

    def disconnect(self, user: str, ws: WebSocket):
        # 关闭时移除 ws 对象
        self.active_connections.remove({"user": user, "ws": ws})

    @staticmethod
    async def send_personal_message(message: dict, ws: WebSocket):
        # 发送个人消息
        await ws.send_json(message)

    async def send_other_message(self, message: dict, user: str):
        # 发送个人消息
        for connection in self.active_connections:
            if connection["user"] == user:
                await connection['ws'].send_json(message)

    async def broadcast(self, data: dict):
        # 广播消息
        for connection in self.active_connections:
            await connection['ws'].send_json(data)

manager = ConnectionManager()

@app.websocket("/ws/{user}")
async def websocket_endpoint(ws: WebSocket, user: str):
    await manager.connect(user, ws)
    await manager.broadcast({"user": user, "message": "进入聊天"})
    try:
        while True:
```

```
                    data = await ws.receive_json()
                    print(data, type(data))
                    send_user = data.get("send_user")
                    if send_user:
                        await manager.send_personal_message(data, ws)
                        await manager.send_other_message(data, send_user)
                    else:
                        await manager.broadcast({"user": user, "message": data['message']})
        except WebSocketDisconnect:
            manager.disconnect(user, ws)
            await manager.broadcast({"user": user, "message": "离开"})

if __name__ == "__main__":
    import uvicorn
    # 官方推荐是用命令后启动 uvicorn main:app --host=127.0.0.1 --port=8010 --reload
    uvicorn.run(app='chat2:app', host="127.0.0.1", port=8010, reload=True, debug=True)
```

为了验证上述代码的正确性，在 `if __name__ == "__main__":` 代码块中，利用 Uvicorn 启动 APP 服务，启动成功后，如图 6-3 所示。

图 6-3　APP 服务启动成功

图 6-4 是多用户多窗口建立聊天。图 6-5 是 User1 发送广播群聊消息，User2 和 User3 能够收到消息。图 6-6 是 User1 发送个人聊天消息，只发给 User2，User3 是收不到的。

图 6-4　多用户多窗口建立聊天

图 6-5　发送广播群聊消息　　　　图 6-6　发送个人聊天消息

> **提示**
>
> FastAPI 自带支持 WebSocket，这可以很好地实现简单需求，在这里我们介绍使用 FastAPI 自

带 WebSocket 时可能遇到的错误及解决方法。

错误警告信息如下：

```
WARNING:  Unsupported upgrade request.
WARNING:  No supported WebSocket library detected. Please use 'pip install uvicorn
[standard]', or install 'websockets' or 'wsproto' manually.
WARNING:  Unsupported upgrade request.
```

究其原因是：Uvicorn 在新版本（大于或等于版本 0.12）后，不会自动提供 WebSocket 实现。有如下两种解决方法。

（1）先卸载已有版本：

```
pip uninstall unicorn
```

然后重新安装指定版本：

```
pip install uvicorn[standard]
```

（2）先安装 websockets，FastAPI 自带的 WebSocket 也是基于 websockets 运行的：

```
from fastapi import FastAPI, WebSocket, WebSocketDisconnect
```

6.2 异步处理框架 Celery

通常，Python 程序运行过程中，如果要执行耗时的任务，但又不希望主程序被阻塞，常见的方法是采用多线程。但是当并发量过大时，多线程压力很大，必须要用线程池来限制并发个数，而且多线程对共享资源的使用也很麻烦。我们也可以使用协程，但是协程是在同一线程内执行的，如果一个任务本身需要执行很长时间，而不是因为等待 IO 被挂起，那其他协程照样无法运行。

6.2.1 Celery 简介

Celery 是一个基于 Python 开发的分布式异步消息队列，可以实现任务的异步处理，适合一些并行任务，可以实现 Web 业务代码的解耦。Celery 采用多进程方式，能够有效利用多核 CPU，并且 Celery 封装了常见任务队列的各种操作，我们可以用 Celery 提供的接口快速实现并管理一个分布式的异步任务队列。

Celery 具备如下几个显著的优点。
- 简单：熟悉 Celery 的工作流程后，配置使用简单。
- 高可用：当任务执行失败或发生连接中断，Celery 会自动尝试重新执行任务。
- 快速：一个单进程的 Celery 每分钟可处理上百万个任务，并且只需要毫秒级的延迟。
- 灵活：几乎 Celery 的各个组件都可以被扩展和定制。

1. 基本概念

虽然 Celery 是用 Python 实现的，但提供了其他常用语言的接口支持。在运行 Celery 之前，我们需要先明白几个概念。

（1）消息代理（broker，也称消息中间件），接受任务生产者发送的任务消息，存进队列并按序分发给任务消费者。Celery 本身不提供消息代理服务，但是可以集成第三方提供的消息中间件。常见的 Brokers 有 RabbitMQ、Redis、ZooKeeper 等，但适用于生产环境的只有 RabbitMQ 和 Redis。

（2）任务结果存储/后端（result store/backend），顾名思义就是存储结果的地方，队列中的任务执行完的结果或者状态需要被任务生产者知道，所以需要一个存储这些结果的地方。Celery 默认支持 Redis、RabbitMQ、MongoDB、Django ORM、SQLAlchemy 等方式存储。

（3）任务执行者（worker），即执行任务的消费者，通常会在多台服务器运行多个消费者来提高执行效率。

（4）任务（task），即我们想在队列中执行的任务，一般由用户或其他操作将任务入队，然后交由任务执行者处理。

2. 架构设计

Celery 的架构如图 6-7 所示，主要由消息中间件、任务执行者和任务执行结果存储 3 部分组成。Celery 的基本工作就是管理任务，分配任务到不同的服务器，并且取得结果。Celery 本身不能解决服务器之间的通信。所以，RabbitMQ 或 Redis 作为一个消息队列管理工具，与 Celery 集成，负责处理服务器之间的通信任务。Celery 没有消息存储功能，它需要介质，如 RabbitMQ、Redis、MySQL 和 MongoDB。

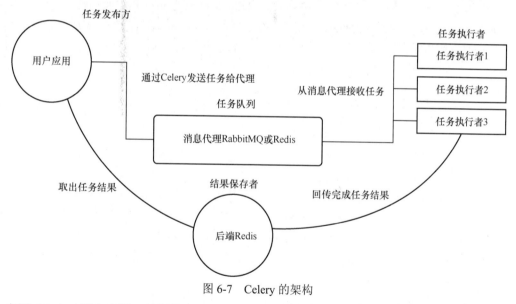

图 6-7 Celery 的架构

在图 6-7 中，用户应用（任务发布方）发布任务到 Broker，通常使用 RabbitMQ 或 Redis 来存储任务，然后调用任务执行单元进行工作，最后把结果通过后端（如 Redis）来存储，最后用户应用根据需要取出结果。

3. 应用场景

Celery 是一个强大的分布式任务队列的异步处理框架，它可以让任务的执行完全脱离主程序，甚至可以被分配到其他主机上运行。Celery 的主要应用场景如下。

- 我们在开发过程中经常遇到需要使用异步任务的场景，例如一个 Web 请求中有运行时间很长的业务运算（发送短信、邮件、消息推送、音视频处理等），如果不采用异步任务，会阻塞当前的任务请求，影响用户体验。此时，我们可以将耗时操作提交给 Celery 异步执行。
- 当有多种不同的任务，例如视频上传和压缩任务、照片压缩上传任务等，这些任务的优先级不同，需要使用不同的任务执行者去处理。Celery 可以定时执行某件事情，并在执行完成后通知任务生成者，也可以实现在运维场景下针对几百台机器批量执行某些命令或者任务。

> **提示**
>
> APScheduler 是一个基于 Quartz 的 Python 定时任务框架，它实现了 Quartz 的所有功能，提供了基于日期、固定时间间隔和 crontab 类型的任务，并且可以持久化任务。APScheduler 提供了多种不同的调度器，方便开发人员根据自己的实际需要使用，同时提供了不同的存储机制，方便与 Redis 数据库等第三方的外部持久化工具协同工作。总之，APScheduler 功能强大且非常易用。

6.2.2 使用 Celery

1. 安装部署

Celery 涉及任务队列和结果存储，故需要安装 RabbitMQ 或 Redis，这里我们使用 Redis。我们先安装 Redis，重点是安装必要的 Python 库，可以通过命令行也可以直接在 PyCharm 中下载安装。本节采用的 Celery 版本是 5.2.3。我们可以通过命令行方式下载和安装指定版本：

```
# 安装 Celery
pip install celery==5.2.3
# 因为后端采用的是 Redis，所以需要安装 Redis
pip install redis==4.2.0
# flower 组件可以通过 Web 进行对 Celery 进行监控，但它不是必需的
pip install flower==1.0.0
```

> **Celery 监控**
>
> flower 是 Python 的用于监控 Celery 的库，它可以在 Web 页面实时显示 Celery 任务执行者的状态、任务的状态等。flower 还提供了 REST API 用于第三方应用直接触发任务执行、获取任务执行结果等，这极大地扩展了 Celery 的应用范围，例如一个 Java 应用可以通过 flower 的 REST API 使用 Celery 的异步任务系统。

2. 参数说明

使用 Celery 涉及的参数配置较多，核心参数配置说明如表 6-3 所示。注意，参数名称要大写。

表 6-3 核心参数配置说明

参数配置示例	配置说明
BROKER_URL = 'amqp://username:passwd@host:port/虚拟主机名'	消息中间件的地址，建议采用 RabbitMQ 的方式
CELERY_RESULT_BACKEND='redis://username:passwd@host:port/db'	指定结果的存储地址

续表

参数配置示例	配置说明
CELERY_TASK_SERIALIZER='msgpack'	指定任务的序列化方式
CELERY_TASK_RESULT_EXPIRES=60*60*24	任务过期时间，即 Celery 任务执行结果的超时时间
CELERY_ACCEPT_CONTENT=["msgpack"]	指定任务接受的序列化类型
CELERY_ACKS_LATE=True	是否需要确认任务发送完成，这一项对性能有影响
CELERY_MESSAGE_COMPRESSION='zlib'	压缩方案选择，可以是 zlib 或 bzip2，默认为没有压缩
CELERYD_TASK_TIME_LIMIT=5	规定完成任务的时间，在 5 秒内完成任务，否则执行该任务的任务执行者将被杀死，任务移交给父进程
CELERYD_CONCURRENCY=4	任务执行者的并发数，默认为服务器的内核数目，可以使用命令行参数-c 指定数目
CELERYD_PREFETCH_MULTIPLIER=4	任务执行者每次从消息中间件预取的任务数量
CELERYD_MAX_TASKS_PER_CHILD=40	每个任务执行者执行多少任务会死掉，默认为无限

Celery 支持多种的数据序列化方式，常见的数据序列化方式如表 6-4 所示。通常，为了保持跨语言的兼容性和速度，我们一般采用 msgpack 或 JSON 方式。

表 6-4 常见的数据序列化方式

序列化方式	说明
binary	二进制序列化方式，Python 的 pickle 库默认的序列化方式
JSON	支持多种语言，可用于跨语言方案，但不支持自定义的类对象
msgpack	二进制的类 JSON 序列化方式，但比 JSON 方式的数据结构更小，运行速度更快
yaml	表达能力更强，支持的数据类型比 JSON 方式多，但是 Python 客户端的性能不如 JSON 方式

3. 基本使用

Celery 的使用过程很简单，先通过命令确定异步任务函数，生产者会把函数名和相关参数传给消息中间件；然后通过命令启动 Celery，实现任务执行者对消息队列的监听。下面我们使用 Redis 来展示，Redis 在使用的时候充当两个角色，一个是消息中间件，另一个是存储结果的数据库。基本使用主要有如下 5 个步骤。

（1）创建项目 celeryDemo。

（2）创建异步任务执行文件 celery_task，文件内容如代码清单 6-3 所示。

代码清单 6-3 celery_task

```
# -*- coding: utf-8 -*-
# @Project  : celeryDemo
# @File     : celery_task.py
# @Date     : 2021-12-15
# @Author   : hutong
# @Describe : 微信公众号:大话性能
```

```python
import celery
import time
backend = 'redis://127.0.0.1:6379/1'      # 设置 Redis 的 1 数据库来存放结果
broker = 'redis://127.0.0.1:6379/2'       # 设置 Redis 的 2 数据库来存放消息中间件
cel = celery.Celery('test', backend=backend, broker=broker)
    # 参数说明：第一个是 Celery 的名字，Celery 和哪个项目相关就命名哪个
    # 后面两个关键字参数用于指定消息中间件和结果存放位置。
@cel.task
def send_email(name):
    print("向%s 发送邮件..." % name)
    time.sleep(5)
    print("向%s 发送邮件完成" % name)
    return "ok"

@cel.task
def send_msg(name):
    print("向%s 发送短信..." % name)
    time.sleep(5)
    print("向%s 发送短信完成" % name)
    return "ok"
```

（3）使用命令启动 Celery：

```
celery --app=demo worker -l INFO
```

（4）执行测试函数。建立一个文件，使用如下代码测试 Celery 异步函数：

```python
from celery_task import send_email, send_msg
result1 = send_email.delay("张三")
print(result1.id)
result2 = send_email.delay("李四")
print(result2.id)
result3 = send_email.delay("王五")
print(result3.id)
result4 = send_email.delay("赵六")
print(result4.id)
```

注意，运行的结果不是异步函数的返回值，而是一个 ID，因为 Celery 会将函数进行异步处理，处理结果会存放至指定的数据库，而我们取值需要使用 ID。

（5）异步获取结果如下：

```python
from celery.result import AsyncResult
from celery_task import cel
async_result=AsyncResult(id="275f43a8-a5bb-4822-9a90-8be3feeb3b4", app=cel)
if async_result.successful():
    result = async_result.get()
    print(result)
    # result.forget()   # 将结果删除
```

```
        elif async_result.failed():
            print('执行失败')
        elif async_result.status == 'PENDING':
            print('任务等待中被执行')
        elif async_result.status == 'RETRY':
            print('任务异常后正在重试')
        elif async_result.status == 'STARTED':
            print('任务已经开始被执行')
```

说明：执行失败的效果是代码有错但是异步不停止，还是会执行获得 ID，但是当获取结果时，async_result.failed()为真。如果要演示记得重启 Celery，否则修改不生效。

4. 进阶用法

除了基本用法，接下来，我们讲解 3 个进阶用法。

（1）装饰器@app.task 实际上将一个正常的函数修饰成一个 Task 对象，所以这里可以给修饰器加上参数来决定修饰后的 Task 对象的属性。我们先让被修饰的函数成为 Task 对象的绑定方法，这相当于被修饰的函数成了 Task 的实例方法，可以调用 self 获取当前 task 实例的很多状态和属性。

（2）任务执行后，根据任务状态执行不同操作，这需要复写 Task 的 on_failure、on_success 等方法。示例如下：

```
# tasks.py
# 继承 Task 类
class MyTask(Task):
    def on_success(self, retval, task_id, args, kwargs):
        print 'task done: {0}'.format(retval)
        return super(MyTask, self).on_success(retval, task_id, args, kwargs)
    def on_failure(self, exc, task_id, args, kwargs, einfo):
        print 'task fail, reason: {0}'.format(exc)
        return super(MyTask, self).on_failure(exc, task_id, args, kwargs, einfo)
@app.task(base=MyTask)
def add(x, y):
    return x + y
```

上面的代码通过 celery -A tasks worker --loglevel=info 运行任务执行者，根据任务状态执行不同操作，分别执行我们自定义的 on_failure 方法和 on_success 方法。

（3）任务状态回调。在实际场景中，获得任务状态是很常见的需求，当执行耗时时间较长的任务时，想获得任务的实时进度，需要自定义一个任务状态来说明进度并手动更新状态，从而告诉回调函数当前任务的进度。

6.2.3 封装示例

Celery 可以和很多程序结合，Flask 是 Python 中有名的轻量级同步 Web 框架，在一些开发中，可能会遇到需要长时间处理的任务，此时就需要使用异步的方式来实现，让长时间任务在后台运行，先将本次请求的响应状态返回给前端，不让前端界面卡顿，当异步任务处理好后，如果需要返回状态，再将状态返回。下面示例展示了一个长时间运行的任务，用户通过浏览器启动一个或者多个长时间运行的任务，通过浏览器页面可以查询执行中的所有任务的状态，页面会显示每一个任务的状态消息，当任务完成时会显示任务的执行结果。图 6-8 是示例项目 myCelery 的项目结构。

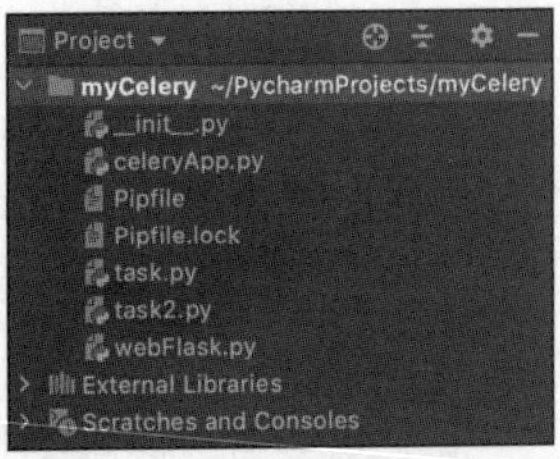

在安装相关的依赖和 Redis 中间件后，结合 Flask 使用 Celery，主要有如下 5 步。

图 6-8　myCelery 的项目结构

（1）配置并实例化 Celery 和 Flask 对象，并做配置绑定。Flask 与 Celery 整合不需要任何插件，Flask 应用使用 Celery 只需要初始化 Celery 客户端即可，示例如代码清单 6-4 所示。

代码清单 6-4　celeryApp

```python
# -*- coding: utf-8 -*-
# @Time : 2022/3/31 6:49 下午
# @Project : myCelery
# @File : celeryApp.py
# @Author : hutong
# @Describe: 微信公众号：大话性能
# @Version: Python3.9.8

from flask import Flask
from celery import Celery, platforms
from urllib.parse import quote

REDIS_IP = '172.21.26.54'
REDIS_DB = 0
# 若密码中出现了特殊的字符，建议用 quote()进行转义，直接赋值会导致后续读取失败
PASSWORD = quote('hutong123456')
# 创建 Flask 的一个实例
flask_app = Flask(__name__)

# 配置 Celery 的 backend 和 broker，只需要在初始化 Flask 应用时加入这行代码，将下面的配置信息写入应用的配置文件
    # 使用 Redis 作为消息代理
    flask_app.config['CELERY_BROKER_URL'] = 'redis://:{}@{}:6379/{}'.format(PASSWORD,
REDIS_IP, REDIS_DB)
    # 把任务结果保存在 Redis 中
    flask_app.config['CELERY_RESULT_BACKEND'] = 'redis://:{}@{}:6379/{}'.format(PASSWORD,
REDIS_IP, REDIS_DB)
    platforms.C_FORCE_ROOT = True    # 解决根用户不能启动 Celery 的问题
    # CELERY_ACCEPT_CONTENT = ['application/json']
    # CELERY_TASK_SERIALIZER = 'json'
    # CELERY_RESULT_SERIALIZER = 'json'

    # 创建一个 Celery 实例
    celery_app = Celery(flask_app.name,
```

```
                    broker=flask_app.config['CELERY_BROKER_URL'],
                    backend=flask_app.config['CELERY_RESULT_BACKEND'],
                    include=['task', 'task2'])
celery_app.conf.update(flask_app.config)
celery_app.autodiscover_tasks()

if __name__ == '__main__':
    pass
```

Celery 通过创建一个 Celery 类对象来初始化，传入 Flask 应用的名称、消息代理的连接 URL、存储结果的 URL 以及包含的 task 任务列表。URL 放在 flask_app.config 中的 CELERY_BROKER_URL 和 CELERY_RESULT_BACKEND 的键值。另外，Celery 的其他配置可以直接用 celery_app.conf.update(flask_app.config)通过 Flask 的配置直接传递。

（2）用实例化的对象去关联执行任务的方法，通常通过 Python 的装饰器实现。任何作为后台异步任务的函数只需要用@celery.task 装饰器装饰即可，即在需要异步执行的方法上使用@celery.task 装饰器。示例如代码清单 6-5 所示。

代码清单 6-5　task

```python
# -*- coding: utf-8 -*-
# @Time    : 2022/3/31 9:58 上午
# @Project : myCelery
# @File    : task.py
# @Author  : hutong
# @Describe: 微信公众号：大话性能
# @Version: Python3.9.8

from celeryApp import celery_app
import time

# 这里定义一个后台任务 task，异步执行装饰器为@celery_app.task
@celery_app.task(bind=True)
def long_task(self):
    total = 100
    for i in range(total):
        # 自定义状态 state 为 waiting..，另外添加元数据 meta，模拟任务当前的进度状态
        self.update_state(state='waiting..', meta={'current': i, 'total': total, })
        # 使用 sleep 模拟耗时的业务处理
        time.sleep(1)
    # 任务处理完成后，自定义返回结果
    return {'current': 100, 'total': 100, 'result': 'completed'}
```

因为前面配置定义的 Celery 的实例化对象名称叫 celery_app，所以在装饰器的时候要用@celery_app.task。对于这个任务，通过在 Celery 装饰器中添加 bind=True 参数，让 Celery 发送一个 self 参数到自身，并使用它（self）来记录状态更新。self.update_state()调用 Celery 如何接受这些任务更新。

Celery 有一些内置的状态，如 STARTED、SUCCESS 等，也支持自定义状态。代码中使用一个叫作 PROGRESS 的自定义状态，还可以有一个附件的元数据，该元数据是字典类型，包含目前和总的迭代数以及随机生成的状态消息。客户端可以使用这些数据来显示进度信息。每迭代一次休眠一秒，以模拟正在做一些工作。当循环退出，返回一个字典，这个字典包含更新迭代计数器、最后的状态消息和结果。Celery 中常见的任务状态如表 6-5 所示。

表 6-5 Celery 中常见的任务状态

参数	说明
PENDING	任务等待中
STARTED	任务已开始
SUCCESS	任务执行成功
FAILURE	任务执行失败
RETRY	任务将被重试
REVOKED	任务取消

（3）制作 Flask 的视图，演示调用和触发任务，并查看结果。通过 Flask，在浏览器中触发调用任务并查看异步执行的结果，这需要添加路由视图，示例如代码清单 6-6 所示。

代码清单 6-6　webFlask

```
# -*- coding: utf-8 -*-
# @Time    : 2022/3/31 10:42 上午
# @Project : myCelery
# @File    : webFlask.py
# @Author  : hutong
# @Describe: 微信公众号：大话性能
# @Version: Python3.9.8

from flask import jsonify, url_for
from celeryApp import flask_app
from task import long_task

# 通过在浏览器中输入 ip:port/longtask 触发异步任务
@flask_app.route('/longtask', methods=['GET'])
def longtask():
    # 发送或触发异步任务，通过调用 apply_async 函数，生成 AsyncResult 对象
    task = long_task.apply_async()
    print('task id : {}'.format(task.task_id))
    # task_id 和 id 一样的
    # print('task id : {}'.format(task.id))
    # url_for 重定向到 taskstatus()
    return jsonify({"msg": "success"}), 202, {'Location': url_for('taskstatus',
                                              task_id=task.task_id)}

# 通过在浏览器中输入 ip:port/status/<task_id>查询异步任务的执行状态
@flask_app.route('/status/<task_id>')
def taskstatus(task_id):
    # 获取异步任务的结果
    task = long_task.AsyncResult(task_id)
    print('执行中的 task id : {}'.format(task))
    # 等待处理
    if task.state == 'PENDING':
```

```python
        response = {
            'state': task.state,
            'current': 0,
            'total': 100
        }
    # 执行中
    elif task.state != 'FAILURE':
        print('task info : {}'.format(task.info))
        # task.info 和 task.result 是一样的
        # print('task info : {}'.format(task.result))
        response = {
            'state': task.state,
            'current': task.info.get('current', 0),
            'total': task.info.get('total', 100)
        }
        # task 中定义了执行成功后返回的结果包含 result 字符
        if 'result' in task.info:
            response['result'] = task.info['result']
    else:
        # 后台任务出错
        response = {
            'state': task.state,
            'current': task.info.get('current', 0),
            'total': 100
        }
    return jsonify(response)

if __name__ == '__main__':
    # 运行 Flask
    flask_app.run()
```

在上述代码中，Flask 应用能够请求执行这个后台任务，如 task=long_task.apply_async()，不直接调用任务函数，而是通过 apply_async()调用任务函数。其中，long_task()函数就是在一个 worker 进程中运行的任务。使用 apply_async()，我们可以添加参数给 Celery，告诉 Celery 如何执行后台任务，一个有用的参数就是要求任务在未来的某一时刻执行。例如，这个调用将安排任务在大约 1 分钟后运行：

```
apply_async(args=[10, 20], countdown=60)
```

调用 apply_async()后会返回一个 AsyncResult 对象，通过这个对象可以获取任务状态的信息，AsyncResult 对象的属性或函数如表 6-6 所示。

表 6-6 AsyncResult 对象的属性或方法

属性或函数	具体含义
state	返回任务状态
task_id	返回任务 ID
result	返回任务执行结果，等同于调用 get()方法

续表

属性或函数	具体含义
ready()	判断任务是否完成
info()	获取任务信息
wait(seconds)	等待 N 秒后获取结果
successful()	判断任务是否成功

正如我们所见，浏览器需要发起一个请求到/longtask 来启动一个或多个任务。响应使用状态码 202 通常是在 REST API 中使用，用来表明一个请求正在进行中。另外也添加了 Location 头，值为一个客户端用来获取状态信息的 URL。这个 URL 指向一个叫作 taskstatus 的 Flask 路由，并且通过动态的要素 task_id 来获取异步任务的执行状态。

在 Flask 应用中访问任务状态，路由 taskstatus 负责报告后台任务提供的状态更新。为了能够访问任务的数据，我们重新创建任务对象，该对象是 AsyncResult 类的实例，使用 URL 中的 task_id。第一个 if 代码块是当任务还没有开始的时候（PENDING 状态），在这种情况下暂时没有状态信息，需要手动制造一些数据。接下来，elif 代码块返回后台的任务的状态信息，任务提供的信息可以通过 task.info 获得。如果数据中包含键 result，则意味着这是最终的结果并且任务已经结束，需要把这些信息加入响应。最后，else 代码块是任务执行失败的情况，这种情况下 task.info 中会包含异常的信息。

（4）通过命令启动和验证。首先启动 worker 执行任务，命令如下：

```
celery -A celeryAPP.celery_app worker --loglevel=info
```

其中，参数-A 后是我们创建的 Celery 的初始化实例对象名称，包含对应的任务，worker 表示该实例就是任务执行者。另外，该命令需要在项目工程目录下执行，即本示例的 myCelery 目录。Celery 任务启动成功如图 6-9 所示。

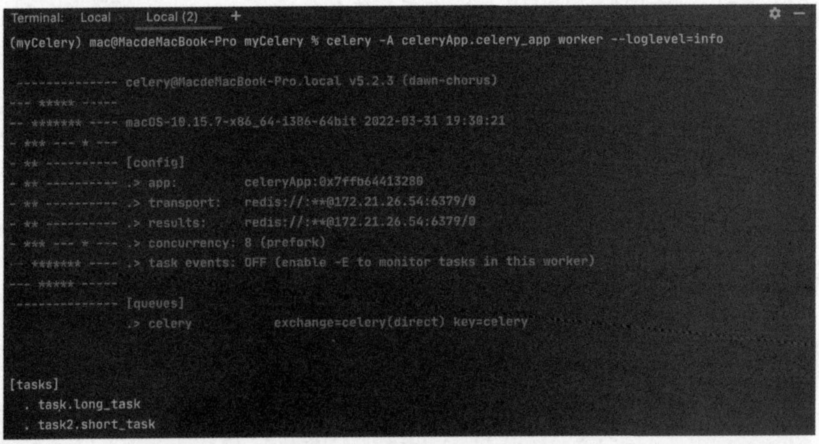

图 6-9 Celery 任务启动成功

在图 6-9 中，我们可以看到 transport 和 results 的地址信息，以及 tasks 下的两个任务。
其他常见的 Celery 命令

```
# 后台启动 worker 进程，参数-l 指定 worker 输出的日志级别
celery multi start worker_1 -A appcelery -l info
# 重启 worker 进程
celery multi restart worker_1 -A appcelery -l info
# 立刻停止 worker 进程，如果无法停止，则加上参数-A
celery multi stop worker_1
# 任务执行完，停止
celery multi stopwait worker_1
# 查看进程数
celery status -A appcelery
```

若 Celery 的日志输出的配置，若想在任务中输出日志，最好的方法如下：

```
from celery.utils.log import get_task_logger
lg = get_task_logger(__name__)
@celery.task
def log_test():
    lg.debug("in log_test()")
```

但是仅如此我们会发现所有的日志最后都出现在 shell 窗口的 stdout 中，所以必须在启动 Celery 的时候使用-f 选项来指定输出文件，如下：

```
celery -A main.celery worker -l debug -f log/celery/celery_task.log &
```

然后，启动 Flask，调用异步任务和获取异步任务执行状态，我们只需要在 PyCharm 中运行 webFlask 程序即可，运行成功后如图 6-10 所示。

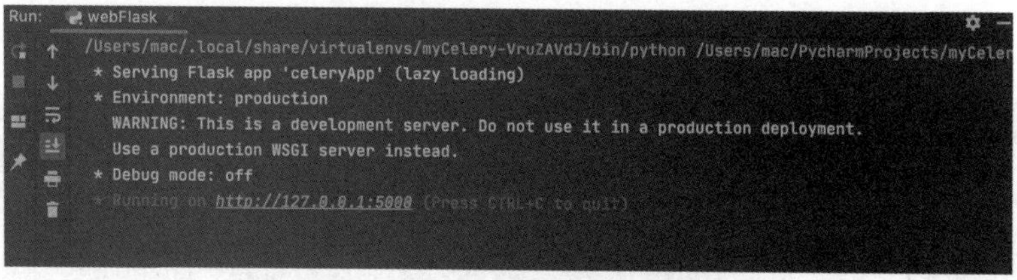

图 6-10 Celery 结合 Flask 启动

接下来，通过浏览器触发 longtask 模拟的耗时任务，如图 6-11 所示，在浏览器输入地址后，会直接返回代码中预定义的消息。另外，此时已经触发异步任务，若点击多次，则会产生多条任务。

（5）监控和查看后台异步任务执行情况。我们可以进入 Redis，查看队列任务，发现有 4 条，使用 get 命令可以查看具体某一条任务的执行状态，如图 6-12 所示。

图 6-11 在浏览器中触发 longtask 模拟的耗时任务

```
172.21.26.54:6379> keys *
1) "celery-task-meta-4dfa7ce6-f313-421c-8eed-c675b3b7b995"
2) "celery-task-meta-848bad12-6c51-46d6-bab4-ce0eb54480e3"
3) "celery-task-meta-ecf194e9-3feb-418c-8e2c-9a61aa935185"
4) "celery-task-meta-17d91721-49eb-4001-9d19-c199f8749488"
5) "name"
6) "_kombu.binding.celeryev"
7) "_kombu.binding.celery.pidbox"
8) "_kombu.binding.celery"
172.21.26.54:6379> get celery-task-meta-17d91721-49eb-4001-9d19-c199f8749488
"{\"status\": \"SUCCESS\", \"result\": {\"current\": 100, \"total\": 100, \"result\": \"completed\"},
 \"traceback\": null, \"children\": [], \"date_done\": \"2022-03-31T10:12:51.399488\", \"task_id\": \
17d91721-49eb-4001-9d19-c199f8749488\"}"
172.21.26.54:6379> _
```

图 6-12　查看队列任务

我们也可以通过浏览器查看，异步任务的 3 个时刻的执行状态如图 6-13、图 6-14 和图 6-15 所示，可以发现 current 的值是动态变化的。

图 6-13　异步任务状态 1

图 6-14　异步任务状态 2

图 6-15　异步任务状态 3

最后，通过 flower 可以统筹监控所有的任务队列情况，执行命令如下：

```
celery -A celeryApp.celery_app flower --port=5556 --basic_auth=admin:admin
```

结果如图 6-16 所示。

图 6-16　监控任务队列

执行成功后，在浏览器中输入 http://localhost:5556，输入用户名和密码（admin/admin）登录，任务消费者如图 6-17，任务名称如图 6-18 所示。

图 6-17　任务消费者

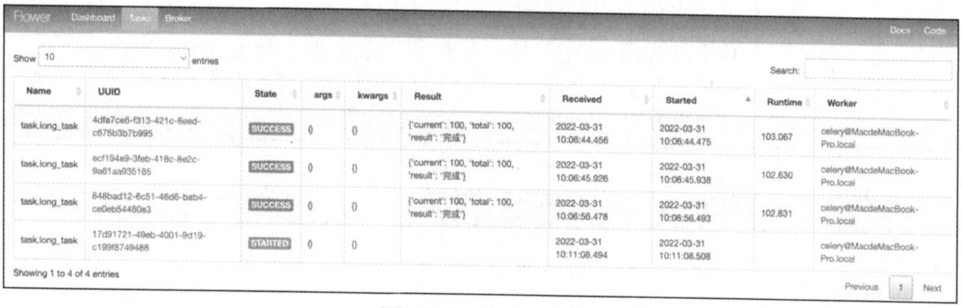

图 6-18　任务名称

6.3　爬虫框架 Scrapy

如果每次写爬虫程序，都将页面获取、页面解析、爬虫调度、异常处理和反爬应对等功能全部重新实现，会产生很多简单乏味的重复劳动。利用框架，我们只需要定制开发几个模块就可以实现一个爬虫，抓取网页内容和各种图片。

6.3.1　Scrapy 简介

Scrapy 是用 Python 实现一个用于爬取网站数据、提取结构性数据而编写的轻量级爬虫应用框架，可以用于数据挖掘、监测和自动化测试。

Scrapy 基于多线程，具有如下优点：

- Scrapy 是异步的，性能更强；
- 采用可读性更强的 XPath 代替正则表达式；
- 具备强大的统计和日志系统；
- 可同时在不同的 URL 上爬行；
- 支持 shell 方式，方便独立调试；
- 方便写一些统一的过滤器；
- 通过管道的方式存入数据库。

1. 基本概念

Scrapy 涉及五大主要组件，分别是引擎、调度器、下载器、爬虫程序和管道，Scrapy 的组件如表 6-7 所示。

表 6-7 Scrapy 的组件

组件	作用	备注
引擎（Scrapy Engine）	负责爬虫程序、管道、下载器和调度器中间的通信和数据传递等	Scrapy 已经实现
调度器（Scheduler）	负责接收引擎发送的请求，并按照一定的方式整理排列，放入队列，当引擎需要时，再交给引擎	Scrapy 已经实现
下载器（Downloader）	负责下载引擎发送的所有请求，并将下载器获取的响应交给引擎，由引擎交给爬虫程序处理	Scrapy 已经实现
爬虫程序（Spider）	负责处理所有响应，从中分析和提取数据，获取 Item 字段需要的数据，并将需要跟进的 URL 提交给引擎，再次进入调度器	需要编写该模块
管道（Item Pipeline）	负责处理爬虫程序中获取的 Item，并进行后期处理（详细分析、过滤、存储等）的地方	需要编写该模块
下载中间件（Downloader Middlewares）	可以当作一个可以自定义扩展下载功能的组件	Scrapy 已经实现
爬虫中间件（Spider Middlewares）	可以当作一个可以自定义扩展和操作引擎与爬虫程序之间通信的功能组件（例如，进入爬虫程序的响应和从爬虫程序出去的请求）	Scrapy 已经实现

2. 架构设计

Scrapy 的运行框架如图 6-19 所示，主要涉及引擎、调度器、下载器、管道等组件，具体的运行步骤如下。

（1）引擎从爬虫程序拿到第一个需要处理的 URL，并将请求交给调度器。

（2）调度器拿到请求后，按照一定的方式进行整理排列，放入队列，并将处理好的请求返回引擎。

（3）引擎通知下载器，按照下载中间件的设置去下载请求。

（4）下载器下载请求，并将获取的响应按照下载中间件的设置处理，然后交给引擎，由引擎交给爬虫程序来处理。对于下载失败的请求，引擎会通知调度器进行记录，之后重新下载。

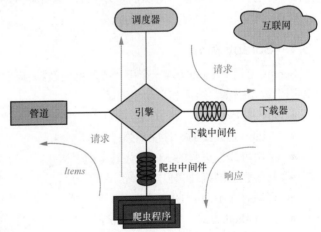

图 6-19 Scrapy 的运行框架

（5）爬虫程序获得响应，调用回调函数（默认调用 parse 函数）处理，并将提取的 Item 数据和需要跟进的 URL 交给引擎。

（6）引擎将 Items 数据交给管道处理，将需要跟进的 URL 交给调度器，然后开始循环，直到调度器中不存在任何请求，整个程序才会终止。

6.3.2 使用 Scrapy

1. 部署搭建

在本节中,我们将配置虚拟环境、安装 Scrapy,以及在 PyCharm 中部署搭建项目工程。在 PyCharm 中进行 Scrapy 开发环境构建,采用的是 pipenv 虚拟环境,如图 6-20 所示。

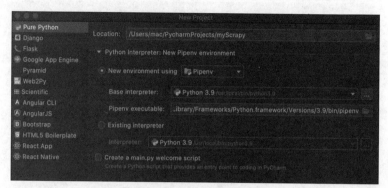

图 6-20　Scrapy 开发环境构建

激活并进入 myScrapy 虚拟环境后,通过 pip 安装 Scrapy,使用命令 pip install -i [Scrapy 下载源],如图 6-21 所示,我们可以使用国内的下载源来提高下载安装的速度。

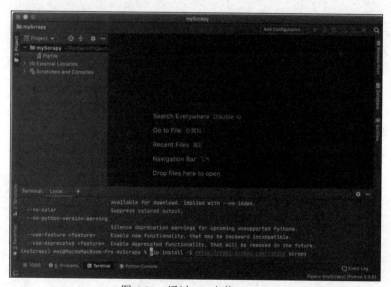

图 6-21　通过 pip 安装 Scrapy

安装完成后在命令行输入 scrapy -v,如果出现图 6-22 所示的版本号就说明安装成功。

我们在安装 Twisted、pywin32、Scrapy 这 3 个库的同时可以安装其他的辅助库,如图 6-23 所示。注意,不同的第三方库可能需要不同版本的辅助库进行支持,这可能会出现版本纠缠问题,而且问题很难排查,所以建议使用虚拟环境搭建项目以方便项目管理。

第 6 章　通用框架

图 6-22　Scrapy 安装成功

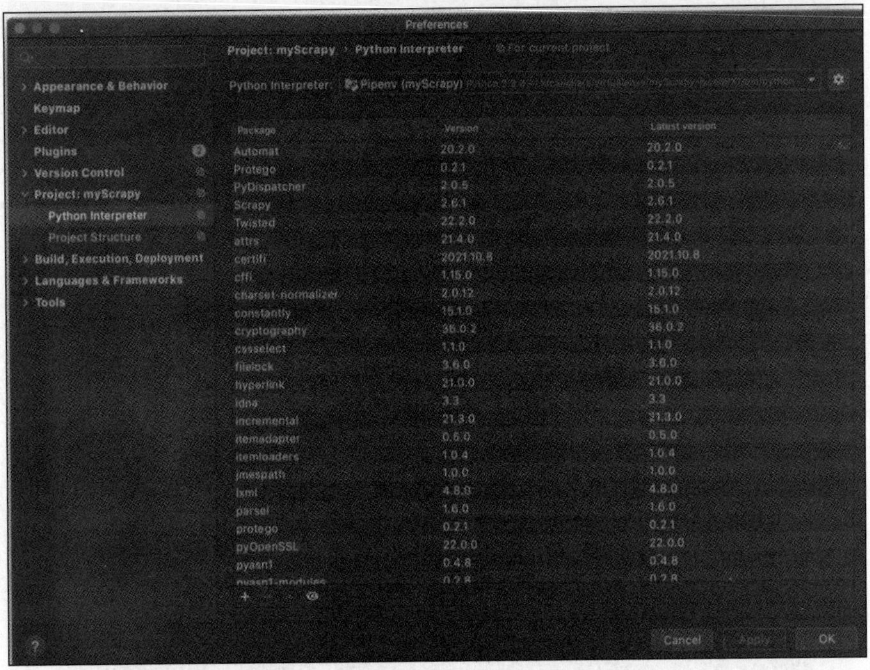

图 6-23　安装库

接下来，手动初始化项目，进入 myScrapy 目录，输入命令 scrapy startproject SpiderObject，命令行出现图 6-24 所示结果说明项目创建成功。

在 myScrapy 目录下会生成文件目录 SpiderDemo 和 Scrapy 框架的 spiders 目录，如图 6-25 所示。

图 6-24　项目创建成功

图 6-25　爬虫项目结构

最后，简单测试一下，打开 PyCharm 的 Terminal，输入图 6-26 所示的命令，生成一个爬虫模板。成功后，spiders 包下面会多一个 BaiduSpider.py 文件，如图 6-27 所示。

图 6-26 命令行生成爬虫模板

图 6-27 创建爬虫代码

这说明我们的爬虫程序创建成功,整个爬虫的框架搭建完成,后续我们可以在 PyCharm 中使用这个框架。

2. 命令工具

在 Scrapy 中,命令工具分为两种,一种为全局命令,另一种为项目命令。全局命令不需要依靠 Scrapy 项目就可以直接运行,而项目命令必须要在 Scrapy 项目中才可以运行。Scrapy 命令行格式如下:

scrapy <command> [options]

(1) Scrapy 的全局命令如表 6-8 所示。

表 6-8 Scrapy 的全局命令

命令	使用方式	含义
startproject	scrapy startproject<project_name>[project_dir]	创建一个新的项目
genspider	scrapy genspider[-t template]<name><domain>	创建新的爬虫程序
settings	scrapy settings[options]	获取配置
runspider	scrapy runspider<spider_file.py>	运行 Python 文件里的爬虫程序,不需要创建项目
shell	scrapy shell[url]	启动 Scrapy 交互终端,可用于调试
fetch	scrapy fetch<url>	使用 Scrapy 下载器下载给定的 URL,并将获取的内容送到标准输出
view	scrapy view<url>	浏览器中打开 URL
version	scrapy version[-v]	显示 Scrapy 版本

（2）Scrapy 的项目命令如表 6-9 所示。

表 6-9　Scrapy 的项目命令

命令	使用方式	含义
crawl	scrapy crawl<spider>	使用爬虫程序进行爬取，-o 表示输出
check	scrapy check[-l]<spider>	检查爬虫程序文件是否有语法错误
list	scrapy list	列出当前项目可用的所有爬虫程序
edit	scrapy edit<spider>	使用环境变量中设定的编辑器编辑爬虫程序
parse	scrapy parse<url>[options]	获取给定的 URL 并使用爬虫程序分析处理
bench	scrapy bench	运行基准测试

在开发爬虫程序时，调试工作是必要且重要的。无论是开发前的准备工作（例如测试该网站在爬虫程序中是否可用），是下载时的伪装工作（例如为爬虫程序设置请求参数模拟浏览器），还是解析下载的数据（例如使用 XPath 解析等），我们无法每次都运行爬虫程序来达到调试的目的，因为这样效率太低了。我们可以使用浏览器或 Scrapy 命令工具进行调试。

（1）浏览器调试。通常使用浏览器开发工具获取请求参数，如显示源码、firebug 等。

- 通常我们在浏览器中点击鼠标右键，选择显示网页源码功能，即可获取该 URL 的网页源码。
- 代码检查可以精确地查看当前选中元素的 HTML 标签。
- 查看请求参数，例如打开代码检查后在 network 标签下，查看请求头 Request Headers。
- XPath 调试是通过 Chrome 浏览器，检查代码后可以在标签上用鼠标右键点击 Copy→Copy XPath。

（2）Scrapy 命令工具调试。执行命令 scrapy shell［待爬虫的 URL］进入 Scrapy 终端，可以开发和调试中测试 XPath 或 CSS 表达式，查看他们的工作方式及从爬取的网页中提取的数据。在编写我们的爬虫程序时，该终端提供了交互测试我们的表达式代码的功能，免去了每次修改后运行爬虫程序的麻烦。

3．使用说明

Python 爬虫的基本流程主要包括发起请求、解析内容、获取响应内容和保存数据 4 步。

（1）通过 HTTP 向目标站点发起请求，请求可以包含额外的请求头等信息，等待服务器响应。

（2）得到的内容可能是 HTML 对象，我们可以用正则表达式、网页解析库解析；可能是 JSON 对象，我们可以直接转为 JSON 对象解析；可能是二进制数据，我们可以保存或者做进一步处理。

（3）如果服务器能正常响应，会得到一个响应，响应的内容便是所要获取的页面内容，类型可能有 HTML、JSON、二进制（如图片视频）等类型。

（4）保存形式多样，可以存为文本、存至数据库，或者保存为特定格式的文件。

因此，Scrapy 项目构建爬虫的步骤主要有 4 步。

（1）新建项目（scrapy startproject xxx）：新建一个新的爬虫项目。

（2）明确目标（items.py）：明确要抓取的目标。

（3）制作爬虫（spiders/xxspider.py）：制作爬虫，开始爬取网页。

（4）存储内容（pipelines.py）：设计管道，存储爬取的内容。

下面具体讲解如何构建这 4 个步骤。

（1）创建 Scrapy 工程。点击在 PyCharm 底部的 Terminal 窗口进入命令行，默认打开位置为 PyCharm 项目目录下，所以打开它即可输入命令。新建项目命令：

```
scrapy startproject ×××
```

其中，×××为项目名称,我们可以看到命令执行后会创建一个×××目录，目录结构大致如下：

例如执行命令 scrapy startproject SpiderDemo，生成的项目类似下面的结构：

```
SpiderDemo/
    scrapy.cfg
    SpiderDemo/
        __init__.py
        items.py
        pipelines.py
        settings.py
        spiders/
            __init__.py
            ...
```

（2）明确目标（定义 Item）。Item 是用于保存爬取到的数据的容器，其使用方法和字典类似。我们创建一个 scrapy.Item 类，并且定义类型为 scrapy.Field 的类属性来定义一个 Item。然后，实现一个爬取异步社区图书的作者、书名和价格的爬虫。在 items.py 的 Item 类中定义字段，这些字段用来保存数据和方便后续的操作：

```
import scrapy
class BookItem(scrapy.Item):
    author = scrapy.Field()
    name = scrapy.Field()
    price = scrapy.Field()
```

（3）制作爬虫（编写爬虫程序）。scrapy.Spider 是最基本的类，所有编写的爬虫必须继承这个类。Spider 类定义了如何爬取某个网站，包括爬取的动作和如何从网页的内容中提取结构化数据。我们要建立一个爬虫程序，必须用 scrapy.Spider 类创建一个子类，并确定 3 个强制属性和 1 个方法。

- name：爬虫的识别名称，必须唯一。
- allow_domains：爬虫的约束区域，规定爬虫只爬取约束区域下的网页，不存在的 URL 会被忽略。
- start_urls：爬取的 URL 列表。因此，第一个被获取到的页面将是其中之一。后续的 URL 则从初始 URL 返回的数据中提取。
- parse(self,response)：Request 对象默认的回调解析方法。每个初始 URL 完成下载后调用该方法，将从每个初始 URL 传回的 Response 对象作为唯一参数传入该方法。该方法负责解析返回的数据（即 response.body），提取数据（即生成 item），生成需要进一步处理的 URL 的 Request 对象。

示例如下：

```
class xxSpider(scrapy.Spider):
    name = 'xxspider'
    def start_requests(self):
        url='http://xxxx.xxxx.xxxx.xxxx'
        # 向队列中加入 POST 请求
        yield scrapy.FormRequest(
            url=url,
            formdata={'version':'2.1' },
            callback=self.parse )
    def parse(self, response):
        print(response.body)
```

我们可以使用 scrapy.FormRequest(url,formdata,callback)方法发送 POST 请求。

> **yield**
>
> yield 是一个类似于 return 的关键字，当迭代遇到 yield 时将返回 yield 后面的值。注意，下一次迭代将从此次迭代遇到的 yield 后面的代码（即下一行）开始运行。带有 yield 的函数不再是一个普通函数，而是一个生成器（generator），可用于迭代。
>
> 总之，yield 就是一个返回值关键字，它记住了返回的位置，下次迭代将从这个位置后开始。

（4）编写 Item Pipeline（存储）。每个 Item Pipeline 组件都是一个独立的 Python 类，被定义的 Item Pipeline 会默认且必须调用 process_item(self,item,spider)方法，这个方法必须返回一个包含数据的字典或 item 对象，否则将抛出 DropItem 异常。process_item()方法的参数为 item 和 spider，其中 item 是 Item 对象，即被处理的 Item；spider 是 Spider 对象，即生成该 Item 的爬虫程序。

pipeline 是一个非常重要的模块，主要作用是将返回的 items 写入数据库、文件等持久化模块。当 item 在爬虫程序中被收集之后，会被传递到 Item Pipeline 处理，以决定此 item 是丢弃还是被后续的 pipeline 继续处理。被丢弃的 item 将不会被之后的 pipeline 处理。使用 pipeline 的注意事项如下。

- 使用之前需要在 settings 配置文件中开启。
- pipeline 在 setting 配置文件中的键表示位置，即 pipeline 在项目中的位置可以自定义；值表示距离引擎的远近，越近数据会越先经过。
- 有多个 pipeline 的时候，process_item()方法必须返回 item，否则后一个 pipeline 取到的数据为 None。
- pipeline 中必须有 process_item()方法，否则没有办法接收和处理 item。
- process_item()方法接收 item 和 spider，其中 spider 是当前传递 item 过来的爬虫程序。

6.3.3 封装示例

本示例爬虫异步社区图书的作者、书名和价格，并把爬虫的结果输出到一个 Excel 文档中。

首先，定义 Item。在 items.py 的 Item 类中定义字段，这些字段用来保存数据，方便后续的操作。

```
import scrapy
class BookItem(scrapy.Item):
```

```
author = scrapy.Field()
name = scrapy.Field()
price = scrapy.Field()
```

接着，新增爬虫程序文件。修改 spiders 目录下名为 BookSpider.py 的文件，它是爬虫程序的核心，需要添加解析页面的代码，我们可以通过解析 Response 对象，获取图书的信息，如代码清单 6-7 所示。

代码清单 6-7　BookSpider

```
# -*- coding: utf-8 -*-

# @Time : 2023/2/17 09:58
# @Project : myScrapy
# @File : BookSpider.py
# @Author : hutong
# @Describe: 微信公众号：大话性能
# @Version: Python3.9.8

import scrapy
from scrapy import Selector, Request
from scrapy.http import HtmlResponse
from ..items import BookItem
import json
import time


# 通过继承 scrapy.Spider 创建一个爬虫 BookSpider
class BooksSpider(scrapy.Spider):
    name = 'epubitBook'  # 爬虫的唯一标识，不能重复，启动爬虫的时候要用
    allowed_domains = ['epubit.com']
    start_urls = [

'https://www.epubit.com/pubcloud/content/front/portal/getUbookList?page=1&row=20&=&startPrice=&endPrice=&tagId=']

    def start_requests(self):
        # 爬取网页
        web_url = [
'https://www.epubit.com/pubcloud/content/front/portal/getUbookList?page={}&row=20&=&startPrice=&endPrice=&tagId='.format(
            page) for page in range(1, 2)]
        for i in web_url:
            time.sleep(5)
            headers = {'Origin-Domain': 'www.epubit.com'}
            # scrapy.Request()参数一必须为 str
            yield scrapy.Request(i, self.parse, headers=headers)

    def parse(self, response):
```

```
    # 将接口中提取的JSON格式的数据转为字典类型
    bk_dict = json.loads(response.text)
    records = bk_dict['data']['records']
    for r in records:
        item = BookItem()
        author = r['authors']
        name = r['name']
        price = r['price']
        # print(author,name, price)
        item['author'] = author
        item['name'] = name
        item['price'] = price
        yield item
```

在上述代码中，parse 方法的参数 response 是对待爬取的链接进行爬取后的结果，在 parse 方法中，我们需要把 JSON 格式的数据转换为字典类型，然后读取需要的字段。本示例通过 page 实现翻页爬取，这样迭代实现整站的爬取。为了让服务器正常处理请求，我们要模拟正常的请求，并添加相应的请求头，如上述代码需要在 scrapy.Request()函数的参数中设置，否则服务器会返回错误信息，从而无法获得数据。

接下来是存储内容，如果仅仅想要保存 item，可以不需要实现任何的管道；如果想将这些数据保存到文件中，可以通过-o 参数来指定文件名，Scrapy 支持我们将爬取到的数据导出为 JSON、CSV、XML 等格式，具体命令如下：

```
# JSON 格式，默认为 Unicode 编码
scrapy crawl itcast -o result.json
# CSV 逗号表达式，可用 Excel 打开
scrapy crawl itcast -o result.csv
# XML 格式
scrapy crawl itcast -o result.xml
```

执行这些命令，将会序列化爬取的数据，并生成文件。例如，执行命令 scrapy crawl epubitBook -o result.json，把爬取的数据保存到 result.json 中。

如果我们想要持久化爬虫数据，可以在数据管道中处理爬虫程序产生的 Item 对象。例如，我们可以通过前面讲到的 openpyxl 库操作 Excel 文件，将数据写入 Excel 文件，如代码清单 6-8 所示。

代码清单 6-8　pipelines

```
# 在这里定义item管道
# 不要忘了将管道加入ITEM_PIPELINES设置
# 详情可见Scrapy官方文档

from itemadapter import ItemAdapter
import openpyxl
from .items import BookItem
class BookItemPipeline:
    def open_spider(self, spider):
```

```python
        # 可选实现，开启 spider 时调用该方法
        self.wb = openpyxl.Workbook()
        self.sheet = self.wb.active
        self.sheet.title = 'BooksMessage'
        self.sheet.append(('作者', '书名', '价格'))

    def process_item(self, item: BookItem, spider):
        self.sheet.append((item['author'], item['name'], item['price']))
        return item

    def close_spider(self, spider):
        self.wb.save('异步社区图书信息.xlsx')
```

上面的 process_item()和 close_spider()都是回调方法，简单来说就是 Scrapy 框架会自动去调用的方法。当爬虫程序产生一个 Item 对象交给引擎时，引擎会将该 Item 对象交给管道，这时我们就会执行完成配置的管道的 parse_item 方法，从而在该方法中获取数据并完成数据的持久化操作。close_spider()方法是在爬虫结束运行前自动执行的方法，在代码清单 6-8 中，我们在 close_spider()方法中实现了保存 Excel 文件的操作。

最后，通过修改 settings.py 文件对项目进行配置，主要需要修改如下几个配置。

```
ITEM_PIPELINES = {
    'SpiderDemo.pipelines.BookItemPipeline': 300
}

# Obey robots.txt rules
ROBOTSTXT_OBEY = False

BOT_NAME = 'SpiderDemo.SpiderDemo'

SPIDER_MODULES = ['SpiderDemo.spiders']
NEWSPIDER_MODULE = 'SpiderDemo.spiders'
```

在 settings.py 文件里添加以上配置（可以取消原有的注释），后面的数字决定 item 通过 pipeline 的顺序，通常定义在 0~1000，数值越低，组件的优先级越高。

所有代码和配置完成后，启动爬虫，命令为 scrapy crawl epubitBook，运行结果如图 6-28 所示，可以看到正在爬虫，若无报错则表示爬虫成功。另外，生成的异步社区图书数据 Excel 文件如图 6-29 所示，与异步社区网站的信息对比，发现是一致的。

```
(myScrapy) mac@MacBook-Pro SpiderDemo % scrapy crawl epubitBook
张敬信  R语言编程：基于tidyverse UB7db2c0db9f537 76.33
蒂姆·麦克纳马拉 (Tim McNamara)  Rust实战 UB7d76fd4f83658 110.33
安德鲁·格拉斯纳 (Andrew Glassner)  深度学习：从基础到实践（上、下册） UB7db2d75bbef77 169.83
[美]克雷格·沃斯 (Craig Walls)  Spring实战（第6版） UB7d862361ccf21 93.33
戴维·王 (David Wong)  深入浅出密码学 UB7d2f8f4aab32 101.83
```

图 6-28 爬虫成功界面

图 6-29 爬虫结果保存的 Excel 文件与异步社区网站对比

> **提示**
>
> 遇到问题如下：
>
> ```
> File "SpiderDemo/spiders/BookSpider.py", line 5, in <module>
>     from SpiderDemo.SpiderDemo.items import BookItem
> ModuleNotFoundError: No module named 'SpiderDemo.SpiderDemo'
> ```
>
> 分析问题原因是，在 PyCharm 项目下建立 Scrapy 项目时 PyCharm 找不到模块路径。
>
> ```
> # 正确引入代码如下
> from ..items import BookItem
> ```
>
> PyCharm 不会将当前文件目录自动加入自己的 sourse_path，解决方法是，我们用鼠标右键点击 make_directory as-->sources path 将当前工作的文件夹加入 source_path。

6.4 本章小结

通过学习本章，相信大家能够掌握 FastAPI、Celery 和 Scrapy 的使用，并在日后的 Python 项目中，尝试基于现有的通用框架，快速构建项目，以提高项目的性能和开发效率。

第三篇

实战篇

利他之心，抛砖引玉。相比某种编程语言的专家，测试开发工程师可能更有必要成为一名"通才"，除了功能测试和自动化测试，我们还需要学习其他领域的知识，例如性能测试、数据测试、安全测试、移动端测试等，然后利用 Python 代码实现一些个性化的测试工具封装，供团队或他人使用，发挥代码价值。

质量意识应该是每个软件从业人员的共识，测试的目标是尽可能早地找到系统中存在的缺陷并使它们得到修复。从经济学角度来考虑，错误发现得越早，修复成本和风险就越低，后期错误的修复不仅会增加沟通时间，还可能引入新的问题，增加测试验证时间，项目也会有延迟上线的风险。开发人员也应具备基本的测试能力，以保证自己交付的代码是可用的，这是代码质量的最低要求。高质量的软件产品是一个软件团队所有成员都负责任地完成自己任务后的必然产物，无论是开发人员的自测，还是测试人员的专项测试，任何一个环节做得不到位，都会导致最终产品的质量问题。

实战篇从质量角度出发，依据笔者的工作经验，提供各个测试领域、测试专业的工具代码示例，供开发人员或测试人员参考和借鉴，满足读者在实际工作中的测试需求。实战篇共 6 章（第 7 章～第 12 章），依次介绍音频测试工具开发、自定义套接字测试工具开发、接口测试工具开发、数据测试工具开发、性能测试工具开发和安全测试工具开发，每章从需求背景、涉及知识和代码解读 3 方面展开。

第 7 章

音频测试工具开发

现在短视频盛行，衍生出的直播行业也是热门，音视频质量好坏直接影响了音视频业务。Python 具有很多音视频处理类的第三方库，可以用来开发一些检测工具。在本章中，我们基于 Python 演示如何进行 MP3 和 WAV 两种音频文件格式的校验和转换，主要从需求背景、涉及知识和代码解读 3 方面展开讲解。

7.1 需求背景

现在图像识别、语音识别等项目越来越热门，项目通过机器学习训练出一套模型，再将图像、音频等上传模型，就可以实现图像内容的识别、将音频转成文字等。

但有时我们训练的模型可能不够完善，对格式的限制比较严格，例如只接收 PNG 格式的图片或者只接收 MP3 格式的音频等。这个时候我们就需要判断用户上传的文件格式了，如果不是我们可接受的格式，则直接返回文件格式错误，提示用户重新上传指定格式的文件。

通常格式判断不能使用文件扩展名进行判断，我们将一个 PNG 格式的图片文件扩展名改成.jpg，它还是可以正常显示的，但实际的格式仍然是 PNG，因为这张图片对应的字节流没有任何变化；音频文件也是同样的道理，将一个 WAV 格式的音频文件扩展名改成.mp3 也是可以播放的，但它的格式仍然是 WAV。

本章将深入讲解音频文件格式，并结合代码示例进行分析解读。

7.2 涉及知识

音频格式，即音乐格式，是指要在计算机内播放或是处理音频文件，是对音频文件进行数、模转换的过程。音频格式最大带宽是 20 000 Hz，速率介于 40~50 000 Hz 之间。音频文件是指存储声音内容的文件，人耳可以听到的声音频率范围为 20 Hz~20 000 Hz 的声波。工作中常见的音频文件根据压缩程度可以分为未压缩的音频格式、无损压缩的音频格式和有损压缩的音频格式 3 种类型，如表 7-1 所示。

表 7-1　音频分类

音频格式分类	音频格式	说明
未压缩的音频格式	WAV	WAV 格式是音频文件中使用广泛的未压缩格式之一，在 1991 年由微软和 IBM 共同推出。音频容器使用未压缩技术，主要用于在 CD 中存储录音
	AIFF	和 WAV 一样，AIFF 文件也是未压缩的。AIFF 文件格式基于 IFF（可互换文件格式），最初由苹果公司推出，这也是苹果公司制造的设备主要支持该格式音频的原因
	PCM	PCM 音频格式也是一种常用的未压缩格式，它主要用于把音频文件存储到 CD 和 DVD 中
无损压缩的音频格式	FLAC	FLAC 自 2001 年推出以来取得了巨大的发展进步。顾名思义，它是一种免费的开源压缩格式，适用于音频文件的日常存储
	ALAC	ALAC（Apple 无损音频编解码器）是苹果公司开发的一项无损音频压缩技术，于 2004 年首次推出。为了推广 ALAC 格式，苹果公司在 2011 年公开了它的压缩算法，该文件格式因此流行。ALAC 编码的两个主要文件扩展名是.m4a 和.caf，它们分别表示 iOS 和 macOS 的本机压缩格式
	WMA	WMA 由微软开发。WMA 兼有无损和有损两种压缩模式可供用户选择
有损压缩的音频格式	MP3	MP3（MPEG-1 音频第 3 层）无疑是各种领先平台和设备都能接受的最流行的音频格式，它于 1993 年由运动图像专家组首次推出。该压缩技术消除了人耳无法听到的所有声音以及噪声，专注于实际音频数据，这可以将音频文件的体积减小 75%到 90%。MP3 也被称为通用音乐扩展，因为几乎每个媒体设备都支持此种开放格式
	ACC	AAC（高级音频编码）可用作常见扩展的容器，如.3gp、.m4a、.aac 等。它是 iTunes、iOS、Sony Walkmans、Playstations、YouTube 等设备和网站的默认编码技术

在所有音频格式中，首先推荐大家使用未压缩的音频格式存储的文件。顾名思义，这些音频文件本质上是未被压缩的。也就是说，它只是将真实世界的声波转换成数字格式保存下来，而不需要对它们进行任何处理。未压缩的音频格式最大的优点是真实，可以保留录制音频的详细信息，但需要占据较大的存储空间。

未压缩的音频文件会占用大量空间，因此我们建议先压缩这些音频文件再进行存储。使用拥有高级算法的无损压缩技术，用户可以在缩小文件体积的同时保留原始数据。理想情况下，无损压缩技术可以使文件大小减小至 1/2 到 1/5，同时仍保留原始数据。

在日常生活中，大多数人并不希望音乐文件占用大量设备空间，因此人们常常使用有损压损的音频格式。采用有损压缩技术，可以大大减小文件体积，但音频的原始数据也会受到损害，有时，以此格式存储的音乐文件听起来甚至与原始音频毫不相像。

为了更深入地了解音频文件，下面是一些重要的核心概念。

- 采样：波是无限光滑的，采样的过程就是从波中抽取某些点的频率值，就是把模拟信号数字化。
- 采样频率：也称采样率，是指录音设备在单位时间内对声音信号的采样数或样本数，单位为

Hz（赫兹），采样频率越高能表现的频率范围就越大，声音的还原就越真实越自然，当然数据量就越大。一般音乐 CD 的采样率是 44 100 Hz，所以视频编码中的音频采样率保持在这个级别就完全足够了，通常视频转换器也将这个采样率作为默认设置。

- 采样位数：每个采样点能够表示的数据范围。采样位数通常有 8 位或 16 位两种，采样位数越大，所能记录声音的变化度就越细腻，相应的数据量就越大。
- 声道数：声道数是指支持不同发声的音响的个数，它是衡量音响设备的重要指标之一。
- 脉冲编码调制（pulse code modulation，PCM）：对声音进行采样、量化的过程，未经过任何编码和压缩处理。
- 编码：采样和量化后的信号还不是数字信号，将采样和量化后的信号转化为数字编码脉冲的过程称为编码，模拟音频经采样、量化和编码后形成的二进制序列就是数字音频信号。
- 码率（比特率）：在一个数据流中每秒钟能通过的信息量，单位为 bit/s（bit per second）。例如，MP3 常用码率有 128 000 bit/s、160 000 bit/s、320 000 bit/s 等，码率越高表示声音音质越好。MP3 中的数据由 ID3 和音频数据组成，其中 ID3 用于存储歌名、演唱者、专辑、音轨等常见的信息。另外，码率=采样率×采样位数×声道数。

> **提示**
> 正常人听觉的频率范围为 20~20 000 Hz，根据奈奎斯特采样定理，为了保证声音不失真，采样频率应该在 40 000 Hz 左右。常用的音频采样频率有 8 000 Hz、11 025 Hz、22 050 Hz、16 000 Hz、37 800 Hz、44 100 Hz、48 000 Hz 等，如果采用更高的采样频率，还可以达到 DVD 的音质。

7.2.1 MP3 文件

MPEG 音频文件是 MPEG1 标准中的声音部分，它根据压缩质量和编码复杂程度划分为 3 层，即 Layer1、Layer2、Layer3，分别对应 MP1、MP2、MP3 这 3 种音频文件，音频编码的层次越高，编码器越复杂，压缩率也越高，MP1 和 MP2 的压缩率分别为 4:1 和 6:1~8:1，而 MP3 的压缩率可达 10:1 甚至 12:1。MP3 属于有损失的格式，牺牲音乐文件的质量以换取较小的文件体积，因为人耳只能听到一定频段内的声音（20~20 000 Hz），而其他更高或更低频率的声音对人耳是无法感知的，所以 MP3 技术就把这部分声音去掉了，从而使得文件体积大为缩小，且在人耳听起来并没有失真。

MP3 的文件构成都是由帧构成的，一般包含 3 部分：ID3V2、数据帧和 ID3V1。MP3 帧结构如图 7-1 所示。

ID3V2	数据帧（data frame）	ID3V1

图 7-1 MP3 帧结构

ID3V2 包含作者、作曲、专辑等信息，存在文件头部，长度不固定，扩展了 ID3V1 的信息量。ID3V2 一共有 4 个版本——ID3V2.1/2.2/2.3/2.4，目前流行的播放软件一般只支持第 3 版，即 ID3V2.3。

数据帧个数由文件大小和帧长决定，每个帧的长度可能不固定，也可能固定，由码率决定，每个帧又分为帧头和数据实体两部分，帧头记录了 MP3 的码率、采样率、版本等信息，每个帧之间相互独立。ID3V1 存在文件尾部，长度为 128 字节。

如果 MP3 音频文件存在 ID3V2 标签的话，在文件的首部顺序会记录 10 字节的 ID3V2 的头部，即标签头。之后则为 ID3V2 标签的标签帧，ID3V2 由一个标签头和若干个标签帧或者一个扩展标签头组成，至少要有一个标签帧，每一个标签帧记录一种信息。ID3V2 标签帧帧头的数据结构如下：

```
char Header[3];    /* 字符串"ID3" */
char Ver;          /* 版本号 ID3V2.3就记录为 3 */
char Revision;     /* 副版本号此版本记录为 0 */
char Flag;         /* 存放标志的字节，这个版本只定义了 3 位，很少用到，可以忽略 */
char Size[4];      /* 标签大小，除了标签头的 10 字节的标签帧的大小 */
```

ID3V1 长度为 128 字节，位于文件尾部，其数据结构如下：

```
char Header[3];      /* 标签头必须是"TAG"否则认为没有标签 */
char Title[30];      /* 标题，可以看到上面选择部分确实是 30 字节*/
char Artist[30];     /* 作者 */
char Album[30];      /* 专集 */
char Year[4];        /* 出品年代 */
char Comment[28];    /* 备注 */
char reserve;        /* 保留 */
char track;          /* 音轨 */
char Genre;          /* 类型 */
```

接下来是音频数据，每个数据帧都有一个帧头，长度是 4 字节（32 位），帧头后面可能有 2 字节的 CRC（cyclic redundancy check，循环冗余校验），这 2 字节是否存在取决于帧头信息的第 16 位，第 16 位为 0 则帧头后无 CRC 校验，为 1 则有 CRC 校验，校验值长度为 2 字节，之后就是帧的实体数据了，格式如图 7-2 所示。

帧头（4 字节）	CRC（2 字节）	通道信息（31 字节）	数据（长度由帧头计算）

图 7-2　MP3 音频数据帧的格式

而帧头格式如表 7-2 所示，帧头长 4 字节（32 位）。

表 7-2　MP3 帧头格式

名称	位数	字节位置	说明
同步信息	11	第1字节和第2字节	所有位均为 1，第 1 字节恒为 FF
版本	2		00 表示 MPEG2.5，01 表示未定义，10 表示 MPEG2，11 表示 MPEG1
层	2		00 表示未定义，01 表示 Layer3，10 表示 Layer2，11 表示 Layer1
CRC 校验	1		0 表示无校验，1 表示校验

续表

名称	位数	字节位置	说明
码率索引	4	第3字节	• V1 表示 MPEG1，V2 表示 MPEG2 和 MPEG2.5 • L1 表示 Layer1，L2 表示 Layer2，L3 表示 Layer3
采样率索引	2	第3字节	• 对于 MPEG1：00 表示 44 100 Hz，01 表示 48 000 Hz，10 表示 32 000 Hz，11 表示未定义 • 对于 MPEG2：00 表示 22 050 Hz，01 表示 24 000 Hz，10 表示 16 000 Hz，11 表示未定义 • 对于 MPEG2.5，00 表示 11 025 Hz，01 表示 12 000 Hz，10 表示 8 000 Hz，11 表示未定义
帧长调节	1		调整文件头长度。0 表示无须调整，1 表示调整
保留字	1		暂无使用
声道模式	2	第4字节	00 表示立体声，01 表示单纯双声道立体声，10 表示双声道，11 表示单声道
扩展模式	2	第4字节	仅当声道模式为 01 时才使用
版权	1		文件是否合法。0 表示不合法，1 表示合法
原版标志	1		是否原版。0 表示非原版，1 表示原版
强调方式	2		一般不太使用

大小端模式

编程中，有很多大于 8 位的数据类型，对于位数大于 8 位的处理器，例如 16 位或者 32 位的处理器，由于寄存器宽度大于 1 字节，那么必然存在如何安排多字节的顺序问题。因此就导致了大端模式和小端模式。

- 大端模式（big-endian）是指数据的高字节保存在内存的低地址中，而数据的低字节保存在内存的高地址中。
- 小端模式（little-endian）是指数据的高字节保存在内存的高地址中，而数据的低字节保存在内存的低地址中。

例如，数字 0x12 34 56 78 在内存中的表示形式。在大端模式下：

```
低地址------------------------>高地址
0x12  |  0x34  |  0x56  |  0x78
```

在小端模式下：

```
低地址------------------------>高地址
0x78  |  0x56  |  0x34  |  0x12
```

7.2.2 WAV 文件

WAV 文件比 MP3 文件简单，如果对其结构足够熟悉，完全可以通过代码自己写入 WAV 文件，特别是在对音频进行调试的时候，这能提高效率，降低复杂度。

以无损 WAV 格式文件为例，此时文件的音频数据部分为 PCM，比较简单，重点在于 WAV 头部。一个典型的 WAV 文件头长度为 44 字节，包含采样率、通道数、样本位数等信息，如表 7-3 所示。

表 7-3 WAV 文件头

偏移位置	大小	类型	字节顺序	含义
0x00～0x03	4	字符	大端	RIFF 块（0x52494646），标记为 RIFF 文件格式
0x04～0x07	4	整型	小端	块数据域大小，即从下一个地址开始,到文件末尾的总字节数，或者文件总字节数为 8。从 0x08 开始一直到文件末尾，都是 ID 为 RIFF 块的内容，其中会包含两个子块，fmt 和 data
0x08～0x0B	4	字符	大端	类型码，WAV 文件格式标记，即 WAVE
0x0C～0x0F	4	字符	大端	fmt 子块（0x666D7420），注意末尾的空格
0x10～0x13	4	整型	小端	fmt 子块数据域大小
0x14～0x15	2	整型	小端	编码格式，1 表示 PCM 无损格式
0x16～0x17	2	整型	小端	声道数，为 1 或 2
0x18～0x1B	4	整型	小端	采样率
0x1C～0x1F	4	整型	小端	字节率，即每秒数据字节数，采样率×声道数×单个样本位数/8
0x20～0x21	2	整型	小端	每个样本所需的字节数，即单个样本位数×声道数/8
0x22～0x23	2	整型	小端	单个样本位数，可选 8、16 或 32
0x24～0x27	4	字符	大端	data 子块（0x64617461）
0x28～0x2B	4	整型	小端	data 子块数据域大小
0x2C-eos	N	—	—	PCM

表 7-3 为典型的 WAV 文件头格式，从 0x00 到 0x2B 总共 44 字节，从 0x2C 开始一直到文件末尾都是 PCM 音频数据。所以如果我们已经知道了 PCM 的采样信息，那么可以直接跳过头部的解析，直接从 0x2C 开始读取 PCM 即可。WAV 文件头对应的结构体如下：

```
typedef struct {
    // WAV 文件标志，值为 "RIFF"，一个固定字符
    // 如果我们想判断一个音频文件是不是 WAV 格式，那么就看它的前 4 个字符是不是 "RIFF" 即可
    char ChunkID[4];
    // ChunkID 和 ChunkSize 都是 4 字节
    unsigned long ChunkSize;
    // 表示是 WAVE 文件，值为 "WAVE"，一个固定字符 */
    char Format[4];
    // 波形格式标志，值为 "fmt"，一个固定字符
    char Subchunk1ID[4];
    // 数据格式，一般为 16、32 等
    unsigned long Subchunk1Size;
    // 压缩格式，大于 1 表示有压缩，等于 1 表示无压缩（PCM 格式）
```

```
    unsigned short AudioFormat;
    // 声道数量
    unsigned short NumChannels;
    // 采样频率
    unsigned long  SampleRate;
    // 字节率=采样频率*声道数量*采样位数/8
    unsigned long  ByteRate;
    // 块对齐之后的大小，也表示一帧的字节数，即通道数*采样位数/8
    unsigned short BlockAlign;
    // 采样位数，存储每个采样值所用的二进制数的位数，一般是 4、8、12、16、24 或 32
    unsigned short BitsPerSample;
    // 数据标志位，值为"data"，一个固定字符
    char  Subchunk2ID[4];
    // 实际的音频数据总字节数，即整个音频文件的字节数减去文件头部的字节数
    unsigned long  Subchunk2Size;
} WAVHeader;
```

7.3 代码解读

MP3 一般是用于我们普通用户听歌，而 WAV 文件通常用于录音室录音和专业音频项目。

虽然 WAV 质量高，但是很多播放器都不兼容这个格式，所以有时候我们需要将 WAV 格式转成 MP3 格式；或者在某些工程实践中，一般语音信号处理或者语音识别、声纹识别中读取音频的格式为 WAV，所以也存在将其他几种常见音频格式转换成 WAV 格式的需求。

本节通过如下两种方式检测音频文件 MP3 和 WAV 的文件内容属性，确定文件类型和质量属性，并实现音频文件的转换等。

- 以二进制方式打开媒体文件，借助 struct 库，通过媒体文件结构来获取。
- 通过使用 pymediainfo 或 pydub 第三方库来获取媒体文件信息。

下面我们结合代码示例，展开讲解这两种方式。

1. 通过音频文件格式获取

以《阿炳-二泉映月.mp3》为例，该音频的文件结构解析如下，其中前 10 字节为标签头。通过 UltraEdit 编辑器打开音频文件，MP3 音频文件头解析如图 7-3 所示，显示的是十六进制数据。其中，前 3 字节 49 44 33 表示 ID3，第 4 字节 03 表示 V2.3 版本，ID3V2 是可选的，所以有的音频文件就没有 ID3V2。

通过代码，我们可以进一步印证 MP3 音频文件标签头。不同的媒体文件，其文件内结构是不一样的，从 7.2.2 节中可知，MP3 文件中有一种类型 ID3V1，这种文件后 128 位中保存了一些重要的信息内容。

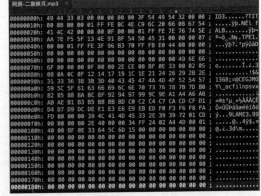

图 7-3 MP3 音频文件头解析

我们以二进制方式打开一个媒体文件,然后将文件定位到指定的位置(例如 MP3 文件的后 128 位的开始位置),最后通过列表切片逐条获取其中的信息并进行解码操作(使用 decode()函数将二进制流解码为相应的内容)。二进制方式打开 MP3 音频文件,并读取标签头,如代码清单 7-1 所示。

代码清单 7-1　mp3Demo

```
# -*- coding: utf-8 -*-
# @Time : 2022/6/21 9:50 下午
# @Project : videoUtil
# @File : mp3Demo.py
# @Author : hutong
# @Describe : 微信公众号:大话性能
# @Version: Python3.9.8
from collections import namedtuple
import struct
ID3V2TagHeader = namedtuple("ID3V2TagFrame",
                            ["Header", "Ver", "Revision", "Flag", "Size"])
# 二进制方式打开 MP3 音频文件
with   open ("阿炳-二泉映月.mp3", "rb") as fr_mp3:
    data_mp3 = fr_mp3.read()
    # 通过 struck 库进行字节解码,MP3 文件的前 10 字节是 ID3V2.3 的标签头
    values = struct.unpack("3s b b b 4s", data_mp3[:10])
mp3Header = ID3V2TagHeader(*values)
print(f'mp3 header: {mp3Header}')
```

输出结果如下:

```
mp3 header: ID3V2TagFrame(Header=b'ID3', Ver=3, Revision=0, Flag=0, Size=b'\x00\x00\x005')
```

读取标签尾部,从前面的文件结构中可知,ID3V2 标签头不一定存在,而 ID3V1 的标签尾部是一定存在的,所以通过标签尾部的检测,可以确认该音频文件是 MP3 格式,MP3 音频文件的后 128 字节如图 7-4 所示。

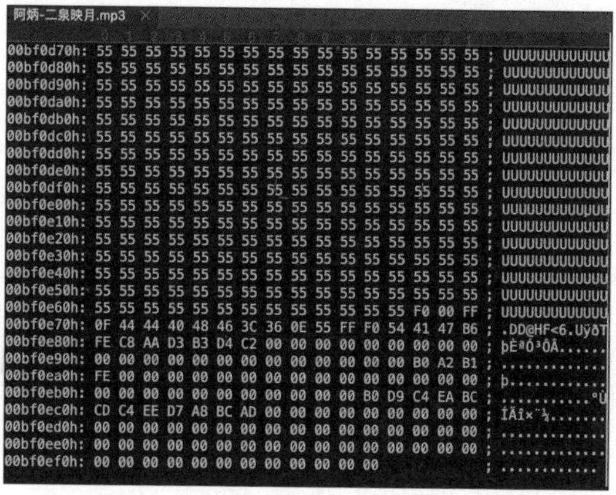

先来看看 ID3V1,因为它长度固定且位于文件尾部,所以读取一个 MP3 文件之后,获取它的后 128 字节就能得到 ID3V1 标签。每个部分的长度是固定的,如果长度不够用\0 补齐。ID3V1 标签的前 3 个字符一定是"TAG",如代码清单 7-2 所示。

图 7-4　MP3 音频文件后 128 字节

代码清单 7-2　mp3Util

```
# -*- coding: utf-8 -*-
# @Time : 2022/6/21 10:50 下午
# @Project : videoUtil
# @File : mp3Util.py
```

```python
# @Author : hutong
# @Describe : 微信公众号：大话性能
# @Version : Python3.9.8
from collections import namedtuple
import struct
# 封装 MP3 文件 ID3V1 的信息解码
import chardet
# 二进制方式打开音视频文件，并获取 MP3 音频文件的后 128 字节
def getFile(fileName):
    with open(fileName, 'rb') as f:
        # 2 表示从文件尾开始偏移
        f.seek(0, 2)
        #print('f current tell() :{}'.format(f.tell()))
        # tell()用于判断文件指针当前所处的位置
        if (f.tell() < 128):
            return None
        # -128 表示向文件头方向移动的字节数
        f.seek(-128, 2)
        data_bin = f.read()
        print(f'读取 mp3 文件中 ID3V1 标签的字节长度为：{len(data_bin)} 具体内容为：{data_bin}, ')
        return data_bin
# 字节转换为字符
def changeDecode(binStr):
    # enType = chardet.detect(binStr)['encoding']
    enType = 'GB2312'
    # print('当前字节编码方式为：{}'.format(enType))
    '''
    if enType == None:
        return binStr.decode('GB2312',errors = 'ignore')
    else:
        data_str = binStr.decode(enType, errors='ignore')
        print('字节转换为字符后为：{}'.format(data_str))
    '''
    data_str = binStr.decode(enType, errors='ignore')
    # print('字节转换为字符后为：{}'.format(data_str))
    return data_str
# 按照 MP3 音频文件格式，针对 ID3V1 标签，逐个解析字节为字符
def getInfor(binInfo):
    # 待移除的字节
    rmbin = b"\x00"
    info = {}
    if binInfo[0:3] != b'TAG':
        print('读取到的前 3 字节数据为：{}'.format(binInfo[0:3]))
        return '获取失败，检查类型'
    # print(binInfo[3:33])
    info['title'] = binInfo[3:33].strip(rmbin)
    # print('info title : {}'.format(info['title']))
    if info['title']:
```

```
        info['title'] = changeDecode(info['title'])
    info['artist'] = binInfo[33:63].strip(rmbin)
    if info['artist']:
        info['artist'] = changeDecode(info['artist'])
    info['album'] = binInfo[63:93].strip(rmbin)
    if info['album']:
        info['album'] = changeDecode(info['album'])
    info['year'] = binInfo[93:97].strip(rmbin)
    if not info['year']:
        info['year'] = '未指定年份'
    info['comment'] = binInfo[98:127].strip(rmbin)
    if info['comment']:
        info['comment'] = changeDecode(info['comment'])
    info['genre'] = ord(binInfo[127:128])
    return info
if __name__ == '__main__':
    binData = getFile('阿炳-二泉映月.mp3')
    changeDecode(binData)
    print(f'解析出来的mp3音频文件ID3V1标签信息为：{getInfor(binData)}')
```

以音频文件《阿炳-二泉映月.mp3》为例，运行上述代码后输出结果如下：

```
读取mp3文件中ID3V1标签的字节长度为：128 具体内容为：b'TAG\xb6\xfe\xc8\xaa\xd3\xb3\xd4\xc2\x00\x00\x00\x00\x00\x00\x00\x00\x00\x00\x00\x00\x00\x00\x00\x00\x00\x00\x00\x00\x00\x00\xb0\xa2\xb1\xfe\x00\x00\x00\x00\x00\x00\x00\x00\x00\x00\x00\x00\x00\x00\x00\x00\x00\x00\x00\x00\x00\x00\x00\x00\x00\x00\x00\x00\x00\x00\xb0\xd9\xc4\xea\xbc\xcd\xc4\xee\xd7\xa8\xbc\xad\x00\x00\x00\x00\x00\x00\x00\x00\x00\x00\x00\x00\x00\x00\x00\x00\x00\x00\x00\x00\x00\x00\x00\x00\x00\x00\x00\x00\x00\x00\x00\x00\x00\x00\x00\x00\x00\x00\x00\x00\x00\x00\x00\x00\x00\x00\x00\x00\x00\x00\x00\x00\x00\x00\x00\x00\x00\x00\x00\x00',
解析出来的mp3音频文件ID3V1标签信息为：{'title': '二泉映月', 'artist': '阿炳', 'album': '百年纪念专辑', 'year': '未指定年份', 'comment': b'', 'genre': 0}
```

上面讲解的是MP3音频文件的检测，接下来是WAV音频文件。WAV文件的前44字节如图7-5所示。

采用struct库，原始地读取WAV文件，从而获取文件头内容，如代码清单7-3所示。

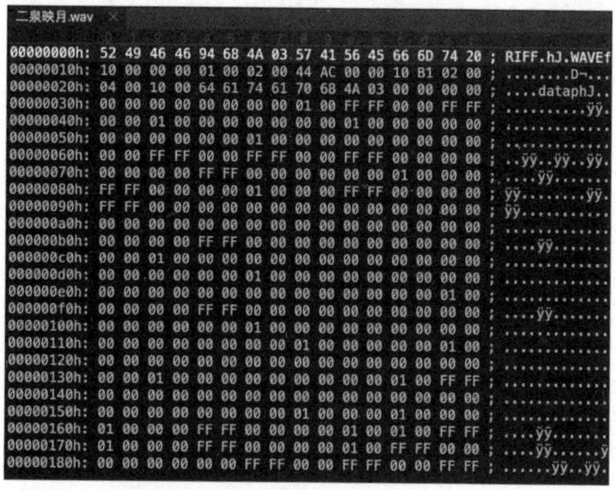

图7-5 WAV文件前44字节

代码清单7-3 wavDemo

```
# -*- coding: utf-8 -*-
# @Time : 2022/6/22 09:40 下午
# @Project : videoUtil
# @File : wavDemo.py
# @Author : hutong
# @Describe: 微信公众号：大话性能
# @Version: Python3.9.8
from collections import namedtuple
import struct
```

```
# WAV 格式
# WAV 文件头包含文件前面的 44 字节数据
WavHeader = namedtuple("WavHeader",
                       ["ChunkID", "ChunkSize", "Format", "Subchunk1ID", "Subchunk1Size",
                        "AudioFormat", "NumChannels", "SampleRate", "ByteRate", "BlockAlign",
                        "BitsPerSample", "Subchunk2ID", "Subchunk2Size"])
# 二进制的方式打开 WAV 音频文件
with open( "二泉映月.wav", "rb") as fr_wav:
    data_wave = fr_wav.read()
    # 通过 struck 进行字节解码
    values = struct.unpack("4s I 4s 4s I H H I I H H 4s I", data_wave[:44])
wavHeader = WavHeader(*values)
print(f"wav header: {wavHeader}")
```

代码中以《二泉映月.wav》音频文件为例,运行上述代码后输出结果如下:

```
wav header: WavHeader(ChunkID=b'RIFF', ChunkSize=55208084, Format=b'WAVE', Subchunk1ID=
b'fmt ', Subchunk1Size=16, AudioFormat=1, NumChannels=2, SampleRate=44100, ByteRate=176400,
BlockAlign=4, BitsPerSample=16, Subchunk2ID=b'data', Subchunk2Size=55208048)
```

当然,除了这些,我们还可以获取帧信息、时长等一些内容,这里就不再演示了,主要方法是从二进制数据中提取有效信息,但解析的前提是我们要了解这些文件的二进制结构。

2. 使用第三方库 pymediainfo 或 pydub

使用 Python 提取视频中的音频仅需要安装一个体量很小的 Python 第三方库 pymediainfo 即可实现。使用 pymediainfo 获取媒体文件内容的代码相对简单,直接传入文件位置,然后使用 MediaInfo.to_json()即可将信息以 JSON 格式返回,不过该库不能进行修改设置的操作。

借助 pymediainfo 库获取音频文件的属性信息如代码清单 7-4 所示,其中使用的 pymediainfo 版本号为 5.1.0。

代码清单 7-4　mediaDemo

```
# -*- coding: utf-8 -*-
# @Time : 2022/6/22 09:48 下午
# @Project : videoUtil
# @File : mediaDemo.py
# @Author : hutong
# @Describe : 微信公众号:大话性能
# @Version: Python3.9.8
# 通过第三方库的方式获取或设置音频文件属性
# pymediainfo 库,只能获取信息,无法重新设置更新
from pymediainfo import MediaInfo
media_info = MediaInfo.parse(r'阿炳-二泉映月.mp3')
data = media_info.to_json()
print(f'通过 pymediainfo 库,获取 mp3 音频信息为:{data}')
```

运行上述代码,输出结果如下:

通过 pymediainfo 库，获取 mp3 音频信息为：{"tracks": [{"track_type": "General", "count": "331", "count_of_stream_of_this_kind": "1", "kind_of_stream": "General", "other_kind_of_stream": ["General"], "stream_identifier": "0", "count_of_audio_streams": "1", "audio_format_list": "MPEG Audio", "audio_format_withhint_list": "MPEG Audio", "audio_codecs": "MPEG Audio", "complete_name": "\u963f\u70b3-\u4e8c\u6cc9\u6620\u6708.mp3", "file_name_extension": "\u963f\u70b3-\u4e8c\u6cc9\u6620\u6708.mp3", "file_name": "\u963f\u70b3-\u4e8c\u6cc9\u6620\u6708", "file_extension": "mp3", "format": "MPEG Audio", "other_format": ["MPEG Audio"], "format_extensions_usually_used": "m1a mpa mpa1 mp1 m2a mpa2 mp2 mp3", "commercial_name": "MPEG Audio", "internet_media_type": "audio/mpeg", "file_size": 12521212, "other_file_size": ["11.9 MiB", "12 MiB", "12 MiB", "11.9 MiB", "11.94 MiB"], "duration": 312999, "other_duration": ["5 min 12 s", "5 min 12 s 999 ms", "5 min 12 s", "00:05:12.999", "00:05:12.999"], "overall_bit_rate_mode": "CBR", "other_overall_bit_rate_mode": ["Constant"], "overall_bit_rate": 320000, "other_overall_bit_rate": ["320 kb/s"], "stream_size": 201, "other_stream_size": ["201 Bytes (0%)", "201 Bytes", "201 Bytes", "201 Bytes", "201.0 Bytes", "201 Bytes (0%)"], "proportion_of_this_stream": "0.00002", "title": "\u4e8c\u6cc9\u6620\u6708", "album": "\u767e\u5e74\u7eaa\u5ff5\u4e13\u8f91", "track_name": "\u4e8c\u6cc9\u6620\u6708", "performer": "\u963f\u70b3", "file_last_modification_date": "UTC 2023-02-17 05:03:15", "file_last_modification_date__local": "2023-02-17 13:03:15", "writing_library": "LAME3.99r", "other_writing_library": ["LAME3.99r"]}, {"track_type": "Audio", "count": "280", "count_of_stream_of_this_kind": "1", "kind_of_stream": "Audio", "other_kind_of_stream": ["Audio"], "stream_identifier": "0", "format": "MPEG Audio", "other_format": ["MPEG Audio"], "commercial_name": "MPEG Audio", "format_version": "Version 1", "format_profile": "Layer 3", "format_settings": "Joint stereo / MS Stereo", "mode": "Joint stereo", "mode_extension": "MS Stereo", "internet_media_type": "audio/mpeg", "duration": 312999, "other_duration": ["5 min 12 s", "5 min 12 s 999 ms", "5 min 12 s", "00:05:12.999", "00:05:15:12", "00:05:12.999 (00:05:15:12)"], "bit_rate_mode": "CBR", "other_bit_rate_mode": ["Constant"], "bit_rate": 320000, "other_bit_rate": ["320 kb/s"], "channel_s": 2, "other_channel_s": ["2 channels"], "samples_per_frame": "1152", "sampling_rate": 44100, "other_sampling_rate": ["44.1 kHz"], "samples_count": "13803264", "frame_rate": "38.281", "other_frame_rate": ["38.281 FPS (1152 SPF)"], "frame_count": "11982", "compression_mode": "Lossy", "other_compression_mode": ["Lossy"], "stream_size": 12519967, "other_stream_size": ["11.9 MiB (100%)", "12 MiB", "12 MiB", "11.9 MiB", "11.94 MiB", "11.9 MiB (100%)"], "proportion_of_this_stream": "0.99990", "writing_library": "LAME3.99r", "other_writing_library": ["LAME3.99r"], "encoding_settings": "-m j -V 4 -q 3 -lowpass 20.5"}]}

为了设置音频属性和实现音频格式之间的转化，下面采用 Python 第三方库 pydub，此处 pydub 版本号为 0.25.1，FFmpeg 版本号为 1.4。利用 pydub 库，除了可以获取相关音频属性，还可以进行修改和重命名等操作，如代码清单 7-5 所示。

代码清单 7-5　mediaDemo2

```
# -*- coding: utf-8 -*-
# @Time    : 2022/6/22 09:49 下午
# @Project : videoUtil
# @File    : mediaDemo2.py
# @Author  : hutong
# @Describe: 微信公众号：大话性能
# @Version: Python3.9.8
# pydub库，除了可以获取信息，还支持设置、保存
```

```python
import pydub
song = pydub.AudioSegment.from_mp3("阿炳-二泉映月.mp3")
# 返回一个 AudioSegment 对象，它就是音频读取之后的结果，通过该对象我们可以对音频进行各种操作
print(f'通过 pydub 库，读取音频文件后返回值为：{song}')
# 获取属性
# 声道数，1 表示单声道，2 表示双声道
print(f'通过 pydub 库，获取的声道数为：{song.channels}')  # 2
# 采样宽度乘以 8 就是采样位数
print(f'通过 pydub 库，获取的采样位数为：{song.sample_width * 8}')  # 16
# 采样频率，采样频率等于帧速率
print(f'通过 pydub 库，获取的采样频率为：{song.frame_rate}')  # 44 100
# 时长（单位为秒）
print(f'通过 pydub 库，获取的音频时长为：{song.duration_seconds}')  # 258.97600907029477
# 设置属性
# 我们可以更改设置采样频率
'''
print('原来的采样频率：{}'.format(song.frame_rate))  # 44 100
# 更改采样频率，一般都是 44 100,我们可以修改为其他值
# 注意，并不是任意值都可以，只能是 8000、12 000、16 000、24 000、32 000、44 100 和 48 000 之一
# 如果不是这些值当中的一个，那么会从中选择与设置的值最接近的一个
# 例如，我们设置 18 000，那么会自动变成 16 000
song.set_frame_rate(16000).export("newSong.mp3", "mp3",bitrate="320k")
print('更改后的采样频率：{}'.format(pydub.AudioSegment.from_mp3("newSong.mp3").frame_rate))
# 16 000
'''
# 保存文件
# 指定文件名和保存的类型即可，注意，第二个参数表示保存的音频的类型，如果不指定则默认为 MP3
'''
song.export("二泉映月.wav", "wav",tags=
                {"title":"二泉映月",
                 "artist": "阿炳",
                 "comments": "soul singer"})
# 读取之后查看前 4 字节，发现是 b"RIFF"，证明确实是 WAV 格式
data = open("二泉映月.wav", "rb").read(4)
import struct
header = struct.unpack("4s", data)[0]
print(header)  # b'RIFF'，证明是 WAV 格式
'''
```

运行上述代码，输出结果如下：

通过 pydub 库，读取音频文件后返回值为：<pydub.audio_segment.AudioSegment object at 0x7fa3102200d0>
通过 pydub 库，获取的声道数为：2
通过 pydub 库，获取的采样位数为：16
通过 pydub 库，获取的采样频率为：44100
通过 pydub 库，获取的音频时长为：312.97079365079367

> **注意**
>
> 运行中若报错 "FileNotFoundError: [Errno 2] No such file or directory: 'ffprobe'"，原因是运行代

码的机器上没有安装 ffprobe 和 ffmpeg 命令。

若使用的是 macOS，可以通过如下方法安装上述工具。

（1）前往 FFmpeg 官网，下载适用于不同平台的软件版本。例如，选择适用于 macOS 的 5.0.1 版本的 FFmpeg 的静态编译包进行下载。下载的是 zip 压缩包，需要解压出来。

（2）配置全局环境变量，将解压出来的 FFmpeg 工具移动到 /usr/local/bin/ 目录下。

（3）进入 /usr/local/bin/ 目录，执行 chmod 777 ffmpeg 即可修改 FFmpeg 的权限。

上文中，我们讲解了如何通过原始二进制文件和第三方库的两种方式进行音频文件检测，以及从二进制文件中读取信息。对于不同格式的媒体文件，其二进制结构存在很大的差异，此类操作的前提是知道这种类型的文件二进制组织结构。但是，使用二进制方式打开的文件，在进行切片索引时，如果传入的位置参数和源媒体文件不一致，则获取到的数据信息会产生乱码，这是这种方式很明显的一个缺陷。不过这种方式能让我们深入了解各类音视频文件的结构。

使用第三方库 pymediainfo 获取的媒体文件的信息相对来说更详细，而且获取到的 JSON 数据也很容易提取有效信息，最重要的一点是它的速度比二进制文件方式更快。以 1GB 以上的视频文件为例，使用第三方库方式的程序性能比二进制文件方式有成倍的提升。因此，在实际使用时，建议大家使用第三方库来解决这一问题。

> **第三方的音视频库**
>
> MoviePy 是一个用于视频编辑的 Python 库，可用于进行视频的基本操作（如剪切、拼接、标题插入）、视频合成、视频处理、创建高级效果等。
>
> OpenCV 是最常用的图像和视频识别库，其出色的处理能力使其在计算机产业和学术研究中都广泛使用。
>
> FFmpeg 有非常强大的功能包括视频采集、视频截取、视频格式转换、视频分辨率转换、视频合并、视频提取、音频提取、图片提取、视频水印处理等。FFmpeg 是命令行工具，可以通过 subprocess 的调用来使用。

7.4 本章小结

通过本章的学习，相信大家了解了基础的音频概念和数据文件结构，尤其是 MP3 和 WAV 的音频文件构成，并学会通过两种方式操作音视频，即采用 struct 库进行音频文件的二进制方式的读取和解析，以及采用第三方库 pymediainfo 和 pydub 实现更加便捷灵活的处理。我们结合实际代码来演示讲解这两种方式，供大家学习和借鉴。

第 8 章

自定义套接字测试工具开发

在物联网行业，涉及的硬件众多，而各设备间交互都会采用一些自定义的套接字（socket）消息格式，而开源中又很少有工具能直接测试这种个性化的交互。本章借助 Python 中的 socket 库和 struct 库，并结合实际的代码示例讲解如何进行自定义套接字消息交互，主要从需求背景、涉及知识和代码解读 3 方面展开讲解。

8.1 需求背景

对于实时性要求较高的应用，通常采用套接字方式进行数据的交互，而在实操的时候，经常会面临数据粘包问题。所谓粘包问题主要是因为接收方不知道消息之间的界限，不知道一次性提取多少字节的数据所造成的。

发送方引起的粘包是由 TCP（transmission control protocol，传输控制协议）本身造成的，TCP 为提高传输效率，发送方往往要收集到足够多的数据才发送一个 TCP 段。若连续几次需要发送的数据都很少，通常 TCP 会根据优化算法把这些数据合成一个 TCP 段后一次发送出去，因为 TCP 是流式协议所以数据包之间没有边界，这样接收方就收到了粘包数据。通常，在两种情况下会发生粘包。

- 接收方没有及时接收缓冲区的包，造成多个包同时接收，客户端发送一段数据，服务器端只接收一小部分，服务器端下次接收的时候还是从缓冲区取上次遗留的数据，这就会产生粘包。
- 发送方需要等缓冲区满才发送出去，几次发送数据的时间间隔很短、数据很小，会合到一起产生粘包。

为了解决 TCP 的收发数据时的粘包问题，我们可以通过 struck 库将需要发送的内容的长度打包，打包成一个 4 字节长度的数据发送到接收方。接收方只要取出前 4 字节，然后对这 4 字节的数据进行解包，获取即将接收的内容的长度。然后，通过这个长度来继续接收发送方实际要发送的内容。也就是说，发送前先发送 4 字节的数据包长度再发送信息，接收时先接收 4 字节的数据包长度再按长度接收信息。

TCP 是服务器端和客户端双方均要遵守的自定义协议。本节演示了如何通过双方协商交互的自

8.2 涉及知识

定义消息格式来解决问题。本章将深入讲解套接字消息的粘包处理，并结合示例简要分析。

8.2.1 socket 库

套接字是对网络中不同主机上的应用进程之间进行双向通信的端点的一种抽象。一个套接字就是网络上进程通信的一端，它提供了应用进程利用网络协议交换数据的机制。在 Python 中进行网络编程主要使用 socket 库，虽然还有高级一点的网络服务模块 socketserver 等，但本章主要介绍 socket 库。

套接字主要有流套接字、数据报套接字和原始套接字 3 种类型。

- 流套接字（SOCK_STREAM）：采用 TCP，提供面向连接、可靠的数据传输服务。
- 数据报套接字（SOCK_DGRAM）：采用 UDP（user datagram protocol，用户数据报协议），提供一种无连接的服务。该服务并不能保证数据传输的可靠性，数据有可能在传输过程中丢失或出现数据重复，且无法保证顺序地接收到数据。
- 原始套接字（SOCK_RAW）：与上面两种套接字的区别在于原始套接字可以读写内核没有处理的 IP 数据包，而流套接字只能读取 TCP 的数据，数据报套接字只能读取 UDP 的数据。

本章重点讲解流套接字。

由于是双向通信，套接字的工作流程需要一对套接字连接使用，一个套接字作为服务器端，一个套接字作为客户端。套接字的基本工作流程如图 8-1 所示。

编写 TCP 时会用到 socket 库，编程的步骤及调用的函数分服务器端和客户端两部分。

服务器端程序步骤以及调用函数如下。

（1）调用 socket()函数创建一个套接字，取名为 s_Server。

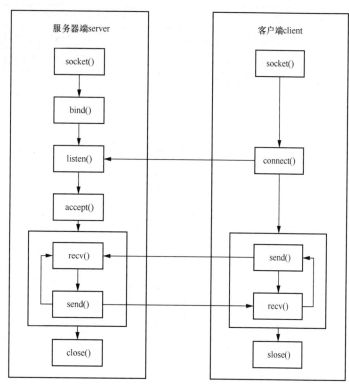

图 8-1　套接字的基本工作流程

（2）调用 bind(address)函数将套接字 s_Server 绑定到已知地址。

（3）调用 listen(backlog)函数将套接字 s_Server 设为监听模式，准备接收来自客户端的连接请求。

（4）调用 accept()函数响应客户端的连接请求并接受一个连接，如果接收到客户端的请求，则 accept()返回得到新的套接字，取名为 s_Conn。

（5）调用 recv(bufsize[, flgas])函数接收来自客户端的数据。

（6）调用 send(bytes[, flags])函数向客户端发送数据。

（7）如果要退出服务器端程序，则调用 close()函数关闭最初的套接字 s_Server 服务器进程。

客户端程序步骤以及调用函数如下。

（1）调用 socket()函数创建一个流式套接字，返回套接字，取名为 s_Client。

（2）调用 connect()函数将套接字 s_Client 连接到服务器。

（3）调用 send(bytes[, flags])函数向服务器发送数据。

（4）调用 recv(bufsize[, flags])函数接收来自服务器的数据。

（5）与服务器的通信结束后，客户端程序可以调用 close()函数关闭套接字。

下面简要介绍套接字对象中函数的使用描述。服务器端函数如表 8-1 所示。

表 8-1 服务器端函数

函数	描述
s.bind()	绑定地址（host, port）到套接字，在 AF_INET 下，以元组（host, port）的形式表示地址
s.listen()	开始 TCP 监听。参数 backlog 表示操作系统可以挂起的最大连接数量，其值至少为 1，一般设置为 5
s.accept()	被动接收客户端的 TCP 连接，阻塞式等待连接的到来

客户端函数如表 8-2 所示。

表 8-2 客户端函数

函数	描述
s.connect()	TCP 服务器连接，参数 address 的格式为元组（hostname,port），如果连接出错，返回 socket.error 错误
s.connect_ex()	connect()函数的扩展版本，出错时返回出错码，而不是抛出异常

服务器端和客户端公共函数如表 8-3 所示。

表 8-3 服务器端和客户端公共函数

函数	描述
s.recv()	接收 TCP 数据，返回字节类型数据，参数 bufsize 表示一次能接收的最大数据大小
s.send()	发送 TCP 数据，将参数 string 中的数据发送到连接的套接字，参数是字节类型，返回值是字节数
s.sendall()	完整发送 TCP 数据，将参数 string 中的数据发送到连接的套接字，但在返回之前会尝试发送所有数据。成功返回 None，失败则抛出异常
s.close()	关闭套接字
s.getpeername()	返回连接套接字的远程地址。返回值通常是元组（ipaddr, port）
s.getsockname()	返回套接字自己的地址。通常是一个元组（ipaddr, port）

续表

函数	描述
s.setsockopt()	设置给定套接字选项的值
s.getsockopt()	返回套接字选项的值
s.settimeout()	设置套接字操作的超时期,参数 timeout 是一个浮点数,单位是秒。值为 None 表示没有超时期
s.gettimeout()	返回当前超时期的值,单位是秒,如果没有设置超时期,则返回 None
s.setblocking()	如果参数 flag 为 0,则将套接字设为非阻塞模式,否则将套接字设为阻塞模式(默认值)。非阻塞模式下,如果调用 recv() 没有发现任何数据,或 send() 调用无法立即发送数据,那么将引起 socket.error 异常

特别需要注意收发函数特性,具体如下。

- recv() 函数特征:如果建立的另一端连接被断开,则 recv() 立即返回空字符串;recv() 从接收缓冲区取出内容,当缓冲区为空则阻塞;recv() 如果一次接受不完缓冲区的内容,下次执行会自动接收。
- send() 函数特征:如果接收方不存在则会产生 Pipe Broken 异常;send() 从发送缓冲区发送内容,当缓冲区为满则堵塞。

在内存中开辟用于发送和接收数据的缓冲区,主要是为了协调数据的收发速度,同时减少和磁盘的交互,所以其实数据真正交互的方式如图 8-2 所示。当我们在写代码时,如果发现一些和预期不一样的结果,可以想想是否因为存在缓冲区。

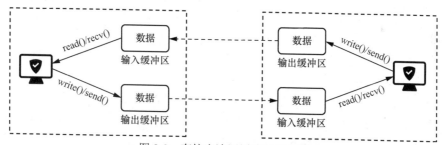

图 8-2 套接字读写缓冲区示意图

在很多情况下,默认的套接字缓冲区大小可能不够用。此时,可以将套接字默认的发送和接收缓冲区大小改成一个更合适的值,设置缓冲区大小如代码清单 8-1 所示。

代码清单 8-1 bufferDemo

```
# -*- coding: utf-8 -*-
# @Time : 2022/6/21 9:50 下午
# @Project : socketUtil
# @File : bufferDemo.py
# @Author : hutong
# @Describe: 微信公众号:大话性能
# @Version: Python3.9.8
import socket
```

```python
# 设置发送缓冲区大小
SEND_BUF_SIZE = 4096
# 设置接收缓冲区大小
RECV_BUF_SIZE = 4096
def modify_buff_size():
    # 创建TCP套接字
    # UDP套接字——s=socket.socket(socket.AF_INET,SOCK_DGRAM)
    sock = socket.socket(socket.AF_INET, socket.SOCK_STREAM)
    # 获取当前套接字关联的选项
    # socket.SOL_SOCKET——正在使用的套接字选项
    # socket.SO_SNDBUF——发送缓冲区大小
    bsize = sock.getsockopt(socket.SOL_SOCKET, socket.SO_SNDBUF)
    # 打印更改前的发送缓冲区大小
    print("Buffer size [Before]: %d" % bsize)
    # 设置TCP套接字关联的选项
    # socket.TCP_NODELAY TCP层套接口选项
    # 1——表示将TCP_NODELAY标记为TRUE
    sock.setsockopt(socket.SOL_TCP, socket.TCP_NODELAY, 1)
    # 设置发送缓冲区套接字关联的选项
    sock.setsockopt(
        socket.SOL_SOCKET,
        socket.SO_SNDBUF,
        SEND_BUF_SIZE)
    # 设置接收缓冲区套接字关联的选项
    sock.setsockopt(
        socket.SOL_SOCKET,
        socket.SO_RCVBUF,
        RECV_BUF_SIZE)
    # 获取设置后的发送缓冲区
    bsize = sock.getsockopt(socket.SOL_SOCKET, socket.SO_SNDBUF)
    print("Buffer size [After] : %d" % bsize)
if __name__ == '__main__':
    modify_buff_size()
```

TCP 和 UDP

TCP 是面向连接的，面向流的，提供高可靠性服务。收发两端（客户端和服务器端）要有成对的套接字，因此发送方为了将多个发往接收方的包更有效地发到对方，使用了优化方法 Nagle 算法，将多次间隔较小且数据量小的数据，合并成一个大的数据块，然后进行封包。这样接收方难于分辨，必须使用科学的拆包机制，即面向流的通信是无消息保护边界的。

UDP 是无连接的，面向消息的，提供高效率服务，不会使用块的合并优化算法。因为 UDP 支持一对多的模式，所以接收方的 skbuff（套接字缓冲区）采用了链式结构来记录每一个到达的 UDP 包，在每个 UDP 包中设置消息头（包含消息来源地址、端口等信息）。这样接收方就容易区分处理了，即面向消息的通信是有消息保护边界的。

8.2.2 struct 库

结构体定义了一种包含不同类型（如 int、char、bool 等）数据的数据结构，方便我们处理某一结构对象。在网络通信中，大多传递的数据是以二进制流的形式存在的。当传递字符串时，我们需要一种机制将某些特定的结构体数据打包成二进制流，然后进行网络传输，而接收方也应该通过某种机制解包，还原出原始的结构体数据。

Python 中的 struct 库提供了这样的机制，该库的主要作用是实现 Python 基本类型与用 Python 字符串格式表示的结构体类型之间的转化。struct 库可用于解决字符编码、通信协议、代码或信息安全等方面问题。Python 数据类型的字符串格式符号如表 8-4 所示。

表 8-4　Python 数据类型的字符串格式符号

格式符号	C 语言	Python 语言	所占大小（字节）
c	char	bytes	1
h	short	int	2
H	unsigned short	int	2
i	int	int	4
I	unsigned int	int	4
l	long	int	4
L	unsigned long	int	4
f	float	float	4
d	double	float	8
s	char[ ]	bytes	若干

struct 库可实现如下操作。

- 按照指定格式将数据转换为字符串，该字符串为字节流，例如在网络传输时不能传输 int 类型，须先将 int 转化为字节流再发送。
- 按照指定格式将字节流转换为 Python 指定的数据类型。
- 处理二进制数据，如果用 struct 库处理文件，需要用'wb'和'rb'以二进制流写和读的方式来处理文件。

struct 库的核心函数如表 8-5 所示。

表 8-5　struct 库的核心函数

函数	返回值	描述
pack(fmt, v1, v2, ...)	string	按照给定的格式（fmt），把数据转换成字符串，并将该字符串返回
pack_into(fmt, buffer, offset, v1, v2, ...)	None	按照给定的格式（fmt），将数据转换成字符串，并将字节流写入以 offset 开始的 buffer 中
unpack(fmt, v1, v2, ...)	tuple	按照给定的格式（fmt）解析字节流，并返回解析结果
pack_from(fmt, buffer, offset)	tuple	按照给定的格式（fmt）解析以 offset 开始的缓冲区，并返回解析结果
dalcsize(fmt)	int	计算给定的格式（fmt）占用多少字节的内存

当打包或者解包时，需要按照特定的方式来打包或者解包。该方式就是格式化字符串，它指定了数据类型，除此之外，还有用于控制字节顺序、大小和对齐方式的特殊字符。

总之在使用 struct 模式进行打包的时候，需要记住 3 点。

（1）元素类型和符号要对应，例如 i 对应整数，s 对应字符串等，并且 s 前面的数字表示接收的字符串的长度。

（2）元素个数和符号个数要对应，例如 3i1s3f 表示接收 7 个元素，依次是 3 个整数、一个字符串、3 个浮点数。

（3）struct 根据本地计算机字节顺序转换可以用格式中的第一个字符来改变对齐方式。定义如下：<表示小端模式，>表示大端模式。

> **缓冲区**
>
> pack 方法是对输入的数据进行操作之后重新申请了一块内存空间，然后返回，也就是说每一次 pack 都需要申请内存资源，显然这是一种浪费。通过避免为每个打包数据分配一个新缓冲区，可以在内存开销上得到优化。而 pack_into 和 pack_from 函数可以支持我们从指定的缓冲区进行读取和写入。
>
> pack_into 不会产生新的内存空间，都是对缓冲区进行操作。另外，我们可以通过 struct 库中的 pack_into(format, buffer, offset, v1, v2, ...)函数和 unpack_from(format, buffer, offset=0)函数将多个打包的数据写入同一个缓冲区，以及从同一个缓冲区中进行解包，这一过程中保证数据不冲突的前提是偏移量（offset）。

8.3 代码解读

我们如何确保把数据长度有效地传递给对方了呢？可以使用 struct 库把整数序列化为字节串发送给对方，而这个字节串的长度固定为 4，这样的话，接收方使用 recv(4)接收到这个字节串再反序列化为整数就可以了。下面以一个自定义的套接字消息格式为例，演示客户端和服务器端的收发处理。

消息数据由消息头和消息体组成。消息头有 6 字节，消息体长度不固定，各类消息不同。消息头的 6 字节不能当作字符处理，需要按整型数处理，如表 8-6 所示。

表 8-6 自定义套接字消息格式

组成	名称	长度（字节）	取值或说明
消息头	开始标志（startSign）	2	固定为 0xFFFF，消息开始标识
	消息类型（msgType）	2	单字节整型数，类型编码含义如下： 0 表示 login，1 表示 ping
	长度（lenOfBody）	2	2 字节的整型数，字节顺序为大端，表示消息体字节长度，取值范围 0~32767
消息体	具体消息内容		

在实际项目中，很多时候网络协议内容是可变长度的。假设网络协议由消息开始标识 startSign（unsigned short 类型）、消息长度 lenOfBody（unsigned short 类型）及可变长度的消息体 payload（包含若干个 unsigned int 类型）组成，客户端代码如代码清单 8-2 所示。利用 struct 库进行消息的封装，并结合多线程方式创建多个套接字客户端发送登录请求。

代码清单 8-2 socketTestClient

```python
# -*- coding: utf-8 -*-
# @Time : 2022/4/13 9:36 上午
# @Project : socketTestDemo
# @File : socketTestClient.py
# @Author : hutong
# @Describe: 微信公众号：大话性能
# @Version: Python3.9.8
import socket
from threading import Thread
# 客户端代码，模拟建立套接字连接，发送自定义的消息格式
def socketClient(ip, port, id):
    sockClient = socket.socket(socket.AF_INET, socket.SOCK_STREAM)
    try:
        sockClient.connect((ip, int(port)))
    except Exception as e:
        print("except:", e)
        print('连接服务器失败')
    else:
        # 登录的消息体
        login_msg = {
            'msgType': 'login',
            'user': 'hutong0',
            'password': 'qazwsx'
        }
        login_msg['user'] = 'hutong' + str(id)
        import pickle, json
        # 通过pickle库进行编码，通常编码后的数据会加入一些额外的字节信息，所以与JSON编码出的长度不一样
        # login_bytes = pickle.dumps(login_msg)
        login_json = json.dumps(login_msg)
        print(f'\n 客户端 {sockClient} \n 发送的登录信息为 {login_json}')
        # print(login_json.encode('utf-8'), len(login_json.encode('utf-8')))
        # print(type(login_bytes), len(login_bytes), login_bytes)
        from packetUtil import load_packet
        # 根据自定义的消息头和消息体，封装待发送的消息内容
        packet = load_packet(0xFFFF, 0x0001, len(login_json.encode('utf-8')), login_json.encode('utf-8'))
        # 发送自定义格式的封装后的包数据
        sockClient.sendall(packet)
        sockClient.close()
if __name__ == '__main__':
    # 多线程方式创建多个套接字客户端进行发送登录请求
    for i in range(3):
        Thread(target=socketClient, args=('127.0.0.1', 3000,i)).start()
```

运行上述代码，输出结果如下：

```
客户端 <socket.socket fd=3, laddr=('127.0.0.1', 60086), raddr=('127.0.0.1', 3000)>
发送的登录信息为 {"msgType": "login", "user": "hutong0", "password": "qazwsx"}
客户端 <socket.socket fd=4, laddr=('127.0.0.1', 60087), raddr=('127.0.0.1', 3000)>
发送的登录信息为 {"msgType": "login", "user": "hutong1", "password": "qazwsx"}
客户端 <socket.socket fd=5, laddr=('127.0.0.1', 60088), raddr=('127.0.0.1', 3000)>
发送的登录信息为 {"msgType": "login", "user": "hutong2", "password": "qazwsx"}
```

而服务器端的程序，除了使用套接字的通信，还要使用多线程的方式来与多个客户端保持通信连接。因此，服务器端的基本流程如图 8-3 所示。每建立起一个新的连接，就使用 threading 库创建一个新的线程，向新的线程中传入该客户端套接字的信息，并保持通信，同时该线程需要通过 thd.setDaemon(True) 设置为守护主线程。

服务器端代码如代码清单 8-3 所示，多线程方式接收多个客户端发过来的消息，并正确解析数据。

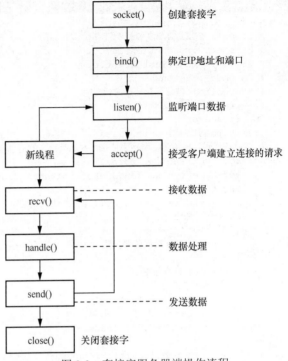

图 8-3 套接字服务器端操作流程

代码清单 8-3　socketTestServer

```python
# -*- coding: utf-8 -*-
# @Time : 2022/4/13 10:21 上午
# @Project : socketTestDemo
# @File : socketTestServer.py
# @Author : hutong
# @Describe: 微信公众号：大话性能
# @Version: Python3.9.8
from threading import Thread
from struct import unpack
import socket
import json
# 只要缓冲区大于1，就存在粘包的可能
BUFFER_SIZE = 8
# 处理每个客户端的连接
def dealClient(conn, addr):
    while True:
        '''
        # 接收一个整数，表示接下来要接收的数据长度
        data_length = conn.recv(4)
        if not data_length:
            break
        # 解包为整数
        data_length = unpack('i', data_length)[0]
        data = []
        while data_length >0:
            if data_length > BUFFER_SIZE:
                temp = conn.recv(BUFFER_SIZE)
            else:
                # 必须动态调整缓冲区大小，避免粘包
                temp = conn.recv(data_length)
            data.append(temp)
            data_length = data_length - len(temp)
        data = b''.join(data).decode("utf-8")  # 以指定的编码格式解码字节对象
        '''
```

```python
            # 首先获取数据的前面固定的6字节的消息头
            data_header = conn.recv(6)
            if not data_header:
                break
            # 解包消息头信息，获取真实的消息体长度大小
            data_length = unpack('>HHH', data_header)[2]
            print(f'消息体长度大小为：{data_length}')
            # 接收消息体长度大小的字节流数据，获取完整的数据包，避免粘包
            temp = conn.recv(data_length)
            # 对消息体进行解包，解包后的返回数据是元组类型
            data_body_bytes = unpack('>%ds' % (int(data_length)), temp)
            # 通过JSON解码字节流数据为字符
            data_body = json.loads(data_body_bytes[0].decode('utf-8'))
            print('message from {}: 登录信息为: {}'.format(addr, data_body))
    print('conn {} close'.format(addr))
    conn.close()
if __name__ == '__main__':
    sockServer = socket.socket(socket.AF_INET, socket.SOCK_STREAM)
    sockServer.bind(('127.0.0.1', 3000))  # 要求IP地址和端口以元组的形式传递，所以这里是两对括号
    sockServer.listen(5)
    while True:
        # conn是为连接的客户端创建的对象，addr则存放了客户端连接的IP地址和端口
        conn, addr = sockServer.accept()
        # 多线程接收多个客户端的信息
        Thread(target=dealClient, args=(conn, addr)).start()
```

运行上述代码，输出结果如下：

```
消息体长度大小为：61
消息体长度大小为：61
消息体长度大小为：61
message from ('127.0.0.1', 60087): 登录信息为: {'msgType': 'login', 'user': 'hutong1', 'password': 'qazwsx'}
message from ('127.0.0.1', 60086): 登录信息为: {'msgType': 'login', 'user': 'hutong0', 'password': 'qazwsx'}
message from ('127.0.0.1', 60088): 登录信息为: {'msgType': 'login', 'user': 'hutong2', 'password': 'qazwsx'}
conn ('127.0.0.1', 60086) close
conn ('127.0.0.1', 60087) close
conn ('127.0.0.1', 60088) close
```

另外，项目中还封装了自定义的消息格式的封包和解包的函数，公共包代码如代码清单8-4所示。

代码清单 8-4　packetUtil

```python
# -*- coding: utf-8 -*-
# @Time    : 2022/4/20 5:49 下午
# @Project : socketTestDemo
# @File    : packetUtil.py
# @Author  : hutong
# @Describe: 微信公众号：大话性能
# @Version : Python3.9.8
import struct
```

```python
import ctypes
# 封包
# 封装自定义的消息格式，消息头包含2字节的开始标志、2字节的消息类型、2字节的消息体长度和若干字节的消息体
def load_packet(msg_startSign, msg_type, msg_lenOfBody, msg_payLoad):
    # 创建一个字符串缓存，大小为10
    packet = ctypes.create_string_buffer(msg_lenOfBody+6)
    # 第一个参数"9s i f"表示格式化字符串，里面的符号表示数据的类型；第二个参数表示缓冲区，第三个参数表示偏移量，0表示从头开始；后面的参数表示打包的数据
    struct.pack_into('>HHH', packet, 0, msg_startSign, msg_type,msg_lenOfBody)
    struct.pack_into('>%ds' % (int(msg_lenOfBody)), packet, 6, msg_payLoad)
    return packet
# 解包
def unload_packet(packet):
    msg_startSign, msg_type, msg_lenOfBody = struct.unpack_from('>HHH', packet, 0)
    msg_payload = struct.unpack_from('>%ds' % (int(msg_lenOfBody)), packet, 6)
    return msg_startSign, msg_type, msg_payload
if __name__ == '__main__':
    login_msg = {
    'msgType':'login',
    'user': 'hutong',
    'password': 'qazwsx'
    }
    ping_msg = {
    'msgType':'ping',
    'msg': 'ping'
    }
    # 测试用json库编解码和pickle库编解码的区别
    import json
    import pickle
    login_json =json.dumps(login_msg)
    print(login_json,len(login_json))
    print(login_json.encode('utf-8'),len(login_json.encode('utf-8')))
    login_bytes = pickle.dumps(login_msg)
    login_bytes1 = pickle.dumps(login_msg,protocol=1)
    login_bytes2 = pickle.dumps(login_msg,protocol=2)
    print(login_bytes1)
    print(login_bytes2)
    print(type(login_bytes), len(login_bytes), login_bytes)
    # 还可以将打包后的结果转成十六进制，这样传输起来更加方便
    import binascii
    print(binascii.hexlify(login_bytes))
```

8.4 本章小结

通过本章的学习，相信大家对套接字的粘包问题有所了解，并能掌握struct库中处理粘包的方法。另外，本章结合一个自定义套接字消息格式的实际案例，演示了客户端和服务器端的代码，并封装了自定义消息的封包和解包的函数，供大家学习和借鉴。

第 9 章

接口测试工具开发

所有的测试工具中，接口测试工具是最多的，如 Postman、Apifox、SoapUI 等，还包括各种商用的一些解决方案。团队往往希望拥有一套自动化接口测试平台来满足日常的迭代测试、统筹管理等。在本章，我们将借助 requests 库演示如何开发一个接口自动化测试工具，主要从需求背景、涉及知识和代码解读 3 方面展开讲解。

9.1 需求背景

自动化测试分为单元自动化测试、接口自动化测试、UI 自动化测试等，用程序代替人工可以提高测试效率。

（1）单元自动化测试。单元自动化测试是指对软件中的最小可测试单元进行检查和验证。将单元测试交给测试人员去做有利有弊，整体来说，由开发人员去做更为合适。测试人员做单元测试的优势是具备测试思维，在设计测试用例时考虑更加全面；但劣势是大多数测试人员很难像开发人员一样熟悉被测代码。开发人员实现单元测试只需掌握单元测试框架的使用和一些常用的测试方法即可，而且定位 bug 更加方便。Python 中常用于单元测试的工具有 unittest、pytest 等。

（2）接口自动化测试。Web 应用的接口自动化测试大体分为两类：模块接口测试和协议接口测试。

- 模块接口测试，主要测试程序模块之间的调用与返回。它强调对一个具有完整功能的类、方法或函数的调用的测试。
- 协议接口测试，主要测试对网络传输协议的调用，如 HTTP/SOAP 等，一般应用在前端和后端开发之间，以及不同项目之间。

（3）UI 自动化测试。UI 自动化测试以实现手动测试用例为主，可降低系统功能回归测试的人力和时间成本。UI 自动化测试由部分功能测试用例提炼而来，更适合测试人员去做。在《Google 软件测试之道》一书中，Google 公司把产品测试类型划分为小测试、中测试和大测试，采用 70%（小）、20%（中）和 10%（大）的比例，分别对应测试金字塔中的单元层、服务层和 UI 层，如图 9-1 所示。

Python 中常用的 UI 测试框架，例如移动端 APP 测试框架 Appium，或者 Web 端测试框架 Selenium。

本章主要讲解接口测试。接口测试是测试系统组件间接口的一种测试。接口测试主要用于检测外部系统与系统之间以及内部各个子系统之间的交互点。测试的重点是检查数据的交换、传递和控制管理过程，以及系统间的相互逻辑依赖关系等。

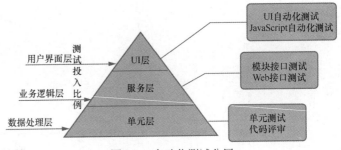

图 9-1　自动化测试分层

常见接口类型有 HTTP 接口、RPC 接口、SOAP 接口、Web Service 接口、Dubbo 接口和 RESTful 接口，如表 9-1 所示。

表 9-1　常见接口类型

接口类型	描述
HTTP 接口	通过 HTTP 传输的接口，可以传输文本表单数据，也可以传输 JSON 格式的数据或 XML 格式的数据
RPC 接口	RPC（remote procedure call，远程方法调用）。随着分布式系统的出现，当需要调用部署到其他服务器上的方法时，需要用到 RPC
SOAP 接口	SOAP（simple object access protocol，简单面向对象协议），基于 HTTP，使用 XML 作为默认传输格式
Web Service 接口	基于 SOAP 的一种 RPC 实现方案。相比传统的 HTTP 接口只传输文本请求和文本相应，通过 Web Service 可以直接拿到远程的一个对象，并能够直接调用该对象的属性和方法，比 HTTP 更高级
REST/RESTful 接口	REST（representational state transfer，表述性状态转移），一种 HTTP 接口的设计风格，将一切接口视为资源，要求接口路径同意管理，分版本管理，规定了 GET/POST 等请求以及 HTTP 状态码的使用规范，默认使用 JSON 格式传输

接口一般较 UI 相对稳定，利于进行自动化和持续集成。现在市面上做接口自动化测试的工具很多，如 Postman、JMeter、Robot Framework 等，不同的测试工具有不同的特色。JMeter 专注性能测试，用于接口测试有点大材小用，而且其无法生成测试报告；Postman 通过 JavaScript 脚本控制，需要对前端页面的细节有一定的了解；Robot Framework 作为开源工具，底层用 Python 开发，拥有强大的库函数以支持各种测试场景，相较其他的接口测试工具，Robot Framework 更加灵活，可扩展性更强，但是对测试人员的代码能力有一定的要求。

虽然接口测试工具选择丰富，且基本可以满足简单的接口测试要求，但没有一个工具适用于每一个项目，因为不同的项目有不同的数据处理和业务逻辑处理的方式，而且利用现有工具需要熟悉操作流程，完成各种必要的配置，不够灵活。所以我们需要自己开发一种更灵活的接口测试框架来适应不同项目环境。

现有的接口测试工具在实际项目中存在如下两点不足。
- 无法测试加密接口。在实际项目中,多数接口是不可以随便调用的,无法模拟和生成加密算法。例如,时间戳和 MDB 加密算法,一般接口工具无法模拟。
- 扩展能力不足。开源的接口测试工具无法实现扩展功能。例如,我们想生成不同格式的测试报告,并将测试报告发送到指定邮箱,或者让接口测试持续集成,做持续集成定时任务。

> **Mock Server**
>
> Mock 即模拟,就是在测试过程中,对于某些不容易构造或者不容易获取的对象,用一个虚拟的对象来创建以便测试推进,其最大的优势就是降低前后端耦合度,使被测对象不依赖后端返回数据,先完成前端样式和逻辑开发。简单来说 Mock 是用来解决依赖问题的,将复杂的、不稳定的或还未建立的依赖对象用一个简单的假对象来代替。
>
> Mock Server 的使用范围如下:
> - 前后端分离项目;
> - 所测接口依赖第三方系统;
> - 所测接口依赖复杂或依赖的接口不稳定,并不作为主要验证对象;
> - 在接口还未开发好时,提供 Mock 接口(假接口)会比只有接口文档更直观,并能有效减少沟通成本和一些文档理解 bug。

9.2 涉及知识

9.2.1 requests 库

Python 3 自带的 http.client 和 urllib.request 模块都能发送 HTTP 请求,不过相对来说使用较麻烦,第三方库 requests 让发送请求更简单,requests 库支持自动编码解码、会话保持、长连接等特性。

发送一个请求主要分 3 步。

(1)组装请求:请求可能包含 URL、URL 参数(params)、请求数据(data)、请求头(headers)、cookies 等,最少必须有 URL。

(2)发送请求并获取响应:支持 get、post 等各种方法发送,返回的是一个响应对象。

(3)解析响应:输出响应文本。

requests 库是基于 urllib 库编写的一个 HTTP 网络请求库,能满足日常的网络请求需求,而且简单好用。安装只需要执行命令 pip3 install requests 即可。requests 库的主要方法如表 9-2 所示。

表 9-2 requests 库的主要方法

方法	说明
requests.request()	构造一个请求,支持各基础方法
requests.get()	获取网页的数据,对应 HTTP 的 GET
requests.head()	获取网页头信息,对应 HTTP 的 HEAD

续表

方法	说明
requests.post()	向网页提交 POST 请求，对应 HTTP 的 POST
requests.put()	向网页提交 PUT 请求，对应 HTTP 的 PUT
requests.patch()	向网页提交局部修改请求，对应 HTTP 的 PATCH
requests.delete()	向网页提交删除请求，对应 HTTP 的 DELETE

request()方法使用格式为：requests.request(method, url, **kwargs)。除了 requests.session()，其他请求方法的参数都差不多，都包含 URL、params、data、headers、cookies、files、auth、timeout 等。request()相关参数如下。

- method：请求方式，对应 get、head、post、put、patch、delete、options 共 7 种；
- url：拟获取页面的 URL；
- **kwargs：控制访问的参数，**kwargs 控制访问的参数有 9 种，均为可选项。

下面我们详细介绍**kwargs 控制访问的 8 种参数。

（1）params 是字典或字节序列，作为参数增加到 URL 中，示例如下：

```
kv = {'key1': 'value1', 'key2': 'value2'}
r = requests.request('GET', "http://example.com/get", params=kv)
print(r.url)   #输出： http://example.com/get?key1=value1&key2=value2
# 还可以将一个列表作为值传入
kv = {'key1': 'value1', 'key2': ['value2', 'value3']}
r = requests.request('GET', "http://example.com/get", params=kv)
print(r.url)   #输出： http://example.com/get?key1=value1&key2=value2&key2=value3
```

（2）data 是字典、字节序列或文件对象，作为请求的内容，示例如下：

```
kv = {'key1': 'value1', 'key2': 'value2'}
r = requests.request('POST', "http://example.com/post", data=kv)
body = "文本内容"
r = requests.request('POST', "http://example.com/post", data=body)
# 表单中多个元素使用同一 key 的时候，可以使用元组
kv = (('key1', 'value1'), ('key1', 'value2'))
r = requests.request('POST', "http://example.com/post", data=kv)
```

（3）json 是 JSON 格式的数据，作为请求的内容，对应 Content-Type:application/json，示例如下：

```
kv = {'key1': 'value1'}
r = requests.request('POST', 'http://example.com/post', json=kv)
# 也可以用 data 参数实现，需事先导入 JSON 库
kv = {'key1': 'value1'}
r = requests.request('POST', 'http://example.com/post', data=json.dumps(kv))
```

（4）headers 是 HTTP 定制头，字典类型，示例如下：

```
headers = {'user-agent': 'my-app/0.0.1'}
r = requests.request('GET', 'https://api.example.com/some/endpoint', headers=headers)
print(r.request.headers)
```

```
# {'user-agent': 'my-app/0.0.1', 'Accept-Encoding': 'gzip, deflate', 'Accept': '*/*',
'Connection': 'keep-alive'}
```

（5）cookies 是请求中的 cookie，字典或 CookieJar 类型，示例如下：

```
url = 'http://example.com/cookies'
cookies = dict(cookies_are='working')
r = requests.request('GET', url, cookies=cookies)
print(r.text) # {"cookies": {"cookies_are": "working"}}
```

（6）files 用于传输文件，字典类型，示例如下：

```
url = 'http://example.com/post'
files = {'file': open('report.xls', 'rb')}
r = requests.request('POST', url, files=files)
# 也可以显式地设置文件名、文件类型和请求头
url = 'http://example.com/post'
files = {'file': ('report.xls', open('report.xls', 'rb'), 'application/vnd.ms-excel',
{'Expires': '0'})}
r = requests.request('POST', url, files=files)
# 也可以发送作为文件来接收的字符串
url = 'http://example.com/post'
files = {'file': ('report.csv', 'some,data,to,send\nanother,row,to,send\n')}
r = requests.request('POST', url, files=files)
```

（7）timeout 用于设定超时时间，单位为秒，示例如下：

```
r = requests.request('GET', 'https://example.com', timeout=10)
# 如果要分别设置连接超时和读取超时，可以用元组
r = requests.request('GET', 'https://example.com', timeout=(10, 20))
# 也可以让 request 永远等待
r = requests.request('GET', 'https://example.com', timeout=None)
```

（8）proxies 用于设定访问代理服务器，字典类型，可以增加登录认证，示例如下：

```
proxies = {
 "http": "http://10.10.1.10:3128",
 "https": "http://10.10.1.10:1080",
}
requests.request('GET', "http://example.org", proxies=proxies)
```

表 9-2 中的其他几个方法都是由 request()方法演变而来，参数也是一样的，不赘述。

另外，请求数据（又称为请求体）结合请求内容类型（Content-Type）要保持一致，常见的请求数据类型如表 9-3 所示。

表 9-3 常见的请求内容类型

请求内容类型	说明
application/x-www-form-urlencoded	网页表单格式（默认）
application/json	REST 接口常用格式
text/xml	XML 格式，RPC 接口，Dubbo 接口常用格式

请求内容类型	说明
test/html	HTML 格式
multipart/form-data	混合表单，支持上传图片

下面举个 JSON 类型的请求。示例如下：

```
import requests
import json  # 使用到 JSON 中的方法，需要提前导入
url = "http://example.com/post"
data = {
        "name": "hutong",
        "age": 18
        }  # 字典格式，方便添加
headers = {"Content-Type":"application/json"}  # 需要在请求头里声明我们发送的格式
res = requests.post(url=url, data=json.dumps(data), headers=headers)  # 将字典格式的 data 变量转换为合法的 JSON 字符串传给 post 的 data 参数
print(res.text)
```

例如，r = requests.get(url)中的 r 就是 response 对象，response 的重要属性如表 9-4 所示。

表 9-4　response 的重要属性

属性	说明
r.status_code	HTTP 请求的返回状态，200 表示连接成功，404 表示失败
r.text	HTTP 响应内容的字符串形式，即 URL 对应的页面内容
r.json()	响应的 JSON 对象（字典）格式，慎用！如果响应文本不是合法的 JSON 文本可能报错（注意，有括号）
r.encoding	从 HTTP header 获取解码格式
r.apparent_encoding	从内容中分析出的响应内容编码方式（备选编码方式）
r.content	HTTP 响应内容的二进制形式
r.headers	HTTP 响应头
r.cookies	响应的 CookieJar 对象，可以通过 req.cookies.get(key)来获取响应 cookies 中某个键对应的值

下面就举几个响应解析的示例，供大家学习理解。

获取 cookies 信息，示例如下：

```
r = requests.get('https://example.com')
r.cookies  # 得到一个 RequestsCookieJar 对象
for k, v in r.cookies.items():
    print(k, ":", v)
```

获取返回的 headers，示例如下：

```
r = requests.get("https://example.com")
print(r.headers)  # {'Server': 'example.com', 'Date': 'Thu, 18 ...
```

获取到 Request 对象，示例如下：

```
r = requests.get("https://example.com")
print(r.request)  # <PreparedRequest [GET]>
# 通过 Request 对象可以得到请求相关信息，如请求头
r = requests.get("https://example.com")
print(r.request.headers)
```

> **cookie 和会话**
>
> cookie 是指某些网站为了辨别用户身份、进行会话（session）跟踪而存储在用户本地终端上的数据（通常经过加密）。
>
> 会话是指服务器端为客户端访问所建立和维持的会话，通常会生成一个唯一的 ID（会话 ID），会话有一定的有效期。
>
> 由于 HTTP 是无状态的，即服务器不知道用户上一次做了什么，默认也无法识别用户身份。比较流行的做法是，用户访问时服务器端建立会话，将会话 ID 随响应返回，并保存在客户端的 cookie 里，在后续的访问中，服务器通过辨识客户端发送请求携带的 cookie 内容来识别用户。
>
> cookie 和会话的区别如下：
> - cookie 存在客户端（浏览器）的进程内存中和客户端所在的计算机硬盘上；
> - cookie 只能存储少量文本，大概大小为 4KB；
> - cookie 不能在不同浏览器之间共享；
> - 会话存在服务器端网站进程的内存中；
> - 初次设置会话的时候，会在会话池中实例化一个会话对象，以会话 ID 的值作为键，同时会将键以 cookie 的形式保存到客户端的内存中；
> - 会话的作用域只存在当前浏览器的会话中，当浏览器关闭以后会将会话 ID 丢失，但是服务器端的会话对象要 20 分钟以后才会回收。

9.2.2 序列化和反序列化

程序中的对象，如 Python 中的字典、列表、函数、类等，都是存在内存中的，一旦断电就会消失，不方便传递或存储，所以我们需要将内存中的对象转化为文本或者文件格式，来满足传输和持久化（存储）需求。

所谓序列化就是把内存对象转换为文本/文件，而反序列化则将文本转换为内存对象。

HTTP 是超文本传输协议，是通过文本或二进制进行传输的，所以我们发送的请求要转化成文本进行传输，收到的响应也是文本格式，如果是 JSON，一般还需要将文本格式重新转化为对象。

1. JSON 格式序列化

序列化（字典→文本/文件）使用 json.dumps()/json.dump()。示例如下：

```
import json  # 需要导入 JSON 包
data = {'name': '张三', 'password': '123456', "male": True, "money": None}  # 字典格式
str_data = json.dumps(data)  # 序列化，转化为合法的 JSON 文本（方便 HTTP 传输）
print(str_data)
```

输出结果如下：

```
{"name": "\u5f20\u4e09", "password": "123456", "male": true, "money": null}
```

另外，json.dumps()支持将 JSON 文本格式化输出。示例如下：

```
import requests
import json
res = requests.post("http://www.example.com/openapi/api?key=ec9&info=你好")
res_dict = res.json()  # 将响应转为 JSON 对象（字典）等同于 `json.loads(res.text)`
print(json.dumps(res_dict, indent=2, sort_keys=True, ensure_ascii=False))  # 重新转为文本
```

其中，indent 表示缩进空格数，indent=0 输出为一行；sort_keys=True 表示将 JSON 结果的 key 按 ASCII 码排序；ensure_ascii=False 表示不确保 ASCII 码，即如果返回格式为 UTF-8 包含中文，不转化为\u。

输出结果如下：

```
{
  "code": 100000,
  "text": "你好"    # 树状格式，比较清晰，显示中文
}
```

另外，有个很好用的 json.tool 工具可以可视化 JSON 文件，方便查看。

2. JSON 格式反序列化

反序列化（文本/文件→字典）主要通过函数 json.loads()/json.load()。示例如下：

```
import json
#json 文本格式的响应信息
res_text = {"name": "\u5f20\u4e09", "password": "123456", "male": true, "money": null}

res_dict = json.loads(res_text)  # 转化为字典
print(res_dict['name'])    # 方便获取其中的参数值
```

输出：张三。

> **提示**
>
> JSON 文本和 JSON 对象的区别：
> - JSON 文本是符合 JSON 格式的文本，实际上是一个字符串；
> - JSON 对象是内存中一个对象，拥有属性和方法，可以通过对象获取其中的参数信息，Python 中提到 JSON 对象一般指的是字典。
>
> Python 的字典的格式和 JSON 格式的区别：
> - 字典中的引号支持单引号和双引号，JSON 格式只支持双引号；
> - 字典中的 True/False 首字母大写，JSON 格式为 true/false；
> - 字典中的空值为 None，JSON 格式为 null。

9.3 代码解读

随着公司接口的增多，为了验证接口的功能是否正常，减少测试人员的重复工作，降低对测试

人员编码水平的要求，我们开发一个轻量级的接口自动化测试框架。总体设计思路为：读取配置文件→读取测试用例→执行测试用例→记录测试结果→生成 HTML 结果文件。整个接口测试工具自动化框架项目工程结构如图 9-2 所示。

- config 目录：存放配置文件，把所有的项目的配置数据均放在这里。
- log 目录：存放生成的日志文件，包括运行日志和错误日志等。
- logUtil 目录：存放封装日志操作的功能代码。
- Public 目录：存放所有公共程序代码，包括发送请求客户端、生成报告等。
- test_case_data 目录：存放程序运行需要的接口测试数据。
- test_Report 目录：存放生成的 HTML 测试报告。
- testCase 目录：存放请求拼接组装的代码。
- run_http_html.py 文件：启动执行文件，开始接口测试。

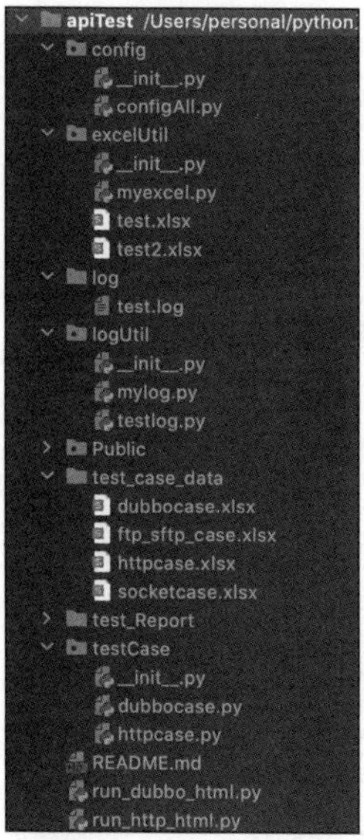

接口自动化测试平台采用 Excel 进行接口测试用例的管理，接口请求用例如图 9-3 所示。

图 9-2　项目工程结构

用例ID	用例名	数据类型	请求数据	url	请求方式	期望值	前置用例id	请求头	返回值
1	大话性能测试接口1	json	{"user_id": 1, "password": "1222"}	http://127.0.0.1:68 68/dahuaxingneng/test	POST	code=200	0		
2	大话性能测试接口2	json	{"user_id2": 2, "password": "1223"}	http://127.0.0.1:68 68/dahuaxingneng/test	POST	code=301	0		

图 9-3　接口测试用例

根据填写的接口测试用例，借助 requests 库进行请求的拼接，代码清单 9-1 主要封装了采用 test_interface()方法读取接口测试用例并拼装请求的代码。

代码清单 9-1　httpcase

```
# -*- coding: utf-8 -*-
# @Project : apiTest
# @File    : httpcase.py
# @Date    : 2021-11-29
# @Author  : hutong
# @Describe: 微信公众号：大话性能
from excelUtil.myexcel import OperateExcel
from Public import requestsClient
from config.configAll import Config
import os
import subprocess
from logUtil.mylog import Log
mylogger = Log(__name__).getlogger()
def test_interface(casefilename):
    case_path = Config.case_path
```

```python
        if not os.path.exists(case_path):
            # os.system(r'touch %s' % filepath)
            subprocess.run("mkdir -p {}".format(case_path), shell=True)
    testcase_file = case_path + casefilename
    data_list = OperateExcel(testcase_file, Config.sheet_name).read_all_data_line_by_line()
    pass_num = 0
    fail_num = 0
    list_json = []  # 存储请求的响应结果
    list_result = []  # 存储pass或者fail
    for i in range(len(data_list)):
        #print(data_list)
        request_data = data_list[i]
        #print(request_data, type(request_data))
        data_type = request_data.get('数据类型')
        #print('数据类型: {}',data_type)
        #print(type(data_type))
        case_id = request_data.get('用例ID')
        params = request_data.get('请求数据')
        params = params.replace("\n", "")
        url = request_data.get('url')
        request_type = request_data.get('请求方式')
        expect_result = request_data.get('期望值')
        expect_code = str(expect_result.split('=')[1])
        #print('expect_code: {}'.format(expect_code))
        #print('请求参数：{}'.format(params))
        myrequest = requestsClient.requestUtil(str(data_type))  # 请求类型不同，请求头不同
        if request_type == 'POST':
            result = myrequest.post(url=url, params=params )  # 返回值是字典类型
        if request_type == 'GET':
            result = myrequest.get(url=url, params=params)
        #print('result : {}'.format(result))
        real_result = result.get('result').get('code')
        #print(result.get('result').get('code'))
        if expect_code == str(real_result):
            mylogger.info('成功, case id {}' .format(case_id))
            list_json.append(result)
            list_result.append('pass')
            pass_num += 1
        else:
            mylogger.error('失败, case id {} , 请求参数：{}, url: {}, 数据类型：{}, 请求类型：{},错误结果：{}'.format(case_id,params,url,data_type,request_type,result))
            fail_num += 1
            list_result.append('fail')
            list_json.append(result)
    # print('list_result: {}'.format(list_result))
    # print('list_fail: {}'.format(fail_num))
    # print('list_pass: {}'.format(pass_num))
    # print('list_json: {}'.format(list_json))
    return list_result, fail_num, pass_num, list_json
if __name__ == "__main__":
    test_interface('httpcase.xlsx')
```

获取请求的响应内容，并结合 HTML 输出报告，代码清单 9-2 封装了采用 createHtml()方法输出测试报告的代码。

代码清单 9-2　py_html

```python
# -*- coding: utf-8 -*-
# @Project : apiTest
# @File    : py_html.py
# @Date    : 2021-11-30
# @Author  : hutong
# @Describe: 微信公众号：大话性能
titles='api test'
def title(titles):
    title='''<!DOCTYPE html>
<html>
<head>

    <meta http-equiv=Content-Type content="text/html; charset=utf-8">
    <title>%s</title>
    <meta http-equiv="X-UA-Compatible" content="IE=edge,chrome=1" />
    <meta name="viewport" content="width=device-width, initial-scale=1.0">
    <!-- 引入 Bootstrap -->
    <link href="https://cdn.bootcss.com/bootstrap/3.3.6/css/bootstrap.min.css" rel="stylesheet">
    <!-- HTML5 Shim 和 Respond.js 用于让 IE8 支持 HTML5 元素和媒体查询 -->
    <!-- 注意，如果通过 file://引入 Respond.js 文件，则该文件无法起效果 -->
    <!--[if lt IE 9]>
    <script src="https://oss.maxcdn.com/libs/html5shiv/3.7.0/html5shiv.js"></script>
    <script src="https://oss.maxcdn.com/libs/respond.js/1.3.0/respond.min.js"></script>
    <![endif]-->
    <style type="text/css">
        .hidden-detail,.hidden-tr{
            display:none;
        }
    </style>
</head>
<body>
    '''%(titles)
    return title
content='''
<div  class='col-md-4 col-md-offset-4' style='margin-left:3%;'>
<h1>接口测试的结果</h1>'''
def shouye(starttime, endtime, pass_num, fail_num):
    summary='''
    <table  class="table table-hover table-condensed">
        <tbody>
             <tr>
    <td><strong>开始时间:</strong> %s</td>
    </tr>
    <td><strong>结束时间:</strong> %s</td></tr>
    <td><strong>耗时:</strong> %s</td></tr>
    <td><strong>结果:</strong>
```

```
                <span >Pass: <strong >%s</strong>
                Fail: <strong >%s</strong>
                    </span></td>
                    </tr>
                    </tbody></table>
                    </div> '''%(starttime,endtime,(endtime-starttime),pass_num,fail_num)
        return summary
    detail='''<div class="row " style="margin:60px">
            <div style='margin-top: 18%;' >
            <div class="btn-group" role="group" aria-label="...">
                <button type="button" id="check-all" class="btn btn-primary">所有用例</button>
                <button type="button" id="check-success" class="btn btn-success">成功用例</button>
                <button type="button" id="check-danger" class="btn btn-danger">失败用例</button>
            </div>
            <div class="btn-group" role="group" aria-label="...">
            </div>
            <table class="table table-hover table-condensed table-bordered" style="word-wrap:break-word; word-break:break-all;  margin-top: 7px;">
                <tr >
                    <td ><strong>用例 ID </strong></td>
                    <td><strong>用例名字</strong></td>
                    <td><strong>请求内容</strong></td>
                    <td><strong>url</strong></td>
                    <td><strong>请求方式</strong></td>
                    <td><strong>预期</strong></td>
                    <td><strong>实际返回</strong></td>
                    <td><strong>结果</strong></td>
                </tr>
        '''
    def passfail(tend):
        if tend =='pass':
            htl='''<td bgcolor="green">pass</td>'''
        #elif tend =='fail':
        #    htl='''<td bgcolor="fail">fail</td>'''
        #elif tend=='weizhi':
        #    htl='''<td bgcolor="red">error</td>'''
        else:
            htl = '''<td bgcolor="red">fail</td>'''
        return htl
    def details(result,id,name,content,url,method,yuqi,json,result):
        xiangqing='''
            <tr class="case-tr %s">
                <td>%s</td>
                <td>%s</td>
                <td>%s</td>
                <td>%s</td>
                <td>%s</td>
                <td>%s</td>
                <td>%s</td>
                %s
            </tr>
```

```
        '''%(result,id,name,content,url,method,yuqi,json,passfail(result))
        return xiangqing
    weibu='''</div></div></table><script src="https://code.jquery.com/jquery.js"></script>
    <script src="https://cdn.bootcss.com/bootstrap/3.3.6/js/bootstrap.min.js"></script>
    <script type="text/javascript">
        $("#check-danger").click(function(e){
            $(".case-tr").removeClass("hidden-tr");
            $(".success").addClass("hidden-tr");
        });
        $("#check-success").click(function(e){
            $(".case-tr").removeClass("hidden-tr");
            $(".danger").addClass("hidden-tr");
        });
        $("#check-all").click(function(e){
            $(".case-tr").removeClass("hidden-tr");
        });
    </script>
    </body></html>'''
    def generate(titles,starttime,endtime,pass_num,fail_num,id,name,content,url,method,yuqi,json,result):
        if type(name) ==list:
            result=' '
            for i in range(len(name)):
                if result[i] == "pass":
                    clazz = "success"
                else:
                    clazz='danger'
                result+=(details(clazz,id[i],name[i],content[i],url[i],method[i],yuqi[i],json[i],result[i]))
            text=title(titles)+content+shouye(starttime,endtime,pass_num,fail_num)+detail+result+weibu
        else:
            text=title(titles)+content+shouye(starttime,endtime,pass_num,fail_num)+detail+details(result,id,name,content,url,method,yuqi,json,result)+weibu
        return text
    def createHtml(filepath,titles,starttime,endtime,pass_num,fail_num,id,name,content,url,method,yuqi,json,results):
        texts=generate(titles,starttime,endtime,pass_num,fail_num,id,name,content,url,method,yuqi,json,results)
        with open(filepath,'wb') as f:
            f.write(texts.encode('utf-8'))
```

接下来，封装公共代码。我们先借助 openpyxl 库封装 Excel 的读写操作，如代码清单 9-3 所示。

代码清单 9-3　myexcel

```
# -*- coding: utf-8 -*-
# @Project : apiTest
# @File    : myexcel.py
# @Date    : 2021-11-29
# @Author  : hutong
# @Describe: 微信公众号：大话性能
import openpyxl
```

```python
from logUtil.mylog import Log
mylogger = Log(__name__).getlogger()
class OperateExcel():
    def __init__(self, excelpath, sheetname):
        self.filename = excelpath
        self.wb = openpyxl.load_workbook(excelpath)  # 加载已经存在的 Excel 文件,扩展名为 xlsx
        self.sh = self.wb[sheetname]
    # 按行读取指定 sheet 表单中所有的内容
    def read_all_data_line_by_line(self):
        """一行一行地获取数据"""
        row_datas = list(self.sh.rows)  # 按行获取数据转换成列表
        titles = []   # 获取表单的表头信息
        for title in row_datas[0]:   # 获取第一行的数据,row_datas 从下标为 0 的数据开始
            titles.append(title.value)
        testdatas = []  # 存储所有行数据
        for case in row_datas[1:]:   # 从第二行开始开始获取数据,case 数据类型为元组
            data = []  # 临时存储每一行的数据
            for cell in case:
                try:
                    #data.append(eval(cell.value))
                    data.append(cell.value)
                except Exception as e:
                    #data.append(cell.value)
                    mylogger.error('读取 Excel 数据失败:{}'.format(e), exc_info=True)
            case_data = dict(list(zip(titles, data)))  # case_data 存储的是一行的数据,存储格式为{title:cell_value}
            testdatas.append(case_data)
        return testdatas
    # 按行读取指定 sheet 表单中指定列中的内容
    def read_all_data_column_by_column(self, columns):
        """获取指定几列的信息,columns 可以是列表,也可以是元组,例如[1, 2, 3]就表示获取第 1、2、3 列的数据"""
        maxline = self.sh.max_row   # 获取最大行数
        titles = []  # 存储标题
        alldatas = []
        for linenum in range(1, maxline + 1):   # 从第一行开始,range 属于左闭右开,所以右侧+1
            if linenum != 1:   # 如果是第一行的话,追加到 titles 中
                onelinedata = []   # 一行数据
                for column in columns:   # 遍历想要获取的列数
                    one_cell_value = self.sh.cell(linenum, column).value
                    try:
                        onelinedata.append(eval(one_cell_value))   # 如果可转为字典、元组或列表,则直接转型,再取出来
                    except Exception as e:
                        onelinedata.append(one_cell_value)
                onelinedata_dict = dict(list(zip(titles, onelinedata)))
                alldatas.append(onelinedata_dict)
            else:
                for column in columns:
                    titles.append(self.sh.cell(linenum, column).value)
        return alldatas
    # 向指定单元格中写入数据
```

```python
    def write_content_to_row_column(self, row, column, content):
        """
        row 和 column 表示单元格所在行和列
content 是写入内容,类型是字符串"""
        try:
            self.sh.cell(row=row, column=column, value=content)
            self.wb.save('test2.xlsx')    # 保存文件
        except Exception as e:
            mylogger.error('写入 Excel 数据失败:{}'.format(e), exc_info=True)
if __name__ == "__main__":
    filepath = '/PycharmProjects/apiTest/test_case_data/socketcase.xlsx'   # 文件绝对路径,也可以是相对路径
    sheetname = 'hw'  # sheetname
    sheetObject = OperateExcel(filepath, sheetname)
    testdatas = sheetObject.read_all_data_line_by_line()
    for onetestdata in testdatas:
        #print(onetestdata)
        mylogger.info(onetestdata)
        #sheetObject.write_content_to_row_column(7, 1, 'test')
```

然后封装 HTTP 请求的方法,如代码清单 9-4 所示。

代码清单 9-4　requestsClient

```python
# -*- coding: utf-8 -*-
# @Project : apiTest
# @File    : requestsClient.py
# @Date    : 2021-11-29
# @Author  : hutong
# @Describe: 微信公众号:大话性能
import requests
import json
from logUtil.mylog import Log
from retrying import retry
mylogger = Log(__name__).getlogger()
class requestUtil():
    def __init__(self, data_type):
        if data_type == 'xml':
            self.data_type = data_type
            # XML 格式
            self.headers = {"Content-Type": "text/xml",
                "User-Agent":"Mozilla/5.0 (Macintosh; Intel Mac OS X 10.10; rv:51.0) Gecko/20100101 Firefox/51.0"}
        # JSON 格式
        if data_type =='json':
            #print('11111111')
            self.data_type = data_type
            self.headers = {"Content-Type": "application/json",
                "User-Agent":"Mozilla/5.0 (Macintosh; Intel Mac OS X 10.10; rv:51.0) Gecko/20100101 Firefox/51.0"}
    @retry(stop_max_attempt_number=3, wait_random_min=1, wait_random_max=5)
    def get(self, url,params)::# GET 请求
        try:
```

```python
            r = requests.get(url, params=params,headers=self.headers)
            r.encoding = 'UTF-8'
            json_response = json.loads(r.text)
            return {'get_code':0, 'result':json_response}
        except Exception as e:
            mylogger.error('get 请求出错, 出错原因: {}'.format(e), exc_info=True)
            return {'get_code': 1, 'result': 'get 请求出错, 出错原因:%s'%e}
    @retry(stop_max_attempt_number=3, wait_random_min=1, wait_random_max=5)
    def post(self, url, params): # POST 请求
        #if self.data_type == 'json':
            #print ('2222222')
            #params = json.dumps(params) # dumps 转化为 JSON 格式
        #print(params)
        #print('data: {}, type: {}'.format(data, type(data)))
        try:
            r =requests.post(url, params, headers=self.headers)
            #print(r.text, type(r.text))
            json_response = json.loads(r.text)
            #print(json_response)
            return {'post_code': 0, 'result': json_response}
        except Exception as e:
            mylogger.error('post 请求出错,出错原因: {}'.format(e), exc_info=True)
            return {'post_code': 1, 'result': 'post 请求出错,出错原因:%s' % e}
    @retry(stop_max_attempt_number=3, wait_random_min=1, wait_random_max=5)
    def putfile(self, url, params): # PUT 请求
        try:
            data=json.dumps(params)
            me=requests.put(url, data)
            json_response=json.loads(me.text)
            return {'code': 0, 'result': json_response}
        except Exception as e:
            mylogger.error('put 请求出错,出错原因: {}' .format(e), exc_info=True)
            return {'code': 1, 'result': 'put 请求出错,出错原因:%s' % e}
    """
        data = '''<soapenv:Envelope xmlns:soapenv="http://schemas.xmlsoap.org/soap/envelope/" xmlns:user="UserService">
        <soapenv:Header/>
        <soapenv:Body>
            <user:addUser>
                <!--Optional:-->
                <user:name>张三</user:name>
                <!--Optional:-->
                <user:password>123456</user:password>
            </user:addUser>
        </soapenv:Body>
    </soapenv:Envelope>
    '''.encode('utf-8')
    """
if __name__ == "__main__":
    url = 'http://127.0.0.1:6868/dahuaxingneng/test'
    params = {'password': '1223', 'user_id': 2}
    data_json = json.dumps(params)   # dumps()将 Python 对象解码为 JSON 格式的数据
```

```python
#requests.post(url, data_json)
requestUtil('json').post(url, params)
```

配置文件的统一配置，如代码清单 9-5 所示。

代码清单 9-5　config

```python
# -*- coding: utf-8 -*-
# @Project : apiTest
# @File    : config.py
# @Date    : 2021-11-29
# @Author  : hutong
# @Describe：微信公众号：大话性能
import os
class Config(object):
    """Base config class."""
    # 项目路径
    prj_path = os.path.dirname(os.path.abspath(__file__))  # 当前文件的绝对路径的上一级，__file__指当前文件
    data_path = prj_path   # 数据目录，暂时在项目目录下
    test_path = prj_path   # 用例目录，暂时在项目目录下
    log_file = os.path.join(prj_path, 'log.txt')  # 也可以每天生成新的日志文件
    report_file = os.path.join(prj_path, 'report.html')  # 也可以每次生成新的报告
    case_path = '/PycharmProjects/apiTest/test_case_data/' # Excel 测试用例数据路径
    sheet_name = 'httpcase'  # Excel 的 sheet 页名字
    html_path = '/PycharmProjects/apiTest/test_report/' # HTML 结果报告路径
    log_path = '/PycharmProjects/apiTest/log/'
    # 邮件配置
    smtp_server = 'smtp.example.com'
    smtp_user = 'test_results@example.com'
    smtp_password = 'hutong123'
    sender = smtp_user   # 发件人
    receiver = '2375247815@example.com'   # 收件人
    subject = '接口测试报告'   # 邮件主题
```

最后简易封装一个日志操作，如代码清单 9-6 所示。

代码清单 9-6　mylog

```python
# -*- coding: utf-8 -*-
# @Project : apiTest
# @File    : mylog.py
# @Date    : 2021-11-29
# @Author  : hutong
# @Describe：微信公众号：大话性能
import logging
import os.path
import time
import logging.handlers
import subprocess
from config.configAll import Config
class Log(object):
    def __init__(self, loggerName=None, fileName='test.log'):
        if not os.path.exists(Config.log_path):
```

```python
            subprocess.run("mkdir -p  {}".format(Config.log_path) , shell=True)
        """
        指定保存日志的文件路径、日志级别
        """
        # 创建一个logger
        self.logger = logging.getLogger(loggerName)
        self.logger.setLevel(logging.DEBUG)
        # 创建日志名称, all_logs 记录所有的日志, err_logs 只记录错误日志
        timenow = time.strftime('%Y%m%d', time.localtime(time.time()))
        # os.getcwd() 获取当前文件的路径, os.path.dirname() 获取指定文件路径的上级路径
        # print('日志路径为: ', all_log_path)
        # self.all_log_name = all_log_path + timenow + '_' + fileName + '_all.log'
        # self.error_log_name = error_log_path + timenow + '_' + fileName + '_err.log'
        self.log_name = Config.log_path + fileName
        # print(os.path.dirname(os.getcwd()))
        # 创建一个handler, 用于写入日志文件 (每天生成1个文件, 保留30天)
        # fh = logging.handlers.TimedRotatingFileHandler(self.log_name, 'D', 1, 30)
        # 创建日志记录器, 指明日志保存的路径、每个日志文件的最大大小、保存的日志文件个数上限
        #file_log_handler = logging.handlers.RotatingFileHandler("logs/log", maxBytes=1024 * 1024 * 100, backupCount=10)
        # 创建一个handler 写入所有日志
        all_fh = logging.FileHandler(self.log_name, mode='a+', encoding='utf-8')
        all_fh.setLevel(logging.INFO)
        # 创建一个handler 写入错误日志
        # err_fh = logging.FileHandler(self.error_log_name, mode='a+', encoding='utf-8')
        # err_fh.setLevel(logging.ERROR)
        # 再创建一个handler, 用于输出到控制台
        ch = logging.StreamHandler()
        ch.setLevel(logging.INFO)
        # 定义handler的输出格式
        # 以 "时间-日志器名称-日志级别-日志内容" 的形式展示
        all_formatter = logging.Formatter(
            '[%(asctime)s] [%(levelname)s] line:%(lineno)d %(filename)s  %(message)s')
        # error 日志的记录输出格式
        # err_formatter = logging.Formatter(
        #     '[%(asctime)s] - %(filename)s:%(module)s->%(funcName)s line:%(lineno)d [%(levelname)s] %(message)s')
        all_fh.setFormatter(all_formatter)
        # err_fh.setFormatter(err_formatter)
        # ch.setFormatter(err_formatter)
        # 给logger添加handler
        self.logger.addHandler(all_fh)
        # self.logger.addHandler(err_fh)
        self.logger.addHandler(ch)
        all_fh.close()
        # err_fh.close()
        ch.close()
    def __str__(self):
        return "logger 为: %s, 日志文件名为: %s" % (
            self.logger,
            self.log_name,
        )
```

```python
    def getlogger(self):
        return self.logger
if __name__ == "__main__":
    pass
```

最后，我们需要运行代码，导入上述提到的各种工具内容，然后发起请求，执行测试，生成报告，如代码清单9-7所示。

代码清单9-7　requestsClient

```python
# -*- coding: utf-8 -*-
# @Project : apiTest
# @File    : requestsClient.py
# @Date    : 2019-11-30
# @Author  : hutong
# @Describe: 微信公众号：大话性能
import os, datetime, time
from testCase.httpcase import test_interface
from Public.py_html import createHtml
from logUtil.mylog import Log
from excelUtil.myexcel import OperateExcel
from config.configAll import Config
import subprocess
mylogger = Log(__name__).getlogger()
'''执行测试的主要文件'''
def test_create(casefilename):
    starttime=datetime.datetime.now()
    day= time.strftime("%Y%m%d%H%M", time.localtime(time.time()))
    case_path = Config.case_path
    if not os.path.exists(case_path):
        # os.system(r'touch %s' % filepath)
        subprocess.run("mkdir -p {}".format(case_path), shell=True)
    testcase_file = case_path + casefilename
    data_list = OperateExcel(testcase_file, Config.sheet_name).read_all_data_line_by_line()
    list_id = []
    list_name = []
    list_params = []
    list_url = []
    list_type = []
    list_expect = []
    size = len(data_list)
    for i in range(size):
        data = data_list[i]
        params = data.get('请求数据')
        url = data.get('url')
        request_type = data.get('请求方式')
        expect_result = data.get('期望值')
        id = data.get('用例ID')
        name = data.get('用例名')
        list_id.append(id)
        list_name.append(name)
        list_params.append(params)
        list_url.append(url)
```

```
            list_type.append(request_type)
            list_expect.append(expect_result)
    list_result, fail_num, pass_num, list_json = test_interface(casefilename)
    filepath = Config.html_path + '{}_result.html'.format(day)
    if not os.path.exists(filepath):
        # os.system(r'touch %s' % filepath)
        subprocess.run("touch {}".format(filepath), shell=True)
    endtime=datetime.datetime.now()
    createHtml(titles=u'http接口自动化测试报告',filepath=filepath,starttime=starttime,
               endtime=endtime,pass_num=pass_num,fail_num=fail_num,
               id=list_id,name=list_name,content=list_params,url=list_url,method=list_type,
               yuqi=list_expect,json=list_json,results=list_result)
    # content = u'http接口自动化测试完成,测试通过:%s,测试失败：%s,详情见: %s' % (
    # list_pass, list_fail, filepath)
    # send_email(content=content)
if __name__ == '__main__':
    test_create('httpcase.xlsx')
```

生成的接口测试报告如图 9-4 所示。

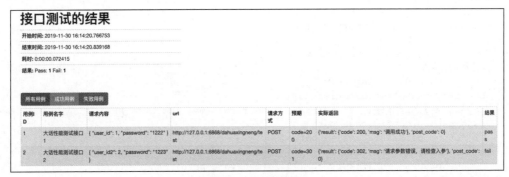

图 9-4　接口测试报告

除了 HTTP 的接口，大家还可以尝试其他如 Dubbo、套接字协议的接口，以丰富自动化测试平台的功能。

9.4　本章小结

通过学习本章的内容，大家可以尝试自己编写一个轻量的接口自动化工具，一方面可以提升自己的代码能力，另一方面可以满足工作个性化需要，提升工作效率。希望本章的实战内容能为大家带来一些帮助和启迪。

第 10 章

数据测试工具开发

现在大数据应用越来越多,而如何进行数据的分析和可视化,一直是个难题,例如性能测试时,大数据场景下的性能结果分析。本章借助 pandas 库演示大数据的结果处理,并结合 pyecharts 库进行图表化显示,主要从需求背景、涉及知识和代码解读 3 方面展开讲解。

10.1 需求背景

在大数据时代,不借助大数据平台,我们很难直接使用传统的数据分析工具,如 Excel 等来处理和分析海量的数据,传统的数据分析工具极易发生卡顿或需要较长的响应时间,这是由计算机本身的计算逻辑决定的。当然,性能不同的计算机,对应的处理能力上限是不同的,但总而言之,数据量大是一种模糊的概念,并不是说一定多少数据才算大数据,而数据量大使得我们传统的数据处理分析的工具和方法难以使用。目前,已经有 Apache Spark、Hadoop 等技术框架,以及一些适用于数据计算的第三方库,如 pandas,被开发出来解决这个问题。

在本章,我结合自己在性能测试时,经常遇到处理和解析大数据的需求,利用 Python 的 pandas 库和 pyecharts 库来实现对 JMeter 工具压力测试结果文件的数据解析,并画出曲线图,丰富性能测试报告。

10.2 涉及知识

10.2.1 pandas 库

pandas 库基于 NumPy 库和 matplotlib 库,包含大量的标准数据模型,我们利用其包含的函数和方法能够快速、便捷地处理数据。pandas 库与 NumPy 库和 matplotlib 库共同构成了 Python 数据分析的基础工具包。pandas 库广泛应用在学术、金融、统计学等各个数据分析领域。一般用 pandas 库处理小于 10 GB 的数据,性能不是问题。但用 pandas 库处理大于 10 GB 的数据会比较耗时,同时可能因内存不足导致程序运行失败。

Spark 等工具能够胜任处理 100GB 至几 TB 的大数据集，但要充分发挥这些工具的优势，通常需要比较贵的硬件设备。而且，这些工具不像 pandas 库那样具有对数据进行高质量的清洗、探索和分析的功能。对于中等规模的数据，我们需要让 pandas 库继续发挥其优势，而不是换用其他工具。

使用 pandas 库进行数据分析主要用到 Series 和 DataFrame 两类数据结构。Series 类似表中的一个列（column）或一维数组，可以保存任何数据类型。Series 由索引（index）和列组成，构造方法如下：

```
pandas.Series(data, index, dtype, name, copy)
```

Series 参数说明如下：

- data：一组数据（N 维数组）。
- index：数据索引标签，如果不指定，默认从 0 开始。
- dtype：数据类型，默认会自己判断。
- name：设置名称。
- copy：复制数据，默认为 False。

DataFrame 是一个表格型的数据结构，它含有一组有序的列，每列可以是不同的值类型（如数值、字符串和布尔型值），可以理解为 Series 的容器。DataFrame 既有行索引也有列索引，它可以看作由 Series 组成的字典（共用一个索引）。DataFrame 是一个二维的数组结构，如图 10-1 所示。

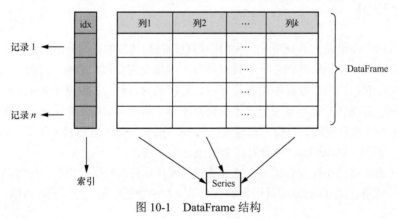

图 10-1　DataFrame 结构

DataFrame 构造方法如下：

```
pandas.DataFrame(data, index, columns, dtype, copy)
```

参数说明如下。

- data：一组数据（N 维数组、Series、列表、字典等类型）。
- index：索引值，可以称为行标签。
- columns：列标签，默认为 RangeIndex(0, 1, 2, …, n)。
- dtype：数据类型。
- copy：复制数据，默认为 False。

pandas 库创建 Series 和 DataFrame 的方法及其说明如表 10-1 所示。

表 10-1　pandas 库创建 Series 和 DataFrame 的方法及其说明

方法	说明
pd.Series(对象,index=[ ])	创建 Series。其中，对象可以是列表、N 维数组、字典以及 DataFrame 中的某一行或某一列
pd.DataFrame(data,columns=[],index=[])	创建 DataFrame。其中，columns 和 index 为指定的列标签和行标签，并按照顺序排列

利用 pandas 库可方便地读取文件，并进行必要的数据清洗。pandas 库支持 CSV 格式、JSON 格式、二进制、Excel、Python 序列化、HDF5 格式、SQL 等文件的读取，产生的数据流存储为 DataFrame 二维表，然后我们就可以调用内置的各种函数进行分析处理了。pandas 库中读写数据的方法如表 10-2 所示。

表 10-2　读写数据的方法

方法	说明
read_csv	从文件、URL、文件型对象中加载带分隔符的数据，默认分隔符为逗号
read_table	从文件、URL、文件型对象中加载带分隔符的数据，默认分隔符为制表符
read_excel	从 Excel 读取表格数据
read_hdf	读取 pandas 库写的 HDF5 文件
read_html	读取 HTML 文档中的所有表格
read_json	读取 JSON 字符串中的数据
read_msgpack	读取 MessagePack 二进制格式的数据
read_pickle	读取 pickle 格式存储的任意对象
read_sql	读取 SQL 语句查询结果

DataFrame 主要通过 loc、iloc、at、iat 等方法获取特定位置的数据，选取数据的方法如图 10-3 所示。

表 10-3　选取数据的方法

方法	说明
df[val]	从 DataFrame 选取单列或一组列。在特殊情况下比较便利：布尔型数组（过滤行）、切片（行切片）或布尔型 DataFrame（根据条件设置值）
df.loc[val]	通过标签选取 DataFrame 的单个行或一组行
df.loc[:, val]	通过标签选取单列或列子集
df.loc[val1, val2]	通过标签同时选取行和列
df.iloc[where]	通过整数位置从 DataFrame 选取单个行或行子集
df.iloc[:, where]	通过整数位置从 DataFrame 选取单个列或列子集
df.iloc[where_i, where_j]	通过整数位置同时选取行和列
df.at[1abel_i, 1abel_j]	通过行和列标签选取单一的标量
df.iat[i, j]	通过行和列的位置（整数）选取单一的标量

pandas 库内置了很多统计方法,如表 10-4 所示。

表 10-4 常用统计分析方法

方法	说明
.idxmin()	计算数据最小值所在位置的索引(自定义索引)
.idxmax()	计算数据最大值所在位置的索引(自定义索引)
.argmin()	计算数据最小值所在位置的索引位置(自动索引)
.argmax()	计算数据最大值所在位置的索引位置(自动索引)
.describe()	针对各列的多个统计汇总,用统计学指标快速描述数据的概要
.sum()	计算各列数据的和
.count()	统计非 NaN 值的数量
.mean( )	计算数据的算术平均值
.median()	计算算术中位数
.quantile()	计算分位数(0~1)
.value_counts()	计算一个 Series 中各值出现的频率

更高级的内容大家可以参考 pandas 库的官方文档。

10.2.2 pyecharts 库

Echarts 是一个由百度开源的数据可视化工具,凭借良好的交互性、精巧的图表设计,得到了众多开发人员的认可。pyecharts 是 Python 的 Echarts 库,方便在 Python 中直接使用数据生成各种动态图表,它相对 matplotlib、seaborn 等数据可视化库交互性更好,图形绘制更清晰美观,所以应用比较广泛。

pyecharts 库支持绘制的图表如表 10-5 所示。

表 10-5 支持绘制的图表

图表中文名	图表英文名
散点图	Scatter
柱状图	Bar
饼图	Pie
折线图	Line
仪表盘	Gauge
关系图	Graph
热力图	HeatMap

可以通过 pip 直接安装 pyecharts 库:

```
# 安装 1.0.0 以上版本
$ pip install pyecharts -U
```

我们也可以通过源码方式安装：

```
# 安装 v1.0.0 以上版本
$ git clone [pyecharts 库的下载地址]
$ cd pyecharts
$ pip install -r requirements.txt
$ python setup.py install
```

注意，pyecharts 1.0.0 以上的版本和之前的版本不太兼容，有些用法也不一样，尤其是导入库的方式，新版本导入库的语句如下：

```
from pyecharts.charts import Line, Page, Pie, Gauge
```

在 pyecharts 中，使用 options 配置项进行参数设置，配置项分为全局配置项和系列配置项，常见的配置分类如表 10-6 所示。其中，全局配置项可通过 set_global_opts 方法设置。

表 10-6 常见的配置分类

分类	类名	说明
全局	AnimationOpts	Echarts 画图动画配置项
	InitOpts	初始化配置项
	TitleOpts	标题配置项
	LegendOpts	图例配置项
	AxisOpts	坐标轴配置项
系列配置项	ItemStyleOpts	图元样式配置项
	TextStyleOpts	文字样式配置项
	LabelOpts	标签配置项
	LineStyleOpts	线样式配置项

pyecharts 的基本函数如下。

- add()：主要方法，用于添加图表的数据和设置各种配置项。
- show_config()：打印图表的所有配置项。
- render()：默认在根目录下生成一个 render.html 文件，支持 path 参数设置文件保存位置。例如 render(r"e:my_first_chart.html")，用浏览器打开文件。
- make_snapshot()：用于直接生成图片。

10.3 代码解读

在实际性能测试过程中，我们可能会遇到一些 7×24 小时的长时间压力测试，而这种压力测试的结果文件 jtl 通常会比较大，小则几 GB，大则几十 GB，如果利用 JMeter 自带的 Tools 菜单栏中的 Generate HTML report 导入 jtl 文件进行解析，基本上会进入卡死状态而无法解析。所以本节我们采用 pandas 库完成一个性能测试结果大数据解析，并生成对应的测试结果。

jtl 文件是类似 CSV 的固定格式字段的文件，如下所示：

```
timeStamp,elapsed,label,responseCode,responseMessage,threadName,dataType,success,
failureMessage,bytes,sentBytes,grpThreads,allThreads,Latency,IdleTime,Connect
```

注意，在 JMeter 不同版本运行出来的结果中，部分字段的位置是略有不同的。

我们先安装 pandas 库，此处使用 pandas 1.4.2。然后，开始编写代码，核心是对大文件的处理。我们可以使用 read_csv 方法提供的 chunkSize 或 iterator 参数，部分读取文件，处理完再通过 to_csv 的 mode='a'，将每部分的结果逐步写入文件，避免全部读取导致内存溢出。

最后，利用 pandas 库的一些运算公式算出 TPS、响应时间、成功率等。

具体实现如代码清单 10-1 所示。

代码清单 10-1　parseJTL

```python
# -*- coding: utf-8 -*-
# @Time : 2022/4/14 7:20 下午
# @Project : dataTestDemo
# @File : parseJTL.py
# @Author : hutong
# @Describe : 微信公众号：大话性能
# @Version : Python3.9.8
import pandas as pd
import time, datetime
import json
"""
jtl 文件的格式：
timeStamp,elapsed,label,responseCode,responseMessage,threadName,dataType,success,
failureMessage,bytes,sentBytes,
    grpThreads,allThreads,Latency,IdleTime,Connect
"""
# 解析 jtl 文件，并返回 JSON 格式数据
class HandleJtl():
    # 计算 timestamp 时差
    @staticmethod
    def div(df):
        return (df.max() - df.min()) / 1000
    # 计算 95% 的时间位
    @staticmethod
    def quantile95(df):
        return df.quantile(0.95)
    @staticmethod
    def parseJtl(fileName, jmxId, projectId, taskId, jmxRound, threads, durations,
jmxName, projectName, hosts,
                 userName, createTime):
        # if len(sys.argv) != 2:
        #    print('Usage:', sys.argv[0], 'file_of_csv')
        #    exit()
        # else:
        #    csv_file = sys.argv[1]
        csv_file = fileName
        ####### 生成数据 #####
```

```python
# 需统计字段对应的日志位置
'''
timestamp = 0
label = 2
responsecode = 3
threadname = 5
status = 7
bytes = 9
latency = 13
'''
start = time.time()
# 将 CSV 数据读入 DataFrame，usecols 需要根据名字而不是位置来判断，因为 JMeter 版本不同，jtl
# 文件不一样
try:
    reader = pd.read_csv(csv_file, sep=',', header=0,
                         usecols=['timeStamp', 'label', 'success', 'bytes',
                         'Latency'], iterator=True, low_memory=False,
                         encoding='utf-8', dtype={'success': object},
                         skip_blank_lines=True, on_bad_lines='skip'
                         )
    # error_bad_lines=False 跳过报错的行
except Exception as e:
    raise RuntimeError('the exception is: ', e)
loop = True
chunkSize = 1000000
chunks = []
while loop:
    try:
        chunk = reader.get_chunk(chunkSize)
        chunks.append(chunk)
    except StopIteration:
        # Iteration is stopped.
        # testlogger.error("拼接 jtl 文件异常", exc_info=1)
        loop = False
df = pd.concat(chunks, ignore_index=True)
df = df.dropna(axis=0, how='any')
# print(df.head(20))
# 新增判断，如果 jtl 文件只有一行数据
# print(df)
if df.empty:
    nowTime = datetime.datetime.now().strftime('%Y-%m-%d %H:%M:%S')
    err_result = {}
    total = {'startTime': nowTime, 'samples': 0, 'label': 'total', 'throughput': 0, 'th95': 0, 'mean': 0, 'min': 0, 'max': 0, 'error': 1, 'kb': 0, 'id': taskId, 'isDelete': 0, 'hosts': hosts, 'round': jmxRound, 'jmxId': jmxId, 'jmxName': jmxName, 'projectId': projectId, 'duration': durations, 'projectName': projectName, 'username': userName, 'createTime': createTime, 'endTime': nowTime, 'threads': threads}
    total['message'] = 'parse failure'
    err_result['total'] = total
    err_result['recode'] = 500
    err_result['message'] = 'parse failure'
    # print(err_result)
```

```python
        print(err_result)
        # print(type(result))
        err_json = json.dumps(err_result, ensure_ascii=False)
        return err_json
##########   总请求结果处理   ########
# 最小时间(开始时间)
start_time = int(df['timeStamp'].min())
# print((df['timeStamp'].min()))
# print(type(start_time))
# 转换成新的时间格式(2016-05-05 20:28:54)
starttime = time.strftime("%Y-%m-%d %H:%M:%S", time.localtime(start_time / 1000))
# 最大时间（结束时间）
end_time = int(df['timeStamp'].max())
endtime = time.strftime("%Y-%m-%d %H:%M:%S", time.localtime(end_time / 1000))
# 总消耗的时间（秒）
time_total = (end_time - start_time) / 1000
# 响应时间最小值
time_min = round(float(df['Latency'].min()), 2)
# 响应时间最大值
time_max = round(float(df['Latency'].max()), 2)
# 95%的响应时间
time_95 = round(float(df['Latency'].quantile(0.95)), 2)
# 平均的响应时间
time_avg = round(float(df['Latency'].mean()), 2)
kb = round(float(df['bytes'].mean()), 2)
# 请求成功率
total_req = int(len(df.index))    # 总请求数
# print(df['success'].head())
request_result = dict(df['success'].value_counts())   # 统计值
# print(request_result, type(request_result))
# 优化，新增了异常判断
if 'true' in request_result.keys():
    success_req = request_result['true']
    success_rate = success_req / total_req
    error_rate = format(1 - success_rate, '.2f')
else:
    error_rate = 1.00
# TPS
tps = round(total_req / time_total, 2)
##########   计算具体请求的结果    ##########
group_request = df.groupby('label')
# print(group_request.head())
# print(type(group_request))
# 计算每个请求的成功失败个数
status_detail = pd.DataFrame(group_request['success'].value_counts())
df2 = status_detail.unstack(fill_value=0)
# print(df2)
# print(type(df2))
# 不同的列采用不同的计算，返回dataframe
start_time_detail = group_request.agg(
    {'timeStamp': [HandleJtl.div, 'min'], 'success': 'count', 'bytes': 'mean',
     'Latency': ['mean', 'min', 'max', HandleJtl.quantile95]})
```

```python
            # print(start_time_detail)
            # print(type(start_time_detail))
            # print(start_time_detail.index)
            # print(type(start_time_detail['success']))
            # print(start_time_detail['success']/start_time_detail['timeStamp'])
            start_time_detail['tps'] = start_time_detail['success']['count'] / start_time_detail['timeStamp']['div']
            # print(df2['success'],type(df2['success']),df2['success'].columns, df2['success'].index)
            # 优化，新增了异常判断
            if 'true' in df2['success'].columns:
                # print('llll')
                start_time_detail['success_req'] = df2['success']['true']
            else:
                start_time_detail['success_req'] = 0
            # print(start_time_detail)
            # print(start_time_detail.index)
            # print(start_time_detail.columns)
            # print(type(start_time_detail))
            ###### 结果打印  ######
            '''
            print('*' * 30, '---总的请求性能结果---', '*' * 30)
            # print(status_total.sum()[0])
            print('开始测试时间：', starttime)
            print('成功率：%.3f ' % success_rate)
            print('总tps: %f /s ' % tps)
            print('平均响应时间：' + '%.2fms' % time_avg)
            print('95%响应时间：' + '%.2fms' % time_95)
            print('kb 为：' + '%.2f' % kb)
            print('总测试时长:%.3fs ' % time_total)
            print('解析%d 行 jtl 数据,消耗时间:%.3fs' % (len(df.index), (time.time() - start)))
            print('*' * 30, '----具体每个请求的性能结果----', '*' * 30)
            '''
            # 存储结果
            result = {}
            num = 0
            for index, row in start_time_detail.iterrows():
                detail_starttime = time.strftime("%Y-%m-%d %H:%M:%S", time.localtime(row["timeStamp"]['min'] / 1000))
                detail_time_avg = round(float(row["Latency"]['mean']), 2)
                detail_time_min = round(float(row["Latency"]['min']), 2)
                detail_time_max = round(float(row["Latency"]['max']), 2)
                detail_time_th95 = round(float(row["Latency"]['quantile95']), 2)
                detail_kb = round(float(row["bytes"]['mean']), 2)
                detail_total = round(float(row["success"]['count']), 2)   # 请求数目
                detail_success = round(float(row["success_req"]['']), 2)   # 成功请求数目
                detail_error_rate = round(1 - detail_success / detail_total, 2)
                detail_tps = round(float(row['tps']['']), 2)
                detail_label = index
                '''
                print("请求：", detail_label, " 开始测试时间为：", detail_starttime,
                "平均响应时间为(ms)：", detail_time_avg,
                " 95%响应时间为(ms)：", detail_time_th95,
```

```
                "最小响应时间为(ms): ", detail_time_min,
                "最大响应时间为(ms): ", detail_time_max,
                "  bytes 为(kb): ", detail_kb,
                    "  error 率: ", detail_error_rate,
                    "  tps(/s): ", detail_tps)
                '''
                num = num + 1
                detailname = 'detail' + str(num)
                result[detailname] = {'startTime': detail_starttime, 'samples': detail_
total, 'label': detail_label, 'throughput': detail_tps, 'th95': detail_time_th95, 'kb':
detail_kb, 'mean': detail_time_avg, 'min': detail_time_min, 'max': detail_time_max, 'error':
detail_error_rate, 'jmxId': jmxId, 'totalId': taskId, 'creatTime': createTime}
            # 结果封装成 JSON 格式
            total = {'startTime': starttime, 'samples': total_req, 'label': 'total', 'throughput':
tps, 'th95': time_95, 'mean': time_avg, 'min': time_min, 'max': time_max, 'error': error_
rate, 'kb': kb, 'id': taskId, 'isDelete': 0, 'hosts': hosts, 'round': jmxRound, 'jmxId': jmxId,
'jmxName': jmxName, 'projectId': projectId, 'duration': durations, 'projectName': projectName,
'username': userName, 'createTime': createTime, 'endTime': endtime, 'threads': threads}
            total['message'] = 'parse success'
            result['total'] = total
            result['recode'] = 200
            result['message'] = 'parse success'
            # print(result)
            # print(type(result))
            total_json = json.dumps(result, ensure_ascii=False)
            time_take = time.time() - start
            # print('*' * 30, '----组装为 JSON 的结果为----', '*' * 30)
            # print(total_json)
            print('成功，解析 jtl 成功，{}行，耗时{}秒，JSON 结果为：\n {}'.format(len(df),
round(time_take, 2), total_json))
            # testlogger.info('成功,解析 jtl 成功,%s 行,耗时%s 秒,JSON 结果为:\n %s' % (len(df),
round(time_take, 2), total_json))
            print('------------ 7、正常结束此次压力测试 -----------')
            return total_json
    if __name__ == "__main__":
        hosts = [{'ip': '172.28.20.154', 'port': 400, }]
        result = HandleJtl.parseJtl('/Users/personal/python工程/result.jtl', 'jmxid', 'projectid',
'taskid', 11, 12, 13,'jmxname', 'projectname',    hosts, 'admin', '2019-05-15 17:46:02')
        print(result)
```

利用 JMeter 执行性能测试，性能测试的结果如图 10-2 所示。

```
summary +  14507 in 00:00:30 =  483.6/s Avg:    51 Min:    17 Max:   550 Err:     0 (0.00%) Active: 25 Started: 25 Finished: 0
summary = 14833766 in 09:57:50 =  413.5/s Avg:    60 Min:    10 Max: 15319 Err:     7 (0.00%)
summary +  14752 in 00:00:30 =  491.7/s Avg:    50 Min:    14 Max:   189 Err:     0 (0.00%) Active: 25 Started: 25 Finished: 0
summary = 14848518 in 09:58:20 =  413.6/s Avg:    60 Min:    10 Max: 15319 Err:     7 (0.00%)
summary +  14537 in 00:00:30 =  484.6/s Avg:    51 Min:    22 Max:   188 Err:     0 (0.00%) Active: 25 Started: 25 Finished: 0
summary = 14863055 in 09:58:50 =  413.7/s Avg:    60 Min:    10 Max: 15319 Err:     7 (0.00%)
summary +  14986 in 00:00:30 =  499.5/s Avg:    49 Min:    20 Max:   176 Err:     0 (0.00%) Active: 25 Started: 25 Finished: 0
summary = 14878041 in 09:59:20 =  413.7/s Avg:    60 Min:    10 Max: 15319 Err:     7 (0.00%)
summary +  14604 in 00:00:30 =  486.8/s Avg:    51 Min:    19 Max:   164 Err:     0 (0.00%) Active: 25 Started: 25 Finished: 0
summary = 14892645 in 09:59:50 =  413.8/s Avg:    60 Min:    10 Max: 15319 Err:     7 (0.00%)
summary +   4860 in 00:00:10 =  494.1/s Avg:    50 Min:    22 Max:   190 Err:     0 (0.00%) Active: 0 Started: 25 Finished: 25
summary = 14897505 in 10:00:00 =  413.8/s Avg:    60 Min:    10 Max: 15319 Err:     7 (0.00%)
Tidying up ...    @ Fri Apr 15 08:14:39 CST 2022 (1649981679841)
... end of run
```

图 10-2　性能测试结果

运行上述代码，输出结果如下：

成功，解析jtl成功，14897505 行，耗时 22.36 秒，JSON 结果为：
    {"detail1": {"startTime": "2022-04-14 22:14:39", "samples": 14897505.0, "label":
"Nginx Request", "throughput": 413.82, "th95": 105.0, "kb": 5073.0, "mean": 58.87, "min":
0.0, "max": 15101.0, "error": 0.0, "jmxId": "jmxid", "totalId": "taskid", "creatTime":
"2019-05-15 17:46:02"}, "total": {"startTime": "2022-04-14 22:14:39", "samples": 14897505,
"label": "total", "throughput": 413.82, "th95": 105.0, "mean": 58.87, "min": 0.0, "max":
15101.0, "error": "0.00", "kb": 5073.0, "id": "taskid", "isDelete": 0, "hosts": [{"ip":
"172.28.20.154", "port": 400}], "round": 11, "jmxId": "jmxid", "jmxName": "jmxname", "projectId":
"projectid", "duration": 13, "projectName": "projectname", "username": "admin", "createTime":
"2019-05-15 17:46:02", "endTime": "2022-04-15 08:14:39", "threads": 12, "message": "parse
success"}, "recode": 200, "message": "parse success"}

从上述结果可以看出，解析的速度还是比较快的，但是如果 jtl 文件大小达到 TB 级别，那么 pandas 库估计将不堪重负，这是我们可以尝试 PySpark 库等其他方式。

对于上述性能测试结果的数据解析，如果我们想获取过程趋势曲线图，就需要结合数据库的方式来解析结果。下面的解决方案供大家参考，核心思想是利用 JMeter 自带的 Backend Listener 的 InfluxdbBackendListenerClient 收集实时性能数据，并将其存储到时序数据库 InfluxDB 中，然后利用 pyecharts 库绘制性能曲线图，得到更加丰富的性能测试可视结果。

我们先安装 pyecharts 1.9.1。画图的核心是导入 Line、Gauge 和 options，如下所示：

```
from pyecharts.charts import Line, Gauge
import pyecharts.options as opts
```

然后，结合实际代码展示效果。

（1）画出 TPS 和响应时间曲线图（见图 10-3），可以从整体分析 TPS 和响应时间曲线。具体实现如代码清单 10-2 所示。

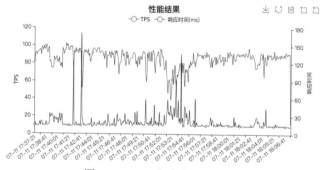

图 10-3 TPS 和响应时间曲线图

代码清单 10-2 lineChart

```python
# -*- coding: utf-8 -*-
# @Time    : 2022/4/14 8:20 下午
# @Project : dataTestDemo
# @File    : lineChart.py
# @Author  : hutong
# @Describe: 微信公众号：大话性能
# @Version : Python3.9.8
# 折线图，双坐标轴，数据从 InfluxDB 数据库中读取，描绘 TPS 和响应时间曲线图
def line_chart_tps(x_list, tps_list, th95_list):
    line = Line(init_opts=opts.InitOpts(width="720px", height="350px", chart_id='2'))
    # 添加 X 轴坐标数据
    line.add_xaxis(x_list)
    line.add_yaxis("TPS", tps_list, is_smooth=True, linestyle_opts=opts.LineStyleOpts
(color='red', width=1))
    # 扩展右边的 Y 轴坐标
```

```
        line.extend_axis(yaxis=opts.AxisOpts(type_="value", name="响应时间", name_location=
'middle', name_gap=35, position='right', axislabel_opts=opts.LabelOpts(formatter="{value}")))
        line.add_yaxis("响应时间(ms)", th95_list, is_smooth=True, label_opts=opts.LabelOpts
(font_size=3), yaxis_index=1)
        # 设置图表的标题、副标题、工具栏组件、坐标轴名称、位置以及距离坐标轴的距离，X 轴标签旋转 45 度显示
        line.set_global_opts(title_opts=opts.TitleOpts(title='性能结果', pos_left='center', pos_top=5),
                toolbox_opts=opts.ToolboxOpts(is_show=False),
                xaxis_opts=opts.AxisOpts(axislabel_opts=opts.LabelOpts(rotate=45)),
                yaxis_opts=opts.AxisOpts(name='tps', name_location='middle', name_gap=35),
                legend_opts=opts.LegendOpts(pos_left='center', pos_top=30)
                )
        line.set_series_opts(label_opts=opts.LabelOpts(is_show=False))
        return line
```

（2）绘制请求成功率饼图（见图 10-4），可以直观地看到总共发送的请求数目和成功率。具体实现如代码清单 10-3 所示。

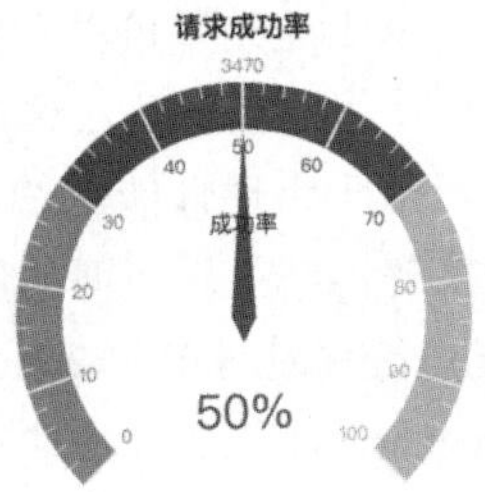

代码清单 10-3　gaugeChart

```
# -*- coding: utf-8 -*-
# @Time : 2022/4/14 9:20 下午
# @Project : dataTestDemo
# @File : gaugeChart.py
# @Author : hutong
# @Describe : 微信公众号：大话性能
# @Version : Python3.9.8
# 请求成功率
def gauge_success(all_requests, success_rate):
    gauge = Gauge(init_opts=opts.InitOpts(width='600px', height='400px', chart_id='5'))
    gauge.add(
        '业务指标',
        [('成功率', success_rate * 100)],
        axisline_opts=opts.AxisLineOpts(
            linestyle_opts=opts.LineStyleOpts(
                color=[(0.3, "#fd666d"), (0.7, "#D20875"), (1, "#67e0e3")], width=30
            )
        )
    )
    gauge.set_global_opts(
        title_opts=opts.TitleOpts(title='请求成功率', subtitle=str(all_requests),
pos_left='center'),
        legend_opts=opts.LegendOpts(is_show=False)
    )
    return gauge
```

图 10-4　请求成功率饼图

10.4　本章小结

通过学习本章的内容，希望大家能够掌握利用 pandas 库进行小规模数据的数据分析，并结合 pyecharts 库实现数据可视化。与此同时，大家可以在数据分析领域进一步深入研究。

第 11 章

性能测试工具开发

互联网用户规模越来越大，性能测试越来越被重视，例如淘宝的"双十一"活动，如果宕机 1 分钟，将损失上亿。无论是开发人员还是企业，都需要一款实用且操作方便的性能测试工具。在本章，我们将结合 JMeter，开发一个可以自动调用性能脚本、清理中间文件、处理结果的脚本工具，主要从需求背景、涉及知识和代码解读 3 方面展开讲解。

11.1 需求背景

市面上流行的性能测试工具如下，由于开发的目的和侧重点不同，工具的功能存在一些差异。

1. 商业性能测试工具 LoadRunner

LoadRunner 是一种高规模适应性的自动负载测试工具，它能预测系统行为，优化性能。LoadRunner 强调对整个企业应用架构进行测试，它通过模拟实际用户的操作行为和实时的性能监控，来帮助客户快速查找和确认问题。LoadRunner 作为老牌的工业级商业负载测试工具，功能全面，支持协议众多且支持复合协议，还提供多角度全方位的性能分析报表，基本上能满足企业的 90%以上的性能压力测试，但是价格普遍较贵。其他商业性能测试工具还有 NeoLoad、WebLOAD、Loadster 等。

2. 开源性能测试工具 JMeter

Apache JMeter 是目前应用广泛的开源性能测试工具之一。它最初被设计用于 Web 应用测试，后来扩展到其他测试领域。像其他性能测试工具一样，JMeter 可以通过模拟对服务器、网络或对象的巨大负载，来测试不同压力下应用系统的强度，分析应用系统的整体性能。

JMeter 由 Java 开发，具备完全的可移植性，采用 Swing 界面和轻量组件支持包。它支持插件扩展，可以通过扩展插件支持新的协议。它可以监控系统资源，展示更丰富的性能图表等。因为 JMeter 是开源的，所以企业能够对 JMeter 进行二次开发，扩展 JMeter 的功能。

3. 新一代服务器性能测试工具 Gatling

Gatling 是一款基于 Scala 开发的高性能服务器性能测试工具，主要用于对服务器进行负载等测试，并测量和分析服务器的各种性能指标。Gatling 主要用于测量基于 HTTP 的服务器，例如 Web 应用程序、RESTful 服务等。

Gatling 针对 JMeter 的不足做了大量改进，在并发性能方面，Gatling 使用的 Actors 模型在高并发的情况下性能大大优于 JMeter 的 Threads，这使得 Gatling 可以在占用更少的内存和 CPU 的情况下提供同样的测试能力，降低测试成本；在测试脚本方面，Gatling 的 Scala 代码更简明，易读性和维护性更高，还可以通过版本工具进行更有效的管理。

4. 纯 Python 的性能测试框架 Locust

Locust 是一个开源的分布式用户负载测试工具，使用 Python 代码定义用户行为，也可以仿真百万个用户。Locust 主要为网站或者其他系统进行负载测试，能测试出一个系统可以并发处理多少用户请求。Locust 是完全基于时间的，因此单个机器支持几千个并发用户的负载。

在 Locust 测试框架中，测试场景是采用纯 Python 脚本进行描述的，不需要笨重的 UI 和臃肿的 XML。对于最常见的 HTTP(S) 的系统，Locust 采用 Python 的 requests 库作为客户端，使得脚本编写大大简化。除了 HTTP(S) 的系统，Locust 还支持测试其他系统或协议，我们只需要为测试的内容编写一个客户端即可。

在模拟并发方面，Locust 是基于事件驱动的，相比其他事件驱动的应用，Locust 不使用回调，而是使用轻量级的处理方式 gevent。使用 gevent 提供的非阻塞 IO 和协程（coroutine）实现网络层的并发请求，使得 Locust 单个进程可以处理上千个并发用户。另外，Locust 支持分布式，使得 Locust 支持数十万并发用户。在测试运行期间，Locust 可以随时更改负载。

Locust 的 Web 界面简易、干净，可以实时显示测试进度。它也可以在没有 UI 的情况下运行，便于 CI/CD 测试。我们都知道服务器端性能测试工具最核心的部分是压力发生器，而压力发生器的核心是真实模拟用户操作和模拟有效并发。相比 LoadRunner、JMeter 等工具（通过线程对应一个用户/并发的方式产生负载），Locust 能够以较低的成本产生负载（LoadRunner 的一个 Vuser 占用内存数 MB 甚至数十 MB，而 JMeter 最高并发数受限于 JVM 大小）。Locust 支持 BDD（behavior-driven development，行为驱动开发）编写和执行任务，能够更好地模拟用户真实的操作流程。

5. 线上流量复制性能测试工具 TCPCOPY

在性能测试时，我们希望通过模拟来贴近真实的用户使用场景，如果能把真实的生产线上的用户访问流量引入测试环境就更好了。TCPCOPY 正是一款这样的工具，它是一个分布式在线压力测试工具，可以将线上流量复制到测试机器，实时地模拟线上环境，达到程序不上线也能实时承担线上流量的效果。

TCPCOPY 利用在线数据包信息，模拟 TCP 客户端协议栈，欺骗测试服务器的上层应用服务。TCPCOPY 除了占用一些额外的 CPU、内存和带宽，对线上系统本身的影响也极小，关键是这种复制线上流量的方式模拟了测试请求的多样性、网络延迟与资源占用，更加真实。

6. 云测性能测试工具阿里云 PTS

有一些性能测试工具依托云端的服务器为压力测试负载机进行测试，提供基于 SaaS 的压力测试服务。阿里云 PTS 是一个 SaaS 性能测试平台，具有强大的分布式压力测试能力，可模拟海量用户的真实业务场景。作为 SaaS 服务，PTS 提供压力测试机，所以无须安装软件，其脚本场景监控简单，其分布式并发压力测试使得施压能力无上限，并且它可以快速、大规模地扩容集群、支持几十万用户及百万级 TPS 的性能压力测试。

那么，我们如何选择性能测试工具呢？首先，我们可根据自身业务系统的协议或通信方式来决定哪种测试工具能够满足自己的测试需求；其次，优先选择开源免费的工具；最后，考虑工具的方便、实用和价格。性能测试工具最好能够实现一站式的性能测试，包括方便的脚本录制和场景设计，丰富的报表和自动化的监控等。在日常的测试工作中，大家使用比较多的性能测试工具有 LoadRunner 和 JMeter。

在本章，我们采用 JMeter 开源工具，该工具功能强大，支持命令行方式执行，因此很适合结合 Python 进行封装。我们可以根据自己的需求完成压力测试结果处理、收尾清理、多机器部署等工作，提升性能测试和环境部署的效率。

11.2 涉及知识

11.2.1 Linux 概念

在使用 Linux 命令过程中，绕不开的 3 个知识点有文件描述符、重定向和管道。

1. 文件描述符

普通文件、目录、套接字、磁盘文件、串行口、打印机和其他硬件设备等，对 Linux 来说，统统都是文件。

文件描述符是内核为了高效管理已被打开的文件所创建的索引，用于指向被打开的文件，所有执行 IO 操作的系统调用都通过文件描述符。文件描述符是一个简单的非负整数，以标明每一个被进程打开的文件，每打开一个文件都会产生一个数字标识。例如，执行一个 shell 命令行时通常会自动打开如下 3 个标准文件。

- 标准输入文件（stdin）：程序或命令可以读取其输入的位置。默认情况下，从键盘读取，文件编号为 0。
- 标准输出文件（stdout）：程序或命令写入其输出的位置。默认情况下，输出到终端屏幕上，文件编号为 1。
- 标准错误输出文件（stderr）：程序或命令写入其错误消息的位置。默认情况下，输出到终端屏幕上，文件编号为 2。

2. 重定向

Linux 重定向是指修改原来默认的一些东西，改变原来默认的系统命令执行方式，例如，如果不想输出在屏幕而是输出到某一文件中，就可以通过 Linux 重定向来实现。

（1）输出重定向，把命令（或可执行程序）的标准输出或标准错误输出重新定向到指定文件。这样，该命令的输出就不是在屏幕上，而是写入指定文件。输出重定向使用">""\>>"操作符，">"

操作符用于截断模式的文件写入,">>"操作符用于追加模式的文件写入。
- 使用">"操作符,将标准输出重定向到文件,形式为"命令 > 文件名"。
- 使用">>"操作符,将标准输出结果追加到指定文件后面,形式为"命令 >> 文件名"。
- 使用"2>"操作符,将标准错误输出重定向到文件,形式为"命令 2> 文件名"。
- 使用"2>>"操作符,将标准错误输出追加到指定文件后面,形式为"命令 2>> 文件名"。
- 使用"2>&1"操作符或"&>"操作符,将标准错误输出重定向到标准输出。
- 使用">/dev/null"操作符,将命令执行结果重定向到空设备,即不显示任何信息。

(2) 输入重定向是指把命令(或可执行程序)的标准输入重定向到指定的文件。也就是说,输入可以不来自键盘,而来自一个指定的文件。输入重定向使用"<""<<"操作符。

(3) EOF(end of file)表明到了文件末尾。"EOF"通常与"<<"结合使用,"<<EOF"表示后续的输入作为子命令或子 shell 的输入,直到遇到"EOF",再次返回到主调 shell,可将其理解为分界符。既然是分界符,那么形式自然不是固定的,这里可以将"EOF"自定义,但是前后的"EOF"必须成对出现且不能和 shell 命令冲突。

(4) 错误重定向将命令执行过程中出现的错误信息(选项或参数错误)保存到指定的文件,而不是直接显示到屏幕。使用错误重定向操作符"2>",会像使用">"一样覆盖目标文件的内容,若追加而不覆盖文件的内容可使用"2>>"。在实际应用中,错误重定向可以用来收集执行的错误信息,为排错提供依据。对于 shell 脚本,我们还可以将无关紧要的错误信息重定向到空文件/dev/null,以保持脚本输出的简洁。

(5) null 黑洞和 zero 空文件。把/dev/null 看作"黑洞",所有写入它的内容都会永远丢失,而尝试从它那儿读取内容将什么也读不到,然而/dev/null 对命令行和脚本都非常有用。/dev/zero 在类 UNIX 操作系统中是一个特殊的文件,当读它时,它会提供无限的空字符,它的典型用法是产生一个特定大小的空白文件。

(6) "&>"和">&","&"表示等同于。例如,把正确和错误的消息输入相同的位置。
- 1>&2:把标准输出重定向到标准错误。
- 2>&1:把标准错误重定向到标准输出。

例如,工作中 shell 脚本中的>/dev/null 2>&1 表示将标准输出和错误输出全部重定向到/dev/null,也就是将产生的所有信息丢弃。
- 1 表示 stdout 标准输出,系统默认值是 1,所以>/dev/null 等同于 1>/dev/null;
- 2 表示 stderr 标准错误;
- 2>&1 表示 2 的输出重定向等同于 1。

重定向命令如表 11-1 所示。

表 11-1 重定向命令

命令	标准输出	标准错误
>/dev/null 2>&1	丢弃	丢弃
2>&1>/dev/null	丢弃	屏幕
1>/dev/null	丢弃	屏幕
2>/dev/null	屏幕	丢弃

3. 管道

在 Linux 中有很多标准的命令，如 find、sort 等，可以满足管理文档和系统等诸多需求，但是大多时候一些复杂的需求需要多个命令搭配使用。对 Linux 来说，一个命令对应一个进程，因此多个命令协同工作涉及多个进程的通信，Linux 提供了管道的方式来完成进程间通信。管道在 Linux 中对应管道符"|"，语法为：

```
Command1 | Command2 | Command3
```

Command1 执行的输出作为 Command2 的输入，同时 Command2 执行的输出作为 Command3 的输入。

管道可以在两个命令之间建立连接，也就是前一个的命令的标准输出结果是后一个命令的标准输入。注意，管道处理的是前一个命令的标准输出，对于前一个命令的标准错误输出会忽略。也就是说，前一个命令执行正确的输出信息会作为后一个命令的输入，如果前一个命令执行错误，其打印的错误信息不会作为后一个命令的输入。因此，管道右边的命令，必须能够接收标准输入的数据流命令才行。

11.2.2 subprocess 库

从 Python 2.4 开始，可以用 subprocess 库来产生子进程，并连接到子进程的标准输入、标准输出或标准错误输出，还可以得到子进程的返回值。注意，subprocess 库的返回结果只能查看一次，如果想多次查看，需要在第一次输出时，把所有信息写入变量。subprocess 的基本函数如表 11-2 所示。

表 11-2 subprocess 的基本函数

函数	说明
run(args[,stdout, stderr, shell, ...])	执行 args 命令，返回值为 CompletedProcess 类； 若未指定 stdout，则命令执行后的结果输出到屏幕，函数返回值 CompletedProcess 对象中包含 args 和 returncode； 若指定有 stdout，则命令执行后的结果输出到 stdout，函数返回值 CompletedProcess 对象中包含 args、returncode 和 stdout； 若执行成功，则 returncode 为 0，否则 returncode 为 1； 若想获取 args 命令执行后的输出结果，命令为：output=subprocess.run (args, stdout=subprocess.PIPE).stdout
call(args[,stdout, ...])	执行 args 命令，返回值为命令执行状态码； 若未指定 stdout，则命令执行后的结果输出到屏幕； 若指定 stdout，则命令执行后的结果输出到 stdout； 若执行成功，则函数返回值为 0，否则函数返回值为 1
check_call(args[,stdout, ...])	执行 args 命令，返回值为命令执行状态码； 若未指定 stdout，则命令执行后的结果输出到屏幕； 若指定 stdout，则命令执行后的结果输出到 stdout； 若执行成功，则函数返回值为 0，否则抛出异常； （类似 subprocess.run(args, check=True)）

续表

函数	说明
check_output(args[, stderr, ...])	执行 args 命令，返回值为命令执行的输出结果； 若执行成功，则函数返回值为命令输出结果，否则抛出异常； （类似 subprocess.run(args, check=True, stdout=subprocess.PIPE).stdout） 若需捕获错误信息，可通过 stderr=subprocess.STDOUT 来获取

1. subprocess.run()

在 Python 3.5 之后的版本中，官方文档中提倡通过 subprocess.run() 函数替代其他函数来使用 subprocess 库的功能。subprocess.run() 函数是 Python 3.5 中新增的，用于等待进程执行结束获取返回值的场景。subprocess.run() 函数的参数如下。

- args：启动进程的参数，默认为字符串序列（列表或元组），也可为字符串（设为字符串时一般需将 shell 参数赋值为 True）。
- shell：shell 为 True 表示 args 命令通过 shell 执行，则可访问 shell 的特性。
- check：check 为 True 表示执行命令的进程以非 0 状态码退出时会抛出 subprocess.CalledProcessError 异常；check 为 False 表示状态码为非 0 退出时不会抛出异常。
- stdout、stdin、stderr：分别表示程序标准输出、输入、错误信息。

subprocess.run() 的执行过程是同步的，脚本执行结束之前是阻塞的，只有脚本结束才会返回 subprocess.CompletedProcess 对象。subprocess.run() 的执行结果可通过获取返回值的 stdout 和 stderr 来捕获。subprocess.CompletedProcess 对象表示一个已结束进程的状态信息，它包含的属性如下。

- args：用于加载该进程的参数，这可能是一个列表或一个字符串。
- returncode：子进程的退出状态码。通常情况下，退出状态码为 0 则表示进程成功运行了；一个负值-N 表示这个子进程被信号 N 终止了。
- stdout：从子进程捕获的 stdout。这通常是一个字节序列，如果 run() 被调用时指定 universal_newlines=True，则该属性值是一个字符串。如果 run() 被调用时指定 stderr=subprocess.STDOUT，那么 stdout 和 stderr 将会被整合到这一个属性中，且 stderr 将会为 None。

从子进程捕获的 stderr 的值与 stdout 都是一个字节序列或一个字符串。如果 stderr 没有被捕获，则它的值为 None。如果 returncode 是一个非 0 值，则 check_returncode() 函数会抛出一个 CalledProcessError 异常。

2. subprocess.Popen()

subprocess.Popen() 是 subprocess 库的核心，子进程的创建和管理都靠它处理。Popen() 相当于 run() 的高级版本，它更加灵活，能够处理 run() 函数未涵盖的更丰富的场景。subprocess.Popen() 是异步的，进程启动后，我们可以通过预先指定的 stdout 和 stderr 实时读取子进程的输出。

Popen() 常用参数如下。

- args：shell 命令，可以是字符串或者序列类型（如列表、元组）。
- stdin、stdout、stderr：分别表示程序的标准输入、输出、错误信息。

- shell：如果该参数为 True，将通过操作系统的 shell 执行指定的命令，args 只能是字符串类型的参数；该参数为 False，args 可以是序列类型。

Popen()返回的对象的常用方法如下。
- poll()：检查进程是否终止，如果终止则返回 returncode，否则返回 None。项目中通过该方法返回判断进程是否执行结束。
- wait(timeout)：等待子进程终止，如果进程执行时间较长，可以使用该方法来保证进程执行完整。
- communicate(input,timeout)：和子进程交互，发送和读取数据。
- send_signal(singnal)：发送信号到子进程。
- terminate()：停止子进程，即发送 SIGTERM 信号到子进程。
- kill()：杀死子进程，即发送 SIGKILL 信号到子进程。

11.3 代码解读

本节以执行在服务器本机上的 JMeter 进行讲解，涵盖脚本读取、启动命令、清理文件、解析结果和结束压力测试 5 个步骤。本节采用 JMeter 5.2.1，代码涉及 executeJmeter.py、parseJmeterLog.py、SettingConf.py 和 main.py 这 4 个小模块。其中，executeJmeter.py 是执行 JMeter 脚本、清理文件的核心代码，parseJmeterLog.py 是针对大量性能测试文件解析结果的代码，SettingConf.py 是环境参数配置代码，main.py 是总入口。executeJmeter.py 具体实现如代码清单 11-1 所示。

代码清单 11-1　executeJmeter

```python
# -*- coding: utf-8 -*-
# @Time : 2022/4/17 11:37 上午
# @Project : perfTestDemo
# @File : executeJmeter.py
# @Author : hutong
# @Describe: 微信公众号：大话性能
# @Version: Python3.9.8
import os
import subprocess
import json
from logUtil import Mylogger
from Settings import SettingConf
from parseJmeterLog import parse_jmeterlog
# 获取脚本名称，传入日志函数
# modulename = os.path.basename(__file__)
# (filename, extension) = os.path.splitext(modulename)
myLogger = Mylogger(__name__).getlog()
# 所有的配置都从 setting 去获取
setting = SettingConf()
"""
JMeter 压力测试的远程执行、强制停止、结果解析和收尾处理，支持单机
"""
class JMeterClient():
```

```python
        def __init__(self, jmeterVersion, userName):# 以 userName 为名创建文件夹, 存放 JMX、CSV、JAR 文件
            self.userName = userName
            # 执行 JMeter 的路径
            self.jmeter_path = setting.jmeter_path_prefix + 'apache-jmeter-' + jmeterVersion + '/bin/'
            # 存放 JMX 的路径
            self.jmx_path = self.jmeter_path + userName + '/'
            if not os.path.exists(self.jmeter_path):
                print("jmeter_path:", self.jmeter_path)
                raise RuntimeError('{}路径下不存在jmeter 工具包, 请先上传'.format(setting.jmeter_path_prefix))
            if not os.path.exists(self.jmx_path):
                # os.makedirs(self.jmxPath)
                mkdir_cmd = 'mkdir -p ' + self.jmx_path
                # 确保目录创建
                subprocess.run(mkdir_cmd, shell=True)
            self.jar_path = setting.jmeter_path_prefix + 'apache-jmeter-' + jmeterVersion + '/lib/ext/'
            self.txt_path = self.jmx_path  # CSV 和 JMX 脚本存放路径一致
            # 远程连接 SSH 前缀
            # self.ssh_prefix = ' ssh -p '+ str(setting.ssh_port) + ' '+ setting.ssh_user +'@'
            # self.ssh_prefix = 'sshpass -p apprun ssh -o "StrictHostKeyChecking no" -p ' + str(
            #     setting.ssh_port) + ' ' + setting.ssh_user + '@'
            # self.check_jmeter_cmd = "ps aux| grep ApacheJMeter |grep -v grep |awk '{print $2}'"
            #   ssh apprun@172.28.96.100  "ps aux| grep ApacheJMeter |grep -v grep |awk '{print \$2}' |xargs kill -9"
            # self.kill_jmeter_cmd_remote = " \"ps aux| grep ApacheJMeter |grep -v grep | awk '{print \$2}' |xargs kill -9 \""
            self.kill_jmeter_cmd_local = "ps aux| grep ApacheJMeter |grep -v grep |awk '{print $2}' |xargs kill -9"
            # self.start_slave_cmd = " source /etc/profile; cd " + self.jmx_path + \
            #                " && nohup ./jmeter-server >/tmp/jmeter_slave.log &"
            # self.start_slave_cmd = " \"source /etc/profile && nohup " + self.jmeter_path + "jmeter-server >/dev/null 2>&1 & \""
            # nohup ssh apprun@172.28.96.100 'source /etc/profile && nohup /apprun/apache-jmeter-3.3/bin/jmeter-server >/dev/null 2>&1 & ' &
            # 存储文件名, 后续清理时使用
            self.jar_names = []
            self.txt_names = []
            # jtl 文件的全路径, 临时文件
            self.jtl_file_tmp = setting.jtl_prefix + 'testresult.jtl'
            #
            self.rm_jtl_tmp_cmd = 'rm -rf ' + self.jtl_file_tmp
        # hosts 是一个元素为字典的列表, 即压力测试机器列表
        def run_jmeter(self, jmxName, csvName=None, jarName=None):
            # 返回错误信息内容, 根据不同错误, 返回不同的 recode 和 message 信息。
            fail_msg = {
                "info": {
                    "jmxName": jmxName,
                    "username": self.userName
                },
                "recode": '',
```

```python
            "message": ''
        }
        # 1.确保文件在单机的压力测试机上
        myLogger.info('------------------- 1、确保脚本存在 -------------------')
        jmx = self.jmx_path + jmxName
        if not os.path.exists(jmx):
            fail_msg['recode'] = '00001'
            fail_msg['message'] = 'jmx file not found'
            fail_msg_json = json.dumps(fail_msg, ensure_ascii=False)
            return fail_msg_json
        myLogger.info('测试脚本{}存在。'.format(jmx))
        if jarName:
            jar = self.jar_path + jarName
            if not os.path.exists(jar):
                fail_msg['recode'] = '00001'
                fail_msg['message'] = 'jar file not found'
                fail_msg_json = json.dumps(fail_msg, ensure_ascii=False)
                return fail_msg_json
        if csvName:
            csv = self.txt_path + csvName
            if not os.path.exists(csv):
                fail_msg['recode'] = '00001'
                fail_msg['message'] = 'csv file not found'
                fail_msg_json = json.dumps(fail_msg, ensure_ascii=False)
                return fail_msg_json
        # 2.启动命令,开始单机压力测试
        myLogger.info('------------------- 2、启动 jmeter 命令 -------------------')
        # 本机就是 master 机器
        # master_host = {"ip": "172.28.20.154", 'port': 22, "username": "root", "passwd": "UWvw30!8"}
        # 先删除老的 jtl 文件
        if os.path.exists(self.jtl_file_tmp):
            subprocess.run(self.rm_jtl_tmp_cmd, shell=True, check=True)
        # 单机压力测试,启动命令如下
        start_master_cmd = "source /etc/profile;cd " + self.jmeter_path + \
                           " && ./jmeter  -n  -t " + jmx + " " + "-l " + self.jtl_file_tmp
        # 在真正开始压力测试之前,要确保 JMeter 进程不存在,所以要先杀死
        myLogger.info("开始压力测试前先确保 jmeter 进程不存在")
        self.execute_terminate()
        # 真正开始执行压力测试
        myLogger.info("开始压力测试,压力测试命令为:{}".format(start_master_cmd))
        # 如果 check 参数的值是 True,且执行命令的进程以非 0 状态码退出,则会抛出一个 CalledProcessError
        # 的异常,所以需要改成 False
        out = subprocess.run(start_master_cmd, shell=True, check=False, stdout=subprocess.PIPE, stderr=subprocess.PIPE)
        if out.returncode == 0:    # 返回码为 0,表示执行上面命令成功
            jmxResult = out.stdout.decode()
            # print(jmxResult)
            if '... end of run' in jmxResult:
                myLogger.info("{} 脚本执行正常完成,success. \n".format(jmx))
            else:
```

```python
                    myLogger.info("脚本运行未正常结束, error, 结果：{}".format(jmxResult),
exc_info=1)
                    # 返回对应的错误信息, 异常码 00002
                    fail_msg['recode'] = '00002'
                    fail_msg['message'] = 'jmx not ended normally'
                    # print('fail_base_msg', fail_base_msg)
                    myLogger.info("脚本运行未正常结束的返回：{}".format(fail_msg))
                    fail_msg_json = json.dumps(fail_msg, ensure_ascii=False)
                    return fail_msg_json
            else:
                # print('命令行执行异常为： ', out)
                myLogger.info("强制中止, subprocess 的错误码为：{},错误内容：{}".format(out.
returncode, out.stderr), exc_info=1)
                # myLogger.error('执行 jmeter 错误： ',traceback.print_exc())
                # 返回对应的错误信息（执行异常） 00003
                fail_msg['recode'] = '00003'
                fail_msg['message'] = 'jmx not run  normally'
                myLogger.info("脚本运行错误的返回：{}".format(fail_msg))
                fail_msg_json = json.dumps(fail_msg, ensure_ascii=False)
                return fail_msg_json
        # 3.单机压力测试结束后，清理工作
        # 把 testresult.jtl 保存为 jmxname 的名字
        # 如有必要, 清理 jar/txt 文件
        myLogger.info('--------------------- 3、清理文件工作 --------------------')
        # 把 testresult.jtl 结果重新命名为脚本.jtl
        jtl_final_name = setting.jtl_prefix + jmxName[:-4] + ".jtl"
        if os.path.exists(jtl_final_name):
            rm_cmd = "rm -rf " + jtl_final_name
            subprocess.run(rm_cmd, shell=True, check=True)
        mv_cmd = "mv " + self.jtl_file_tmp + " " + jtl_final_name
        subprocess.run(mv_cmd, shell=True, check=True)
        # 4.测试结果处理
        myLogger.info('--------------------- 4、结果解析处理 --------------------')
        # 取最后一行的 summary
        # summary = jmxResult[-3]
        # 正则表达式 [ ] 中的任何一个出现至少一次
        # tps = re.split('[ ]+', summary)[6]
        # avg = re.split('[ ]+', summary)[8]
        # error = re.split('[ ]+', summary)[15]
        # print(tps, avg, error)
        # print('*'*40, "分布式压力测试： 5、结果处理完成",'*'*40)
        # print('jtlname: ',jtl_final_name)
        # 检测文件大小, 如果文件小于 2GB, 那么就用如下函数解析, 否则就用另一个方法
        result = {}
        try:
            tps, time_avg, err, total_req, minvalue, maxvalue = parse_jmeterlog(
                self.jmeter_path + 'jmeter.log')
        except Exception as e:
            myLogger.info('异常信息为{}'.format(e))
            # 返回对应错误信息（解析 jtl 失败）00004
            # 更新字段
            fail_msg['recode'] = '00004'
```

```python
                fail_msg['message'] = 'parse jmeter log fail'
                fail_msg_json = json.dumps(fail_msg, ensure_ascii=False)
                return fail_msg_json
            else:
                total = {'samples': total_req, 'throughput': tps,
                         'mean': time_avg, 'min': minvalue, 'max': maxvalue, 'error': err,
                         'jmxName': jmxName, 'username': self.userName
                         }
                result['total'] = total
                result['recode'] = '00000'
                result['message'] = 'result parse success'
                result_json = json.dumps(result, ensure_ascii=False)
                myLogger.info('解析结果为: %s \n' % result_json)
            myLogger.info('-------------------   5、结束此次压力测试 -------------------\n')
            # 返回特定格式正确的 JSON 结果
            if os.path.exists(jtl_final_name):
                rm_cmd = "rm -rf " + jtl_final_name
                subprocess.run(rm_cmd, shell=True, check=True)   # 删除解析完成后的 jtl 文件
            return result_json
    # 清理工作的时候调用，确保进程已经不在
    def kill_jmeter(self, cmd, ip='local ip'):
        # 杀死 master 机器进程
        # kill_master_cmd = self.kill_jmeter_cmd_local
        # myLogger.info("执行命令:    {}".format(cmd))
        out = subprocess.run(cmd, shell=True, check=False,
                             stdout=subprocess.PIPE, stderr=subprocess.PIPE)
        if out.returncode == 0:
            # print('kill slave 机器上的进程成功')
            myLogger.info('kill jmeter 进程成功, ip: {}'.format(ip))
        elif out.returncode == 123:
            myLogger.info('jmeter 进程不存在了，不需要 kill ,ip: {}'.format(ip))
            # print( ' slave 进程不存在')
        else:
            raise RuntimeError('执行 {} 异常，错误信息: {}'.format(cmd, out.stderr))
    # 强制中止的时候调用
    def execute_terminate(self):
        kill_master_cmd = self.kill_jmeter_cmd_local
        self.kill_jmeter(kill_master_cmd)      # 杀死 master 进程
        # 删除 jtl,jar,csv
        if os.path.exists(self.jtl_file_tmp):
            subprocess.run(self.rm_jtl_tmp_cmd, shell=True)
        return 0    # 强制中止完成
if __name__ == '__main__':
    pass
```

代码清单 11-2 主要是封装了解析 JMeter 的日志结果，封装后的函数为 pase_jmeterlog。

代码清单 11-2　parseJmeterLog

```
# -*- coding: utf-8 -*-
# @Time : 2022/4/17 10:32 下午
# @Project : perfTestDemo
# @File : parseJmeterLog.py
```

```python
# @Author : hutong
# @Describe：微信公众号：大话性能
# @Version: Python3.9.8
import subprocess
def parse_jmeterlog(jmeterlog_name):
    out = subprocess.run('tail -n 1 ' + jmeterlog_name, shell=True, check=False, stdout=subprocess.PIPE, stderr=subprocess.PIPE)
    if out.returncode == 0:   # 返回码为0，表示执行上面命令成功
        jmxResult = out.stdout.decode()
        # print(jmxResult)
        if 'summary =' in jmxResult:
            # print("-------解析结果为----")
            # print(jmxResult.split())
            result_list = jmxResult.split()
            # print('从jmeter.log解析出的结果为：{}'.format(result_list))
            total_requests = int(result_list[6])
            tps = result_list[10][:-2]
            avg_time = result_list[12]
            min_time = result_list[14]
            max_time = result_list[16]
            err = int(result_list[18])
            # print(tps, avg_time, float('{:.4f}'.format((err / total_requests))), total_requests, min_time, max_time)
            return tps, avg_time, float('{:.4f}'.format((err / total_requests))), total_requests, min_time, max_time
        else:
            print(jmxResult)
            # 返回值为TPS、平均响应时间、错误率、总请求数、最小响应时间和最大响应时间
            return 0, 0, 1, 0, 0, 0
    else:
        print('返回码，', out.returncode, '错误内容：', out.stderr)
        return 0, 0, 1, 0, 0, 0
if __name__ == "__main__":
    pass
```

代码清单11-3主要为一些公共的配置信息，例如JMeter工具存放路径、jtl结果存放路径和日志存放路径。

代码清单11-3 SettingConf

```python
# -*- coding: utf-8 -*-
# @Time : 2022/4/17 5:21 下午
# @Project : perfTestDemo
# @File : SettingConf.py
# @Author : hutong
# @Describe：微信公众号：大话性能
# @Version: Python3.9.8
class SettingConf():
    def __init__(self):
        # 存放JMeter各个版本压力测试工具的路径前缀（注意，更改JMeter、jmeter-server为可执行）
        self.jmeter_path_prefix = '/home/apprun/hutong/'
        # 存放jtl结果的路径前缀
        self.jtl_prefix = '/home/apprun/hutong/'
```

```
        # 存放日志的路径前缀
        self.log_prefix = '/home/apprun/hutong/'
if __name__ == '__main__':
    pass
```

代码清单 11-4 是总入口,通过引入 JMeterClient 发起压力测试任务和获取结果。

代码清单 11-4 main

```
# -*- coding: utf-8 -*-
# @Time : 2022/4/17 10:32 下午
# @Project : perfTestDemo
# @File : main.py
# @Author : hutong
# @Describe: 微信公众号:大话性能
# @Version: Python3.9.8
from executeJmeter import JMeterClient
if __name__ == '__main__':
    jmeterVersion = '5.2.1'
    userName = 'hutong'
    jmeterCli = JMeterClient(jmeterVersion,userName)
    jmxName = 'TestPlan.jmx'
    result = jmeterCli.run_jmeter(jmxName)
    print('性能测试结果为:')
    print(result)
```

运行 main.py 中的测试代码,结果如图 11-1 所示。

```
[root@chenleihz23 perfTestDemo]# /usr/local/Python-3.9.8/bin/python3 main.py
------------------ 1、确保脚本存在 ------------------
测试脚本/home/apprun/hutong/apache-jmeter-5.2.1/bin/hutong/TestPlan.jmx存在。
------------------ 2、启动 jmeter 命令 ------------------
开始压测前先确保 jmeter 进程不存在
jmeter 进程不存在了,不需要 kill ,ip: local ip
开始压测,压测命令为:source /etc/profile;cd /home/apprun/hutong/apache-jmeter-5.2.1/bin/ && ./jmeter  -n  -t /home/apprun/hutong/
apache-jmeter-5.2.1/bin/hutong/TestPlan.jmx  -l /home/apprun/hutong/testresult.jtl
/home/apprun/hutong/apache-jmeter-5.2.1/bin/hutong/TestPlan.jmx 脚本执行正常完成, success.
------------------ 3、清理文件工作 ------------------
------------------ 4、结果解析处理 ------------------
解析结果为:{"total": {"samples": 15524193, "throughput": "43115.3", "mean": "0", "min": "0", "max": "100", "error": 0.0, "jmxNam
e": "TestPlan.jmx", "username": "hutong", "recode": "00000", "message": "result parse success"}
------------------ 5、结束此次压力测试 ------------------
性能测试结果为:
{"total": {"samples": 15524193, "throughput": "43115.3", "mean": "0", "min": "0", "max": "100", "error": 0.0, "jmxName": "TestPl
an.jmx", "username": "hutong", "recode": "00000", "message": "result parse success"}}
```

图 11-1 运行结果

上述代码只是演示了基于单机版的 JMeter 的调度使用操作,大家后续可以进行一些思考和扩展,例如:
- 多机器的分布式方式执行测试的封装;
- 远程方式调用远程服务器执行测试,可通过 paramiko 库进行封装;
- 结合时序数据库 InfluxdDB,借助 pyecharts 库,完成实时可视化的封装。

11.4 本章小结

通过学习本章的内容,相信大家不仅了解了一些性能测试的常用工具,也掌握了 Linux 的相关基础知识。在本章,我们演示了如何利用 subprocess 库进行 JMeter 的调用操作,供大家参考,大家可在实际工作中结合自身需求,进一步开发和优化性能测试工具。

第 12 章

安全测试工具开发

随着我国信息产业的发展，网络安全问题日益凸显，软件安全测试的重要性有所提升。Nmap 是一款开源的网络探测和安全审核的工具，它能够快速扫描出某个服务器对外暴露的端口信息，是一个很常见的安全测试工具。在本章，我们利用 python-nmap 库，演示如何扫描端口，主要从需求背景、涉及知识和代码解读 3 方面展开讲解。

12.1 需求背景

企业需要尽可能地保证软件的安全，安全测试的重要性是不言而喻的。安全测试是在软件产品的生命周期中，特别是产品开发基本完成到发布阶段，验证产品是否符合安全需求定义和质量标准的过程，可以说安全测试贯穿软件的整个生命周期。

安全测试内容有很多，涉及面也很广，按照常见的测试手段，安全测试主要分为如下 3 种。

- 静态的代码安全测试。通过对源代码进行安全扫描，根据程序中数据流、控制流、语义等信息与其特有软件安全规则库进行匹配，从中找出代码中潜在的安全漏洞。静态的代码安全测试可以在编码阶段找到可能存在安全风险的代码，这样开发人员可以在早期解决潜在的安全问题。正因为如此，静态的代码安全测试更适用于早期的开发阶段，而不是测试阶段。
- 动态的渗透测试。渗透测试也是常用的安全测试方法，它是通过自动化工具或者人工的方式模拟黑客输入，对应用系统进行攻击性测试，从中找出运行时存在的安全漏洞。这种测试的特点是真实有效，一般找出来的问题都是正确的，也是较为严重的。但渗透测试的一个致命的缺点是模拟的测试数据只能到达有限的测试点，覆盖率很低。
- 程序数据扫描。一个有高安全性需求的软件，在运行过程中数据是不能遭到破坏的，否则会导致缓冲区溢出类型的攻击。程序数据扫描的手段通常是进行内存测试，内存测试可以发现许多诸如缓冲区溢出之类的漏洞，而这类漏洞使用其他测试手段都难以发现。例如，扫描软件运行时的内存信息，看是否存在一些导致隐患的信息，这需要专门的工具来进行验证。

安全测试是一个非常复杂的过程，测试所使用的工具也非常多，而且种类不一，如漏洞扫描工具、端口扫描工具、抓包工具、渗透工具等。常见的安全测试工具如图 12-1 所示。

1. Web 漏洞扫描工具 AppScan

AppScan 是 IBM 公司开发的一款 Web 应用安全测试工具，它采用黑盒测试方式，可以扫描常见的 Web 应用安全漏洞。AppScan 功能十分齐全，支持登录功能并且拥有十分强大的报表。扫描结果会记录扫描到的漏洞的详细信息，包括详尽的漏洞原理、修改建议等。

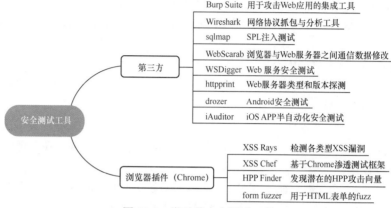

图 12-1 常见的安全测试工具

2. 抓包工具 Fiddler

Fiddler 是一个 HTTP 调试代理工具，它以代理 Web 服务器形式工作，帮助用户记录计算机和网络之间传递的所有 HTTP 或 HTTP(S)流量。Fiddler 可以捕获来自本地运行程序的所有流量，从而记录服务器到服务器、设备到服务器之间的流量。此外，Fiddler 还支持各种过滤器，如"隐藏会话""突出特殊流量""在会话上操纵断点""阻止发送流量"等，这些过滤器可以过滤出用户想要的流量数据，节省大量时间和精力。相比其他抓包工具，Fiddler 小巧易用，且功能完善，它支持将捕获的流量数据存档，以供后续分析使用。

3. Web 渗透测试工具 Metasploit

Metasploit 是一个渗透测试平台，能够查找、验证漏洞，并利用漏洞进行渗透攻击。它是一个开源项目，提供基础架构、内容和工具来执行渗透测试和广泛的安全审计。Metasploit 是一个多用户协作工具，可让用户与渗透测试团队的成员共享任务和信息。借助团队协作功能，用户可以将渗透测试划分成多个部分，为成员分配特定的网段进行测试，并让成员充分发挥他们可能拥有的任何专业知识。团队成员可以共享主机数据，查看收集的证据以及创建主机备注以共享有关特定目标的知识。最终，Metasploit 可帮助用户确定利用的目标的薄弱点，并证明存在漏洞或安全问题。

渗透测试通过模拟来恶意攻击，以评估计算机系统或者网络环境安全性的活动。从渗透测试的定义我们能够清楚地了解到渗透测试是一项模拟的活动，主要的目的是进行安全性的评估，而不是摧毁或者破坏目标系统。

4. 端口扫描工具 Nmap

Nmap 是一个网络连接端口扫描工具，用来扫描计算机开放的网络连接端口，确定服务运行的端口，并且推断计算机运行的操作系统。它是网络管理员用来评估网络系统安全的必备工具之一。端口扫描对一段端口或指定的端口进行扫描，通过扫描结果，我们可以知道一台计算机上都提供了哪些服务，然后可以通过这些服务的已知漏洞进行攻击。攻击原理是当一个主机向远端一个服务器的某一个端口提出建立连接的请求，如果对方有此项服务，就会应答，如果对方未安装此项服务，对方无应答，因此如果对所有熟知端口或自己选定的某个范围内的熟知端口分别建立连接，并记录下远端服务器给予的应答，便可知道哪些端口是开放的。

本章将结合示例简要分析端口扫描。

12.2 涉及知识

12.2.1 端口

每一个 IP 地址可以有 65 535 个端口，分成 TCP 和 UDP 两类，TCP 是面向连接的，可靠的字节流服务；UDP 是面向非连接的，不可靠的数据报服务。我们在实现端口扫描器时需要对这两类端口分别扫描。

每一个端口只能被用于一个服务，例如常见的 80 端口就被用于挂载 HTTP 服务，3306 则是 MySQL，而 Nmap 中对于端口的定义存在着 6 种状态：

- open（开放的）；
- close（关闭的）；
- filtered（被过滤的）；
- unfiltered（未被过滤的）；
- open|filtered（开放或者被过滤的）；
- closed|filtered（关闭或者被过滤的）。

端口扫描器要做的就是扫描各个端口的状态，并且探测存活的端口中存在哪些服务。一般来说，每一个服务都有固定的默认端口，常见的服务器默认端口如表 12-1 所示。

表 12-1 常见的服务默认端口

端口	服务
21	FTP
22	SSH
23	Telnet
25	SMTP
80	HTTP

常见的 Web 服务默认端口如表 12-2 所示。

表 12-2 常见的 Web 服务默认端口

端口	Web 服务
80	Apache/Nginx
8080	Tomcat
5000	Flask
8000	Django

常见的数据库默认端口，如表 12-3 所示。

表 12-3　常见数据库默认端口

端口	数据库
3306	MySQL
1521	Oracle
1433	SQL Server
5432	PostgreSQL
50000	DB2
5000	Sybase
6379	Redis
27017	MongoDB
11211	memcached
60000	HBase

端口扫描是 Nmap 最基本最核心的功能，用于确定目标主机的 TCP/UDP 端口的开放情况。默认情况下，Nmap 会扫描 1000 个最有可能开放的 TCP 端口。端口扫描方式主要有如下 4 种。

（1）TCP SYN 扫描，通常被称作半开放扫描。该方式发送 SYN 包到目标端口，如果收到 SYN/ACK 包回复，则判断端口是开放的；如果收到 RST 包，则判断端口是关闭的。如果没有收到回复，那么判断该端口被屏蔽。因为该方式仅发送 SYN 包到目标主机的特定端口，但不建立完整的 TCP 连接，所以相对比较隐蔽，而且效率比较高，适用范围广。命令为 nmap -sS。

（2）TCP 连接扫描。TCP 全连接方式扫描速度比较慢，而且建立完整的 TCP 连接会在目标主机上留下记录信息，不够隐蔽。所以，TCP 连接是 TCP SYN 无法使用才考虑选择的方式。命令为：nmap -sT。

（3）TCP ACK 扫描。向目标主机的端口发送 ACK 包，如果收到 RST 包，说明该端口没有被防火墙屏蔽；没有收到 RST 包，说明该端口被防火墙屏蔽。该方式只能用于确定防火墙是否屏蔽某个端口，可以辅助 TCP SYN 扫描来判断目标主机防火墙的状况。命令为：nmap -sA。

（4）UDP 扫描。向目标主机的 UDP 端口发送探测包，如果收到回复"ICMP port unreachable"则说明该端口是关闭的；如果没有收到回复，则说明 UDP 端口可能是开放的或屏蔽的。因此，通过反向排除法可以断定哪些 UDP 端口可能处于开放状态。命令为：nmap -sU。

12.2.2　Nmap

现在行业内比较通用的端口扫描开源组件是 Nmap，这个开源工具提供了一个 shell 使用环境。Nmap 适用于 Windows、Linux、macOS 等主流操作系统，功能强大，然而在处理返回结果时，由于不同参数的返回结果不同，需要使用程序处理返回结果，让 Nmap 扫描的结果更加直观。目前 Nmap 库已具备如下各种功能。

- 主机发现功能。向目标主机发送信息，然后根据目标主机的反应来确定它是否处于开机并联网的状态。
- 端口扫描。向目标主机的指定端口发送信息，然后根据目标端口的反应来判断端口是否开放。

- 服务及版本检测。向目标主机的指定端口发送特制的信息,然后根据目标主机的反应来检测它运行服务的服务类型和版本。
- 操作系统检测。识别目标主机的操作系统类型、版本编号及设备类型。

除了这些基本功能,Nmap 还实现一些高级的审计技术,例如,伪造发起扫描端的身份,进行隐蔽的扫描,规避目标的防御设备(如防火墙),对系统进行安全漏洞检测,并提供完善的报告选项。随着 Nmap 强大的脚本引擎 NSE 的推出,任何人都可以自己向 Nmap 中添加新的功能模块。

接下来,我们简要介绍 Nmap 的两种扫描方式,分别为命令行方式和代码方式。

(1)命令行方式。先进行 ping 扫描,打印出对扫描做出响应的主机:

`nmap -sP 192.168.1.0/24`

仅列出指定网络上的每台主机,不发送任何报文到目标主机:

`nmap -sL 192.168.1.0/24`

探测目标主机开放的端口,可以指定一个以逗号分隔的端口列表(如 "-PS23,25,80"):

`nmap -PS 192.168.1.234`

使用 UDP ping 探测主机:

`nmap -PU 192.168.1.0/24`

使用 SYN 扫描:

`nmap -sS 192.168.1.0/24`

(2)代码方式。最核心的函数是 scan(),scan()的完整形式为 scan(self, hosts='127.0.0.1', ports=None, arguments='-sV', sudo=False),用来扫描指定目标。我们可以设置 Nmap 执行的参数如下:

`nm.scan(hosts='192.168.1.0/24', arguments='-n -sP -PE -PA21,23,80,3389')`

其中,参数 hosts 的值为字符串类型,表示要扫描的主机,形式可以是 IP 地址,也可以是一个域名。参数 ports 的值为字符串类型,表示要扫描的端口,如果要扫描的是单一端口,形式可以为 80;如果为多个端口,可以用逗号分开,如 "80,443,3389";如果要扫描的是连续的端口范围,可以用横线,如 "1-5000"。参数 arguments 的值也是字符串类型,这个参数实际上就是 Nmap 使用命令行扫描时所带的参数。

扫描参数如表 12-4 所示。

表 12-4 扫描参数

参数	作用
-O	系统扫描
-V,-v,-D,-d,-p	调试信息
-fuzzy	推测操作系统检测结果
-sT	TCP 端口扫描(完整三次握手)
-sU	UDP 端口扫描(不回应可能打开,回应则关闭)
-sL	DNS 反向解析
-sS	隐藏扫描
-sP	发现存活主机(直连 ARP,非直连 TCP80、ICMP)
-sO	确定主机协议扫描

续表

参数	作用
-sW	对滑动窗口的扫描
-sA	TCP ACK 扫描
-sN	关闭主机扫描（不管是否存活直接扫描）
-sF	FIN 扫描
-sX	Xmas 扫描（FIN、PSH、URG 为置位）
-sI	完全隐藏（以一个跳板为无流量主机扫描另一台主机）
-sV	服务器版本
-sC	与安全有关的脚本
-PN	扫描自己

12.3 代码解读

对线上服务器进行端口扫描可以验证防火墙规则，了解服务器开启的服务，避免暴露不需要的服务。本节示例主要是扫描服务器，生成 HTML 格式的扫描结果，并用邮件发送扫描结果。在格式方面，我们需要做一些处理，定义端口白名单，设置正常端口显示绿色，异常端口显示红色。每台服务器 6 万多个端口，对服务器进行全端口扫描是很耗时的，并且扫描机器到目标主机的网络连接情况也会影响效率，所以我们有必要利用多线程或其他方式提高扫描效率。python-nmap 是用于使用 Nmap 进行端口扫描的 Python 库。本节将使用 python-nmap 库来完成示例。

我们先安装 python-nmap 库，此处安装 python-nmap 0.7.1，命令如下：

`pip install python-nmap`

然后安装 Nmap 的客户端工具，如果是在 macOS 下，则执行命令：

`brew install nmap`

最后，开始编写代码，核心操作有 3 步。

（1）实例化 Nmap 扫描器：nm=nmap.PortScanner()。

（2）实例化以后，使用 scan()进行扫描。

（3）对结果进行操作，获取想要的内容：

`state=result['scan'][192.168.199.211]['status']['state']`

具体实现如代码清单 12-1 所示。

代码清单 12-1　portScan

```
# -*- coding: utf-8 -*-
# @Time : 2022/4/12 4:55 下午
# @Project : scanDemo
# @File : portScan.py
# @Author : hutong
# @Describe: 微信公众号：大话性能
# @Version: Python3.9.8
```

```python
import nmap
import re
import sendEmail
import sys
from multiprocessing import Pool
from functools import partial
# reload(sys)
# sys.setdefaultencoding('utf8')
# 端口扫描,可以通过白名单赦免
def myScan(host, portrange, whitelist):
    p = re.compile("^(\d*)\-(\d*)$")
    # if type(hostlist) != list:
    #     help()
    portmatch = re.match(p, portrange)
    if not portmatch:
        help()
    if host == '121.42.32.172':
        whitelist = [25, ]
    result = ''
    nm = nmap.PortScanner()
    tmp = nm.scan(host, portrange)
    result = result + "<h2>ip 地址:%s      ...... %s</h2><hr>" % (
        host, tmp['scan'][host]['status']['state'])
    try:
        ports = tmp['scan'][host]['tcp'].keys()
        for port in ports:
            info = ''
            if port not in whitelist:
                info = '<strong><font color=red>Alert: 非预期端口</font><strong>  '
            else:
                info = '<strong><font color=green>Info: 正常开放端口</font><strong>  '
            portinfo = "%s <strong>port</strong> : %s   <strong>state</strong> : %s   <strong>product<strong/> : %s <br>" % (
                info, port, tmp['scan'][host]['tcp'][port]['state'], tmp['scan'][host]['tcp'][port]['product'])
            result = result + portinfo
    except KeyError as e:
        if whitelist:
            whitestr = ','.join(whitelist)
            result = result + "未扫到开放端口!请检查%s 端口对应的服务状态" % whitestr
        else:
            result = result + "扫描结果正常,无暴露端口"
    return result
def help():
    print("Usage: nmScan(['127.0.0.1',],'0-65535')")
    return None
if __name__ == "__main__":
    # hostlist = ['172.21.26.54', '172.21.26.51']
    hostlist = ['172.21.26.54']
    pool = Pool(5)
    import time
    start = time.time()
    '''多进程
    nmargu = partial(myScan, portrange='0-6550', whitelist=[])
```

```
        results = pool.map(nmargu, hostlist)
        '''
        from concurrent.futures.thread import ThreadPoolExecutor
        from concurrent.futures._base import as_completed
        executor = ThreadPoolExecutor(max_workers=3)    # 初始化线程池，指定线程 3
all_task = []
        for host in hostlist:
            task = executor.submit(myScan, host=host, portrange='0-6550', whitelist=[])
            all_task.append(task)
        print("all_task size is " + str(len(all_task)))
        results = ''
        for future in as_completed(all_task):    # 这里会等待线程执行完毕
            result = future.result()
            print(result)
            results = results + result
        print(results)
        print(time.time() - start)
        # 发送邮件
        subject = '服务器端口扫描'
        # 设置自己邮件服务器和账号密码
        smtpserver = 'smtp.163.com'
        user = 'hutong_0306@163.com'
        # 在邮件服务器上设置客户端的授权码
        password = 'hutong0306'
        # 设置接收邮箱和主题
        sender = user
        receiver = ['hutong@cmhi.chinamobile.com']
        mailcontent = '<br>'.join(results)
        # mailcontent = results
        sendEmail.sendemail(sender, receiver, subject, mailcontent, smtpserver, user, password)
```

我在自己的服务器上进行端口扫描，结果如下：

```
{
  'nmap': {
    'command_line': 'nmap-oX - -p 20 -sV 172.21.26.54',
    'scaninfo': {
      'tcp': {
        'method': 'connect',
        'services': '20'
      }
    },
    'scanstats': {
      'timestr': 'Tue Apr 12 17:05:16 2022',
      'elapsed': '13.38',
      'uphosts': '1',
      'downhosts': '0',
      'totalhosts': '1'
    }
  },
  'scan': {
    '172.21.26.54': {
      'hostnames': [
        {
```

```
                'name': '',
                'type': ''
            }
        ],
        'addresses': {
            'ipv4': '172.21.26.54'
        },
        'vendor': {},
        'status': {
            'state': 'up',
            'reason': 'conn-refused'
        },
        'tcp': {
            20: {
                'state': 'closed',
                'reason': 'conn-refused',
                'name': 'ftp-data',
                'product': '',
                'version': '',
                'extrainfo': '',
                'conf': '3',
                'cpe': ''
            }
        }
    }
}
```

把扫描到的结果自动发送到邮箱进行预警，如图 12-2 所示。

图 12-2　扫描结果邮件发送

12.4　本章小结

通过学习本章的内容，相信大家已经了解安全测试是一个很大的测试专项领域，涵盖的内容知识众多，而本章的端口扫描，只是一个常用的测试技能，希望大家能掌握如何使用 Nmap，并结合文中的示例进行优化、改造，以用于实际项目。